iwb

Forschungsberichte · Band 12

Berichte aus dem
Institut für Werkzeugmaschinen
und Betriebswissenschaften
der Technischen Universität München

Herausgeber: Prof. Dr.-Ing. J. Milberg

Gunther Reinhart

Flexible Automatisierung der Konstruktion und Fertigung elektrischer Leitungssätze

Mit 112 Abbildungen

Springer-Verlag Berlin Heidelberg GmbH 1988

Dipl.-Ing. Gunther Reinhart
Institut für Werkzeugmaschinen und Betriebswissenschaften (iwb), München

Dr.-Ing. J. Milberg
o. Professor an der Technischen Universität München
Institut für Werkzeugmaschinen und Betriebswissenschaften (iwb), München

D 91

ISBN 978-3-540-19003-5 ISBN 978-3-662-07252-3 (eBook)
DOI 10.1007/978-3-662-07252-3

2362/3020-543210

Geleitwort des Herausgebers

Die Verbesserung von Fertigungsmaschinen, Fertigungsverfahren und Fertigungsorganisation im Hinblick auf die Steigerung der Produktivität und die Verringerung der Fertigungskosten ist eine ständige Aufgabe der Produktionstechnik. Die Situation in der Produktionstechnik ist durch abnehmende Fertigungslosgrößen und zunehmende Personalkosten sowie durch eine unzureichende Nutzung der Produktionsanlagen geprägt. Neben den Forderungen nach einer Verbesserung von Mengenleistung und Arbeitsgenauigkeit gewinnt die Steigerung der Flexibilität von Fertigungsmaschinen und Fertigungsabläufen immer mehr an Bedeutung. In zunehmendem Maße werden Programme, Einrichtungen und Anlagen für rechnergestützte und flexibel automatisierte Produktionsabläufe entwickelt.

Ziel der Forschungsarbeiten am Institut für Werkzeugmaschinen und Betriebswissenschaften an der TU München *(iwb)* ist die weitere Verbesserung der Fertigungsmittel und Fertigungsverfahren im Hinblick auf eine Optimierung von Arbeitsgenauigkeit und Mengenleistung der Fertigungssysteme. Dabei stehen Fragen der anforderungsgerechten Maschinenauslegung sowie der optimalen Prozeßführung im Vordergrund. Ein weiterer Schwerpunkt ist die Entwicklung fortgeschrittener Produktionsstrukturen und die Erarbeitung von Konzepten für die Automatisierung des Auftragsdurchlaufs. Das Ziel ist eine Integration der technischen Auftragsabwicklung von der Konstruktion bis zur Montage.

Die im Rahmen dieser Buchreihe erscheinenden Bände stammen thematisch aus den Forschungsbereichen des *iwb*: Fertigungsverfahren, Werkzeugmaschinen, Fertigungs- und Montageautomatisierung, Betriebsplanung sowie Steuerungstechnik und Informationsverarbeitung. In ihnen werden neue Ergebnisse und Erkenntnisse aus der praxisnahen Forschung des iwb veröffentlicht. Diese Buchreihe soll dazu beitragen, den Wissenstransfer zwischen dem Hochschulbereich und dem Anwender in der Praxis zu verbessern.

Joachim Milberg

Vorwort

Die vorliegende Dissertation entstand während meiner Tätigkeit als akademischer Rat a. Z. am Institut für Werkzeugmaschinen und Betriebswissenschaften *(iwb)* der Technischen Universität München.

Herrn Prof. Dr.-Ing. Joachim Milberg, dem Leiter dieses Instituts, gilt mein besonderer Dank für die tatkräftige Unterstützung und wohlwollende Förderung sowie für die wertvollen Hinweise zu dieser Arbeit.

Herrn Prof. Dr.-Ing., Dipl.-Wirtsch.-Ing Walter Eversheim, dem Inhaber des Lehrstuhles für Produktionssystematik und Direktor des Laboratoriums für Werkzeugmaschinen und Betriebslehre *(WZL)* der Rheinisch-Westfälischen Technischen Hochschule Aachen, danke ich für die kritische Durchsicht der Arbeit und die Übernahme des Korreferates.

Allen Mitarbeitern des iwb und den Studenten, die mich bei der Erstellung dieser Arbeit oft unter großem Einsatz unterstützt haben, möchte ich meinen herzlichen Dank aussprechen.

München, im Juli 1987 *Gunther Reinhart*

Meiner Frau

UT SEMENTEM FECERIS
ITA METES

CICERO

Inhaltsverzeichnis

0. Abkürzungen und Formelzeichen VI

1. Einleitung 1

1.1 Einführung 1
1.2 Merkmale elektrischer Leitungssätze 4
1.3 Anforderungen an elektrische Leitungssätze 7
1.4 Aufgabenstellung und Arbeitsschwerpunkte 8

2. Istzustand und Stand der Technik in der Kabelbaumfertigung 10

2.1 Stand der Technik bei Erstellung der Fertigungsunterlagen 10
2.2 Istzustand der Kabelbaumfertigung 16
2.2.1 Übersicht 16
2.2.2 Vorfertigung 17
2.2.2.1 Ablängen und Anschlagen 17
2.2.2.2 Kabelbaumformen 21
2.2.2.3 Ummanteln der Kabelbäume 22
2.2.3 Montage der Kabelbäume 25
2.3 Chancen und Risiken bei der Automatisierung der Kabelbaumfertigung 27
2.3.1 Analyse der Automatisierungshemmnisse 27
2.3.2 Die Montage elektrischer Leitungssätze in Abgrenzung zu anderen, insbesondere flexiblen Teilen. 32
2.3.3 Entwicklung und Stellenwert flexibler Montageautomatisierung 35
2.4 Stand der Forschung und Entwicklung 39
2.4.1 Automatisierungsansätze in Labors und Industrie 39
2.4.2 Alternative Teilsysteme und Komponenten 40
2.4.3 Alternative Kabelbäume unter besonderer Berücksichtigung der Anforderungen im Automobilbau 41
2.5 Folgerungen aus den Analyseergebnissen 46

3. Anforderungen an ein Modell zur flexibel automatisierten Kabelbaumherstellung 48

3.1 Aufgabe der flexibel automatisierten Kabelbaumherstellung 48

3.1.1 Aufgabenschwerpunkte 48

3.1.2 Zielsetzungen 49

3.2 Beschreibung des Gesamtmodelles 49

3.2.1 Systemgrenzen 51

3.2.2 Systemstruktur und Teilfunktionen 52

3.2.3 Modellkomponenten 53

3.3 Anwendungsbereiche 55

3.3.1 Technische Abgrenzung des Anwendungsbereiches 55

3.3.2 Wirtschaftliche Abgrenzung des Anwendungsbereiches 55

3.4 Übertragbarkeit des Modelles 56

4. Produktbezogene Vorbedingungen für die Automatisierung der Kabelbaumfertigung 57

4.1 Komponenten elektrischer Leitungssätze 57

4.1.1 Leiter 57

4.1.2 Steckverbinder, Anschlagtechnik 58

4.1.3 Bündelungsmöglichkeiten und Schutzmechanismen 61

4.2 Physikalische Zusammenhänge in der Kontaktzone 62

4.2.1 Widerstand an den Grenzflächen 63

4.2.2 Werkstoffe 67

4.3 Randbedingungen für die Kabelbaumkomponenten 69

4.3.1 Mechanische Belastung der Kabelbaumkomponenten 69

4.3.2 Thermische und stoffliche Belastung der Kabelbaumkomponenten 70

4.3.3 Ansprüche an Verfügbarkeitkeit und Qualität der Komponenten 71

4.4 Produktgestaltung 71

4.4.1 Gestaltungskriterien für automatisierungsfreundliche Steckverbinder 71

4.4.2 Struktur automatisch montierbarer Kabelbäume 76

4.4.3 Montagefreundliche Leitungsalternativen 77

4.4.4 Voraussetzungen am Gesamtprodukt zur automatischen Montage von Kabelbäumen 78

5. Methoden zur rechnergestützen Erstellung der Fertigungsunterlagen 80

5.1 Hilfsmittel für Konstruktion und Arbeitsvorbereitung 80

5.1.1 CAD-Systeme 80

5.1.2 CAP-Systeme 85

5.1.3 Rechnerkonstellation für den Datenverbund in der flexibel automatisierten Konstruktion und Fertigung 86

5.2 Methodenentwicklung zur rechnerintegrierten Erstellung von Verdrahtungsunterlagen 90

5.2.1 Rechnergestützte Schaltplanerstellung 90

5.2.1.1 Strategie 90

5.2.1.2 Datenstruktur 93

5.2.1.3 Konstruktionsdatenbasis 94

5.2.1.4 Auftragsdatenbasis 98

5.2.2 Rechnergestützte Erstellung der Kabelbaumzeichnung 99

5.2.2.1 Ableitung von Basisdaten aus dem relevanten Schaltplan 99

5.2.2.2 Geometrieeingabe 100

5.2.2.3 Berücksichtigung von physikalischen Daten 101

5.2.2.3 Erweiterung der Datenbasis 102

5.2.3 Automatische Erstellung der Fertigungsunterlagen 102

5.2.3.1 Berücksichtigung werkzeugspezifischer und peripherieabhängiger Daten 102

5.2.3.2 Einbindung roboter- bzw. steuerungsspezifischer Daten 106

5.2.3.3 Vollständiges Produktmodell für die Fertigung eines Kabelbaumes 113

5.3 Datenbasis für die Kabelbaumfertigung 114

6. Verfahren und Anlagenkonzept für einen automatischen Fertigungsprozeß 116

6.1 Anforderungen an den Handhabungsautomaten 117

6.2 Arbeitsvorbereitende Tätigkeiten an der Anlage 120
6.2.1 Bereitstellung von Werkstücken, Werkzeugen und Information 120
6.2.2 Rüsten der Fertigungsmittel 122
6.3 Die Prozeßgestaltung bei der Kabelbaumfertigung 125
6.3.1 Bestückung mit Steckverbindern 126
6.3.2 Formen der Kabelstränge 127
6.3.3 Anschlagtechnik 135
6.3.4 Bündelungs- und Ummantelungstechnik 138
6.3.5 Prüfen des vorgefertigten Kabelbaumes 139
6.4 Verknüpfung von Vorfertigung und Montage 141
6.5 Endmontage 143
6.5.1 Verfahren 143
6.5.2 Werkzeuggestaltung 144
6.5.3 Elektrische Kontaktierung, Sicherstellung der Funktion 146
6.5.4 Mechanische Haltefunktion bei Dauerbeanspruchung 146
6.6 Erkenntnisse aus der Versuchsanlage für die flexibel automatisierte Kabelbaumfertigung 147

7. Maßnahmen zur Erhöhung der Mengenleistung 149

7.1 Verkürzung der Grundzeit 149
7.1.1 Erkenntnisse aus den Versuchen 149
7.1.2 Übertragung der Erkenntnisse auf eine optimierte Anlage 152
7.2 Erhöhung der Verfügbarkeit 153
7.2.1 Störstellenanalyse 153
7.2.2 Maßnahmen zur Erhöhung der Anlagenverfügbarkeit 156

8. Wirtschaftliche Bewertung des Modells 162

8.1 Beurteilung der Wirtschaftlichkeit flexibel automatisierter Montageanlagen 162
8.2 Kostenrechnungsmodul zur Berechnung der Herstellkosten 163
8.2.1 Grundlagen und Annahmen 165
8.2.2 Berechnungsansatz 168
8.2.3 Programmaufbau 169
8.2.4 Diskussion der Ergebnisse 169

9. Zusammenfassung 173

10. Literatur 176

Abkürzungen und Formelzeichen

Große Buchstaben

Zeichen	Bedeutung
A	Hüllfläche
A_D	dominante Kantenlänge
A_G	Grenzfläche
A_L	Leiterquerschnitt
A_r	reale Kontaktfläche
B_D	dominante Kantenlänge
C_D	dominante Kantenlänge
E	Elastizitäts-Modul
E_L	Elastizitäts-Modul der Leitung
E_S	Elastizitäts-Modul der Schneidklemme
F_F	Reaktionskraft der Fügebewegung
F_k	Kontaktierkraft
F_{KBr}	Fläche des Kabelbrettes
F_n	Kraft am Schlauchaustritt nach n Windungen
F_0	Kraft am Schlaucheintritt
F_r	Reaktionskraft im Kontakt
F_x	Zugkraft an der Legedüse
G	Gewicht
H	Crimphöhe
I	Stromstärke
K	Entscheidungszahl
K_{Bs}	Biegesteifigkeitsverhalten unter Schwerkrafteinfluß zur Einteilung von Bauteilen in der Montage
K_{Ge}	Gestaltkriterium zur Einteilung von Bauteilen in der Montage
K_{Gr}	Größenkriterium zur Einteilung von Bauteilen in der Montage
K_K	Komplexitätszahl zur Einordnung von Kabelbäumen
$K_{S,diff}$	mögliche Differenzkosten je Aufnahmesockel
K_{Ss}	Schnittstellenkriterium zur Einteilung von Bauteilen in der Montage
K_{To}	Toleranzenkriterium zur Einteilung von Bauteilen in der Montage
L_i	Länge eines Stranges

M_i	Systemmerkmale in der Nutzwertanalyse
N_{ss}	Zahl der Funktionen einer Schnittstelle
N_{Stv}	Zahl der Steckverbinder je Kabelbaum
P_v	Verlustleistung
R	elektrischer Widerstand
T	Toleranz
$U_{Kontakt}$	Spannungsabfall am Kontakt
V	Bauteilvolumen
V_L	Leitungsvolumen
V_{min}	vermindertes Leitungsvolumen
V_N	Bauteilvolumen eines Normkörpers
Z	Zielfunktion
$Z_{HGalt/neu}$	Gesamtzahl der Legehilfen des alten/neuen Auftrages
Z_{HK}	Zahl der kollidierenden Legehilfen

Kleine Buchstaben

Zeichen	Bedeutung
a	Biegehebelarm
b	Kontaktbreite
b_i	Strangbreite unter Berücksichtigung eines kollisionsfreien Werkzeugraumes;
c	relevante Bauteilhöhe
d	Länge der Adern bzw. Verbindungswege
e	Einflußfaktor für die Kabelbaumkomplexität
g_i	Gewichtungen in der Nutzwertanalyse
h	Schenkeldicke des Schneidklemmkontaktes
i	Laufvariable für Verbindungswege
j	Variable zur Kennzeichnung der Hin- bzw. Rückwege
k	Laufvariable für verlegte Adern
l	Schwerpunktsabstand
m / n	Anzahl der Verbindungswege / der verlegten Adern
n_s	Schlauchwindungszahl
p_i	Wertungspunkte in der Nutzwertanalyse
r	Radius der elektrischen Leitung

s_f	Fügeweg des Steckverbinders
s_i	Achsversatz einer Roboterdrehachse
s_v	Verformungsweg des Schnappelementes am Steckverbinders
t_H	Zeit zum Holen der Legehilfen aus dem Magazin
t_N	Nutzungszeit eines Aufnahmesockels
t_R	Zeit zum Zurücksetzen der Legehilfen in das Magazin
t_{Tr}	Transportzeit (Zeiten jeweils in Sek.)
t_Z	durchschnittliche Belegzeit für einen Sockel
t_{aus}	Zeit zum Entnehmen eines Steckers aus Prüfmaschine
t_{const}	Konstantanteil der Legezeit für Leitungen
t_{ein}	Zeit zum Einstecken eines Steckers in Prüfmaschine
$t_{leg/leit}$	Legezeit pro Leitung
t_{prop_k}	Anteil der Legezeit für Leitungen proportional zur Knickzahl
t_{prop_l}	Anteil der Legezeit für Leitungen proportional zur Leitungslänge
t_u	Zeit zum Umsetzen der Legehilfen
v	Bahngeschwindigkeit des Industrieroboters
v_{max}	maximale Bahngeschwindigkeit des Industrieroboters
w	Federweg
x	Längenkoordinate
$x_{i,k}$	Binärzahl, kennzeichnet Zulässigkeit des Verbindungsweges
z_i	Z-Achse eines Roboterkoordinatensystems
z_{i_theor}	theoretische Lage der Z-Achse eines Roboterkoordinatensystems

Griechische Buchstaben

Zeichen	Bedeutung
α_i	Achswinkel einer Roboterdrehachse
α	Legewinkel
α_u	Umschlingungswinkel
ρ_v	Dichte
ρ	spezifischer elektrischer Widerstand
ρ_G	spezifischer elektrischer Widerstand an der Grenzfläche eines Kontaktes
μ	Reibungskoeffizient

Θ_i	Achswinkel einer Roboterdrehachse

Abkürzungen

Zeichen	Bedeutung
AG	Ausgangspunkt
ASCII	American Standard Code for Information Interchange
CAD	Computer Aided Design
CAP	Computer Aided Planning
CPU	Central Processing Unit
IR	Industrieroboter
IRHD	Shorehärte
Kfz.	Kraftfahrzeug
KS	Koordinatensystem
MPX	Multiplextechnik
PKW	Personenkraftwagen

1. Einleitung

1.1 Einführung

Die Entwicklung der industriellen Fertigung ist durch Maßnahmen zur Erhöhung der Mengenleistung, Verbesserung der Qualität und zur Senkung der Kosten gekennzeichnet /1/. Dies gilt gleichermaßen für die Bereiche Konstruktion und Planung /2,3/. Zentrale Zielsetzung ist die Festigung der Wettbewerbsfähigkeit von Unternehmen auf nationalen und internationalen Märkten /4,5/.

Ein wesentliches Mittel zur Rationalisierung als "... Summe aller Maßnahmen, die eine Verringerung des Aufwandes an Produktionsfaktoren bei qualitativ und quantitativ gleichem Produktionsergebnis ... bezwecken" /6/, ist die bereits gegen Ende des 19. Jahrhunderts in der Fertigungstechnik eingeführte Mechanisierung /7/. 1960 eröffneten numerisch gesteuerte Werkzeugmaschinen in der industriellen Produktion eine neue Epoche.

Automatisierung war von da an nicht mehr ein Monopol großer Stückzahlen, sondern drang, mit zunehmender Entwicklung von zuverlässigen numerisch gesteuerten Werkzeugmaschinen, in mittlere Losgrößenbereiche vor. Diese schaffen durch ihre Flexibilität eine notwendige Voraussetzung für die, in der heutigen Zeit besonders geforderte, Anpassung der Produktion an sich stetig verändernde Bedingungen /8/.

Mit zunehmendem Einsatz numerisch gesteuerter Maschinen, auch in Form von Industrierobotern, zeichnet sich der Anfang einer neuen Phase in der Fertigungstechnik ab. Angestrebtes Ziel ist die rechnerintegrierte Produktion. Die Automatisierung soll hierbei zunehmend auch die Konstruktion und Fertigungsplanung /9/ berühren. Konventionelle voluminöse Datenträger der Steuerungs- und Organisationsfunktionen werden dazu durch Computer und elektronische Massenspeicher ersetzt. Mit Hilfe leistungsfähiger Netzwerke sollen durchgängige, rechnergestützte Produktionsstrukturen entstehen.

Während die Fertigungstechnik in der Teilefertigung einen hohen Entwicklungsstand und Erforschtheitsgrad erreicht hat, fehlen vergleichbare Kenntnisse in der Montage beinahe völlig. Deshalb wird analog zu der Vorgehensweise in der spanenden Fertigungstechnik auch die Abgrenzung und Untersuchung der Montageprozesse notwendig /10,11/. Wie in Bild 1-1, (s. S. 2) zu erkennen ist, ist die Abgrenzung der Fügeverfahren unscharf. Sie beinhalten zum Teil spanende, ur- oder umformende Verfahren.

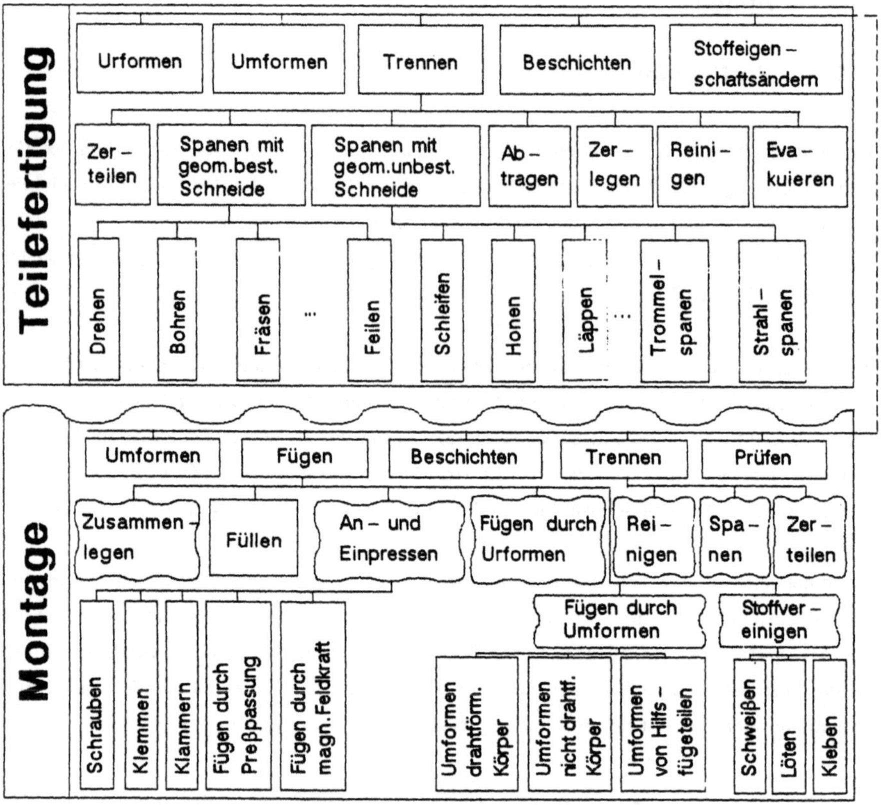

Bild 1- 1: ***Unterschiede in der Abgrenzung der Fertigungsprozesse bei Teilefertigung und Montage, nach /24,27/***

Betrachtet man die Entwicklung der Fertigungstechnik in der Vergangenheit, so lassen sich folgende Erkenntnisse ableiten:

Je nach eingesetzten Fertigungsverfahren, Werkzeugen und Maschinen können verschiedene Zeitalter definiert und abgegrenzt werden. Die Zeiträume, über die sich solche Epochen erstrecken, werden zunehmend kürzer; es bietet sich ein logarithmischer Maßstab zur Abbildung der Zeitachse an (s. Bild 1-2, S. 3). Das bedeutet, daß der Entwicklungszeitraum für Innovationen kürzer wird und somit die Produkte durch verringerte Lebensdauer gekennzeichnet sind. Dieser Erscheinung kann nur eine flexibel automatisierte, rechnergestützte Produktion Rechnung tragen.

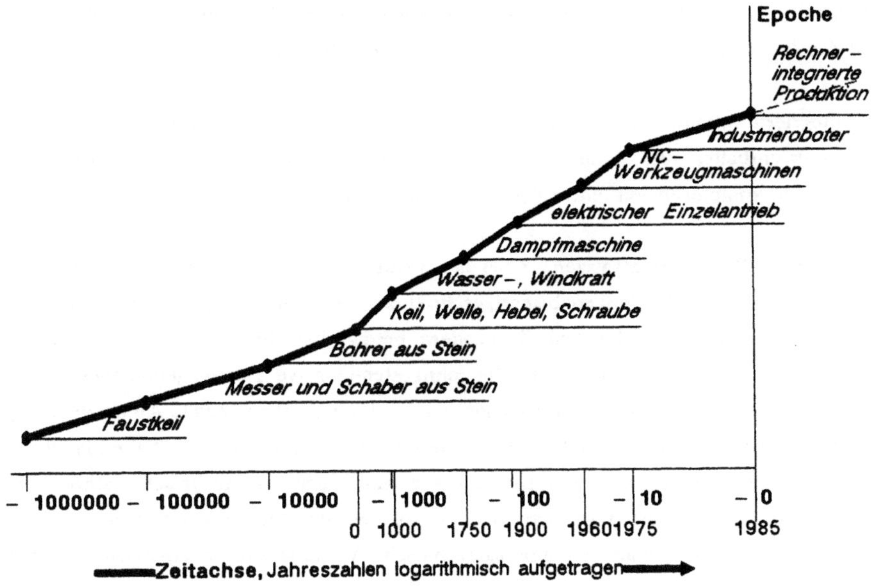

Bild 1- 2: *Epochen der Fertigungstechnik, nach /7/*

Andererseits eröffnet gerade diese hohe Flexibilität dem Menschen die Möglichkeit, Produktänderungen aufgrund neuer Erkenntnisse oder veränderter Marktsituationen schnell durchzuführen. Deshalb werden zusätzliche Forderungen wie Expertenwissen, komplexe Entscheidungsalgorithmen und leistungsfähige Schnittstellen zur Umwelt an die Rechnersysteme gestellt.

In der vom Rechnereinsatz geprägten technischen Welt kommt der Komponente des elektronischen Informationstransfers besondere Bedeutung zu. Organe dieser Funktion sind elektrisch leitende Verbindungsstrecken oder auch Lichtwellenleiter. Häufig bestehen diese Verbindungsstrecken nicht nur aus einigen parallel verlaufenden Leitungen, sondern sind vielmehr ein komplexes Gebilde mit vielen Kreuzungen, Verzweigungen und Verbindungsstellen. Man spricht in diesem Fall auch von einem elektrischen Leitungssatz. Er hat zum einen die Aufgabe, die elektronischen und elektrischen Baugruppen zu einem Gesamtsystem zu verbinden und elektrisch zu versorgen. Die zweite Aufgabe besteht darin, eine Verbindung zwischen den hochintegrierten, miniaturisierten elektronischen Komponenten und den nach ergonomischen Richtlinien bemessenen Bedien- und Anzeigegeräten für den Menschen (Schalter, Tastaturen, Bildschirme) herzustellen. Die dritte Aufgabe elektrischer Leitungen besteht schließlich darin, die nach Gesichtspunkten der Reparatur und der Austauschbarkeit aus Baugruppen aufgebauten Systeme lösbar zu verbinden.

Da integrierte Schaltungen und Mikrorechner in beinahe jedem neuzeitlichen technischen Erzeugnis enthalten sind, nimmt der Kabelsatz bei vielen Produkten, von Haushaltsgeräten bis zu komplexen Verkehrsmitteln, einen hohen Stellenwert ein.

Besonders in Personenkraftwagen ist bei der Verdrahtung bzw. Montage von Kabelbäumen ein kritisches Überdenken bisheriger Produkt- und Fertigungsstrukturen erforderlich. Die Gesamtlänge aller Kabelbaumadern beträgt hier bis zu zwei Kilometer bei gleichzeitig hoher Variantenvielfalt. Die lohnkostenintensive Fahrzeugendmontage stellt heute ein deutliches Automatisierungspotential dar /12,13/. Zunehmende Automatisierung der Montage wird hier auch unter Humanisierungsaspekten angestrebt. Die automatische Montage eines elektrischen Leitungssatzes kann jedoch erst dann technisch realisiert und wirtschaftlich gerechtfertigt werden, wenn sowohl bei der Produktstruktur als auch bei Baugruppen und Bauelementen montagetechnische Voraussetzungen geschaffen worden sind.

1.2 Merkmale elektrischer Leitungssätze

Ein elektrischer Leitungssatz ist ein Gebilde aus einem oder mehreren elektrisch leitenden Kanälen, welche durch Isolatoren untereinander und von ihrer Umgebung galvanisch getrennt sind. Häufig spricht man hier auch von Kabelbäumen oder Kabelsätzen. Aufgabe der Leiter ist es, den Fluß von Signal- oder Leistungsströmen zu ermöglichen.

Montagetechnisch stellt der Leitungssatz eine Baugruppe dar, an der bereits diverse Fügevorgänge zur Schaffung und Vermehrung des Zusammenhaltes seiner Bestandteile vorgenommen wurden. Diese Baugruppe selbst findet Eingang in eine höhere Stufe des Montagefortschrittes, wobei – in Unterscheidung zu anderen Montagevorgängen – neben der mechanischen Verbindung auch eine elektrisch leitende Verbindung, der Kontakt, hergestellt werden muß. Da diese in der Regel lösbare Kontaktstelle eine montage- und servicetechnische Funktion verkörpert, jedoch nicht zur Grundfunktion des Gesamtproduktes zwingend notwendig ist, wird von ihr gefordert, minimalen Einfluß auf dessen Funktion und Verfügbarkeit auszuüben. Die Herstellung der leitenden Verbindung kann funktionsvereint und gleichzeitig oder über diskrete Funktionselemente erfolgen.

Die Komponenten eines elektrischen Leitungssatzes sind im wesentlichen die Übertragungsstrecken mit mehreren elektrischen Schnittstellen, Elemente zur Bündelung und zum Schutz der Leiter (Bewehrung) sowie Elemente zur mechanischen Befestigung des Leitungssatzes an dem Basisprodukt (Bild 1-3).

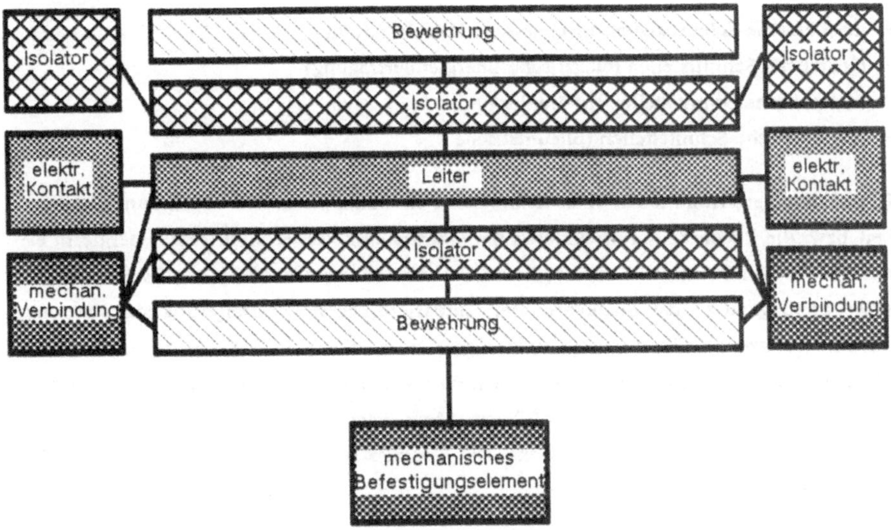

Bild 1- 3: *Komponenten eines elektrischen Leitungssatzes*

Die Verwendung von einzelnen Drähten (Massivleitern) oder, zur Erhöhung der Biegsamkeit, verseilten dünnen Drähten (Litzen) für die elektrisch leitende Übertragungsstrecke ist bereits seit Anfang des 19. Jahrhunderts bekannt. Das leitende Material ist Kupfer, manchmal Aluminium oder Stahl. Sein spezifischer Widerstand sollte bei ausreichender Festigkeit möglichst gering sein. In jüngerer Zeit haben sich jedoch auch hier Alternativen (Folien und Bleche aus leitenden Materialien, gedruckte Leiterbahnen usw.) durchgesetzt.

Isolatoren sind Stoffe, deren elektrische Leitfähigkeit bei nahezu Null liegt. Ihr elektrischer Widerstand bewegt sich üblicherweise im Megaohm-Bereich. Aufgabe der Isolatoren bei den Leitungssätzen ist, elektrische Schlüsse mit der Umgebung zu verhindern bzw. nur dort zuzulassen, wo es deren Funktion erfordert. Da die Leitungen als Halbzeug für die elektrischen Leitungssätze bereits mit einer isolierenden Ummantelung (Kunststoffe, Textilien) angeliefert werden, ist die Beseitigung oder Durchdringung der Isolationsschicht an der Kontaktstelle Bestandteil der Montageaufgabe. In einigen Fällen ist die nachträgliche Anbringung eines Isolators während der Montage erforderlich.

Unter dem Begriff Schnittstellen seien die Wirkflächen der Elemente eines zu montierenden Objektes verstanden, welche in der Montage eine lösbare Verbindung eingehen, um den Zusammenhalt von Bauelementen oder Baugruppen zu schaffen bzw. zu vermehren. Dabei lassen sich folgende vier grundsätzliche Formen von Schnittstellen angeben:

- mechanische Schnittstellen (mechanische Haltefunktion)
- elektrische Schnittstellen (elektrische Energieübertragung)
- hydraulische Schnittstellen (hydraulische ')
- pneumatische Schnittstellen (pneumatische ')

Die beiden Hauptfunktionen einer Schnittstelle sind zum einen die Verbindungsmöglichkeit bzw. die Lösbarkeit, zum anderen die Übertragung von Kräften bzw. Energie in einer bestimmten Form /14/. Das typische Funktionselement an der Schnittstelle elektrischer Leitungssätze, der Steckverbinder, integriert neben der Haltefunktion eine oder mehrere elektrische Übertragungsfunktionen. Die mechanische Haltefunktion wiederum dient sowohl der Übertragung von Massenkräften als auch der Sicherung der elektrischen Kontakte vor mechanischen Störeinflüssen. Montagetechnisch handelt es sich bei dieser Verbindung um eine Parallelschaltung des Grundsatzproblems Bolzen - Bohrung /15/ (Fügen von Mehrfachverbindungen).

Bündelungselemente dienen der Zusammenfassung von Einzelleitungen zu einem Leitungsverbund, um sowohl die Handhabbarkeit als auch die Robustheit des Verbundes zu erhöhen. Das Handling wird geringfügig dadurch verbessert, daß aus einem Bündel wirrer, flexibler Einzelteile ein kompakter Verbund mit vergleichsweise höherer Biegesteifigkeit geformt wird. Die Robustheit erhöht sich dadurch, daß sich die Einzelader bei Zugbelastung an den anderen Adern des Verbundes abstützen kann.

Schutzelemente werden eingesetzt, um die Leiter und Isolatoren vor Störeinflüssen aus der Umwelt zu schützen. Sie sind in der Praxis zum Teil mit Bündelungselementen identisch. Störfaktoren können sowohl mechanischer Art (Zug, Biegung, Relativbewegungen) oder thermischer, stofflicher und elektromagnetischer Art sein. Folgen dieser Störungsursachen sind in der Regel das Versagen der Übertragungsfunktion (Kabelbruch, Kontaktunterbrechung) oder elektrische Fehlschlüsse (Feuchtigkeitsbrücke, Isolationsdurchschlag).

Befestigungselemente tragen dazu bei, die auf die Steckverbinder durch das Gewicht der Leitungssätze einwirkenden Kräfte zu reduzieren und damit deren Funktionssicherheit zu erhöhen. Die Ausführungsform dieser Elemente reicht von Klebebändern über Kunststoffklipse bis zu metallischen Kabelschellen. Zum Teil ist es üblich, diese Befestigungsfunktion mit der Bündelungsfunktion zu kombinieren oder die Schutzfunktion zu integrieren.

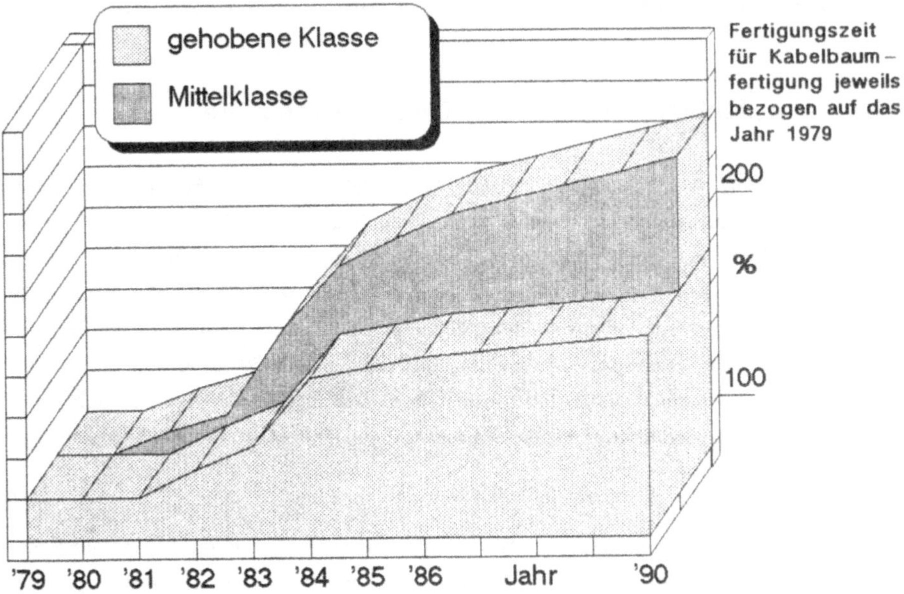

<u>Bild 1- 4:</u> Entwicklung der Fertigungszeit von Kabelbäumen für Personenkraftwagen /16/

Besonders in Personenkraftwagen hat in jüngster Zeit die Komplexität des Leitungssatzes durch die in starkem Maße gewachsenen Ansprüche an den Fahrkomfort und damit verbunden an die Fahrzeugelektrik (Bild 1- 4) drastisch zugenommen und scheint noch nicht die Wachstumsgrenze erreicht zu haben.

1.3 Anforderungen an elektrische Leitungssätze

Bei Fertigung und Betrieb technischer Geräte, welche einen oder mehrere elektrische Leitungssätze enthalten, werden vielfältige Anforderungen an diese Baugruppe gestellt. Diese Anforderungen und ihre Auswirkung auf Produktgestalt und Fertigungsprozeß werden im Laufe dieser Abhandlung weiter ausgeführt; es handelt sich um folgende Gruppen:
- elektrische Forderungen (Widerstände, elektromagnetische Feldwirkung, Überlastung)
- mechanische Forderungen (Belastung durch Gewaltanwendung, dynamische Belastung)

- thermische Forderungen (Eigenerwärmung, externe Wärmezufuhr)
- Betriebsforderungen (Zuverlässigkeit, Reparaturfreundlichkeit, Schadstoffresistenz)
- fertigungstechnische Forderungen (Kostenreduzierung, hier besonders bei der Montage).

1.4 Aufgabenstellung und Arbeitsschwerpunkte

Die Entwicklung von Kabelsätzen erfolgte bisher rein empirisch mit Hilfe von Versuchsmodellen, aufbauend auf Produktvorgänger und auf die Erfahrung der Konstrukteure. Durch die sich häufig ändernden Randbedingungen im Entwicklungszeitraum ist bisher ein optimaler Entwicklungsablauf vom Konzept zum Serienprodukt nicht zu erkennen. Die Konstruktion des Leitungssatzes ist dem sonstigen Produktentwicklungsprozeß zeitlich nachgeschaltet und unterliegt bis zum Fertigungsbeginn starken terminlichen Zwängen. Die unterschiedliche Informationsdarstellung und der häufige Änderungsdienst führen zu wiederholter Datengenerierung beim Durchlauf des Fertigungsauftrags durch das Unternehmen.

Da der elektrische Leitungssatz für das Produkt, in welches er eingeht, eine sekundäre Rolle spielt, wurden bisher nur beschränkt neue Strukturen in den Entwicklungsprozeß einbezogen. Schaltungsalternativen, alternative Produktgestaltung sowie fertigungstechnische Alternativen wurden nur selten berücksichtigt. Die besondere physikalische Beschaffenheit der Kabelbaumkomponenten erhöht den Schwierigkeitsgrad bei Automatisierungsbestrebungen in der Vor- und Endmontage.

Ziel der Arbeit ist es, ein integriertes Modell zur Konstruktion, Fertigung und Montage von Kabelsätzen durch die Einbeziehung von Datenverarbeitungsanlagen zu entwickeln. Dazu werden alternative Produktkomponenten dargestellt und die Möglichkeiten für den rechnerintegrierten Auftragsdurchlauf erarbeitet, um den Unternehmen in Konzeption, Konstruktion und Fertigung die optimale Systemauslegung zu ermöglichen. Leitungssätze eignen sich hierzu besonders, weil ein klares, überschaubares Regelwerk vorliegt.

Im Einzelnen werden folgende Schwerpunkte gesetzt:

- Aus der Analyse des Istzustandes heraus werden Anforderungen und Randbedingungen für die Fertigung und den Betrieb von elektrischen Leitungssätzen erarbeitet. Darauf aufbauend werden automatisierungsgerechte Gestaltmerkmale für Leitungssätze und ihren Einbauort dargestellt.

- Für die Erstellung der Fertigungsunterlagen wird ein Modell zur rechnergestützten Generierung und Archivierung der das Produkt definierenden Daten entwickelt. Neue Methoden zur weitgehenden Automatisierung der nichtkreativen Tätigkeiten bei der Schaltplankonstruktion und Kabelbaumkonstruktion werden erarbeitet und beispielhaft für Kabelbäume dargestellt. Für die Erstellung von Rüstplänen und Steuerprogrammen werden Methoden entwickelt, um die Generierung der Lagekoordinaten für die Fertigungsmittel und die Festlegung der Roboterbewegungsbahn zusammen mit der Erstellung des Ablaufprogramms für die Kabelbaumfertigung zu automatisieren.

- An einer Pilotanlage werden Verfahren zur Automatisierung des Rüstens, der Fertigung und der Montage von Kabelbäumen erarbeitet. Einen besonderen Stellenwert nimmt hierbei der Zusammenhang zwischen sicherer Funktion, montagegerechter Gestalt und den Parametern des Montageprozesses ein. Diese Interdependenz wird besonders an den elektrisch leitenden Verbindungsstellen untersucht. Erkenntnisse aus der Pilotanlage führen zu einem Anlagenmodell, bei dem hoher Mengenleistung, hoher Verfügbarkeit und ausreichender Flexibilität besondere Bedeutung zukommen. Es werden allgemeingültige Hinweise gegeben, um diese Ziele bei automatischen Montageanlagen zu erreichen.

- Die Methoden zur rechnergestützten Erstellung der Konstruktions- und Fertigungsunterlagen werden mit den Verfahren zur automatischen Fertigung und Montage von Kabelbäumen zu einem rechnerintegrierten System mit gemeinsamer Datenbasis verknüpft.

- Für die Einordnung dieses Gesamtsystems zur Konstruktion, Fertigung und Montage von Kabelbäumen unter Wirtschaftlichkeitsaspekten wird ein Kostenrechnungsmodul angegliedert. Dazu werden über die Fertigungshauptkostenstelle hinaus auch die produktbezogenen Konstruktions- und Planungskosten in die Bewertung einbezogen. Das Kostenrechnungsmodul soll für eine Vergleichsrechnung zwischen alternativen Fertigungsverfahren und auch zur Kalkulation der Herstellkosten von Kabelbäumen geeignet sein.

Die Verfahren und Methoden werden an einem Pilotsystem für Konstruktion, Arbeitsvorbereitung und Montage entwickelt. Die Arbeiten beziehen sich im wesentlichen auf den Kabelbaum als komplexeste Ausführungsform elektrischer Leitungssätze. Die allgemeine Gültigkeit der entwickelten Methoden soll dadurch jedoch nicht beeinträchtigt werden.

2. Istzustand und Stand der Technik in der Kabelbaumfertigung

2.1 Stand der Technik bei Erstellung der Fertigungsunterlagen

Für die Fertigung von elektrischen Leitungssätzen sind ebenso wie bei der Einzelteilfertigung und der Montage im Maschinenbau eine Reihe von Fertigungsunterlagen[1] gebräuchlich. Es handelt sich hierbei im wesentlichen um folgende Datenblätter (Bild 2-1, s. S.11):

- Stromlaufplan
- Anschlußplan
- Leitungsliste
- Kabelbaumzeichnung
- Arbeitsunterweisungen.

Ein Stomlaufplan ist nach /17/ die ausführliche symbolische "... Darstellung einer Schaltung mit ihren Einzelteilen. Er zeigt die Arbeitsweise einer elektrischen Einrichtung." Ziel ist die übersichtliche Darstellung der einzelnen Stromwege und der Wirkungsweise der elektrischen Schaltung, wobei gerätetechnische und räumliche Zusammenhänge die Klarheit der Darstellung nicht beeinträchtigen dürfen. Die Darstellung ist stromflußorientiert und unabhängig von der Lage der Bauteile in dem Basisbauteil.

Der Anschlußplan stellt "... die Anschlußpunkte einer elektrischen Einrichtung und die daran angeschlossenen inneren und äußeren leitenden Verbindungen ..."/17/ dar. Häufig werden in dieser Unterlage die Baugruppen nach ihrer Lage im Basiselement (Örtlichkeit) geordnet und die Klemmen mit dem Zielort ihrer Verbindungsleitung bezeichnet. Sie bildet auch die Grundlage zur Erstellung der Leitungsliste, welche – analog zur Stückliste im Maschinenbau – alle Verbindungsleitungen zwischen den Bauelementen nach Art, Länge, Menge, Anschlag, und Anschlußstellen (Klemmen) auflistet. Diese tabellarische Darstellung kann auch durch Verdrahtungspläne ersetzt werden.

Der aus den Einzelleitungen erstellte Leitungssatz wird in einer Kabelbaumzeichnung als zweidimensionales Objekt mit allen Verbindungs- und Bündelungselementen dargestellt. Die Arbeitsunterweisungen oder Arbeitspläne enthalten neben administrativen Daten im

1 Hier Fertigungsunterlagen im weiteren Sinne. Konstruktionsunterlagen wie Schaltpläne dienen zwar in erster Linie zur Beschreibung der Funktion des technischen Gerätes, bilden aber zugleich die Grundlage für das Fertigen technischer, in diesem Fall elektrischer, Einrichtungen /17/.

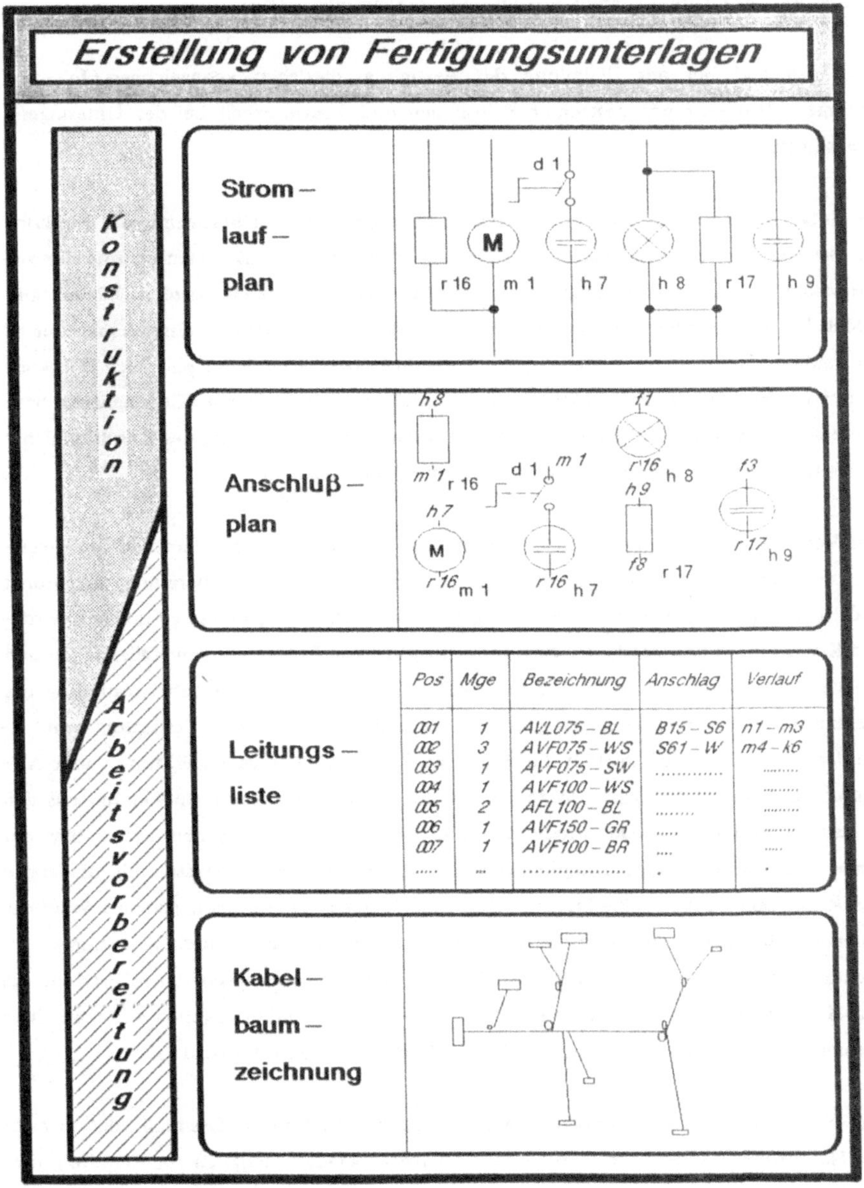

Bild 2–1: ***Fertigungsunterlagen für elektrische Leitungssätze***

wesentlichen die Informationen über Verlegehilfen (Betriebsmittel), eingesetzte Einzelteile, Arbeitsablauf (Legereihenfolge) und Vorgabezeiten /18/.

Den Istzustand bei der Erstellung der Fertigungsunterlagen kennzeichnen folgende Merkmale: Ein sehr eng gesteckter Zeitrahmen und Routinearbeit bei der Unterlagenausarbeitung.

Die Entwicklung des elektrischen Leitungssatzes beginnt mit der Festlegung der Funktionen des Gesamtproduktes. Nach Definition der elektrischen Funktionsträger und der gewünschten Wechselwirkung kann bereits der Stromlaufplan erstellt werden. Dieser muß jedoch bei Änderungen am Gesamtprodukt wieder angepaßt werden. Eingeschränkter ist der zeitliche Rahmen zur Erstellung des Anschlußplanes. Hier kann erst nach der konstruktiven Festlegung der elektrischen Funktionsträger und deren Klemmenzahl bzw. -bezeichnung mit der Erstellung begonnen werden. Eine Veränderung des Anschlußplanes ist oft noch unmittelbar vor Produktionsbeginn erforderlich.

Die Vervollständigung der Leitungsliste mit den Längen der Einzeladern und die Erstellung der Kabelbaumzeichnung wird momentan häufig der Arbeitsvorbereitung zugeordnet und ist damit - obgleich auch hier häufig von Kabelbaumkonstruktion gesprochen wird - der Konstruktion nachgeschaltet. Maßgeblich ist hier die Ermittlung von Kabellängen und Abzweigungspunkten, welche sich ausschließlich an der geometrischen Ausbildung des Gesamtproduktes orientieren und somit erst nach dessen endgültiger Festlegung ermittelt werden können. Zusätzlich stellt die räumliche Komplexität eines Kabelbaumes hohe Ansprüche an das Vorstellungsvermögen des Konstrukteurs. Es ist sehr aufwendig, aus den Konstruktionsunterlagen des Produktes unter Berücksichtigung des Biegeverhaltens der Kabel und sonstiger Randbedingungen wie Wärmequellen, welche weiträumig umgangen werden müssen, die korrekte Struktur eines Kabelbaumes zu ermitteln. Zudem besteht das Dilemma, daß häufig geometrische Merkmale des Leitungssatzes durch Änderungen am Gesamtprodukt beeinflußt werden. Modellpflegemaßnahmen wirken sich direkt auf die Kabelbaumgeometrie aus. Man erkennt, daß die Kabelbaumkonstruktion während ihrer gesamten Laufzeit durch dynamische Randbedingungen beeinflußt wird.

Der Kabelbaum ist ausschließlich Träger von Sekundärfunktionen. Das heißt, daß er nicht die Hauptfunktion des Gesamtproduktes verkörpert, sondern lediglich zur Erfüllung dieser Primärfunktion dient. Deshalb unterliegt der Kabelbaum indirekten Forderungen, die aus dem Pflichtenheft der Primärfunktionsträger resultieren. Dies führt dazu, daß die endgültige Anforderungsliste für den Leitungssatz erst dann festliegt, wenn die Entwicklung des Gesamtproduktes nahezu abgeschlossen ist. Ein früherer Beginn der Entwicklungsarbeit verursacht hohen Änderungsaufwand und häufige Wiederholung der Arbeitsabläufe (Bild 2-2). Der durch den in der Regel iterativen Konstruktionsprozeß bereits vorhandene "Pilgerschritteffekt" wird hierdurch verstärkt /19/. Andererseits steckt der späte Entwicklungstermin nach nahezu abgeschlossener Produktkonstruktion und kurz vor Fertigungsbeginn einen engen Zeitrahmen. Die steigende Anwendung elektronischer Komponenten führt zu extensiver Verdrahtung. Daraus resultiert die Forderung nach schnellen und änderungsfreundlichen Hilfsmitteln zur Entwicklung elektrischer Leitungssätze.

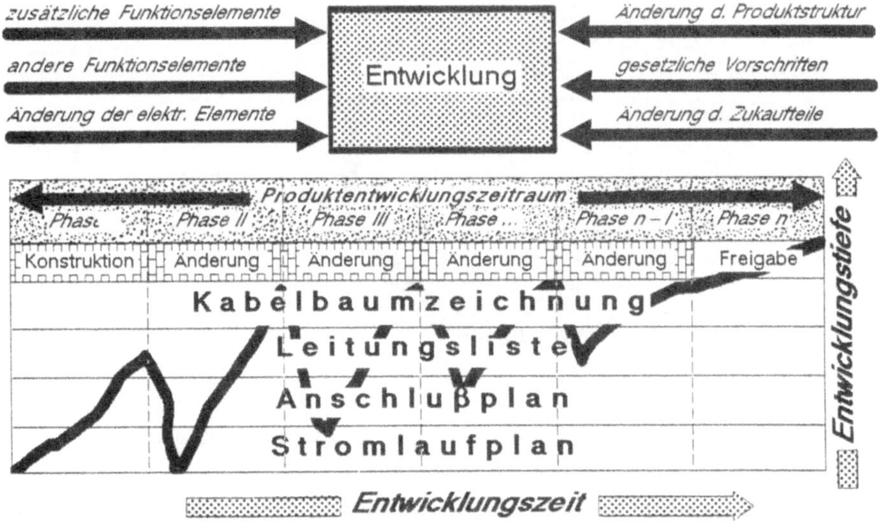

<u>Bild 2-2:</u> Einflußfaktoren und Entwicklungsverlauf bei der Kabelbaumentwicklung

Bei der Erstellung neuer Stromlaufpläne ist das Betätigungsfeld des Konstrukteurs in folgende Bereiche einteilbar: Die routinemäßige Übernahme einiger Schaltstrukturen von den Vorgängermodellen in gleicher oder geringfügig geänderter Form, die Entwicklung neuer Strukturen und die Ausarbeitung der Unterlagen. Die Zunahme elektrischer Funktionen und elektronischer Komponenten erfordert verstärkt die kreative Entwicklung neuer Schaltstrukturen. Die erhöhte Komplexität der Schaltungen erfordert darüberhinaus ein kritisches Überdenken gewohnter Anordnungen zur Vereinfachung bisheriger Topologien.

Diese Forderung nach erhöhter Kreativität steht im Gegensatz zu der allgemein beobachteten Situation in der Konstruktion /20,21/. Lediglich zwischen 10 und 20% des Zeitaufwandes in der Konstruktion wird zur schöpferischen Neuentwicklung von Konzepten eingesetzt. Während Entwurfs- und Produktgestaltungsphase (30%) ebenfalls hohe kreative Anteile besitzen, steht bei der Ausarbeitung der Fertigungsunterlagen der rein schematische, routinemäßige Anteil mit 50 bis 60% im Vordergrund (Bild 2-3). Die routinemäßige Übernahme gewohnter Strukturelemente sollte daher durch geeignete Werkzeuge automatisiert werden, um den Konstrukteur von uneffektiver Arbeit zu entlasten und den Freiraum für die kreative Tätigkeit zu erhöhen.

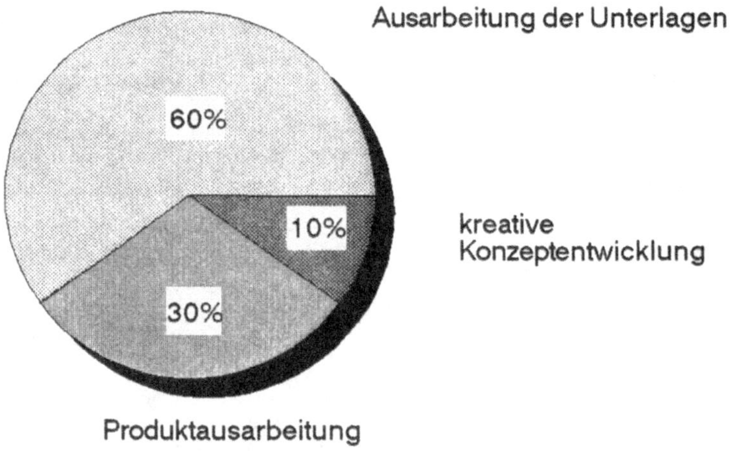

Bild 2-3: Anteil der charakteristischen Tätigkeiten am Konstruktionsprozeß /nach 20/

Die rechnerunterstützte Konstruktion lieferte hierzu in der jüngeren Vergangenheit einen erheblichen Beitrag. Doch ist der Grad des Rechnereinsatzes in der elektrotechnischen Industrie noch sehr unterschiedlich /22/. Während in der Halbleiter- und Rechnerindustrie die Entwicklung weit fortgeschritten ist, wird ein ausgeprägter Bedarf bei den Branchen Energie- und Nachrichtentechnik, Industrie- und Ausrüstungselektronik und der Konsumgüterindustrie, insbesondere der Automobilindustrie, beobachtet /22/.

Bereits vorhandene Systeme unterstützen im wesentlichen die Digitalisierung vorhandener Unterlagen, die Darstellung häufig auftretender Schaltsymbole, die Simulation elektrischer Schaltungen und den Entwurf von Leiterplatten. Für verschiedene Aufgaben außerhalb der Leiterplattenfertigung existieren schlüsselfertige CAD-Systeme, welche auf den speziellen Anwendungsfall zugeschnitten sind. Sie verfügen nicht über die Möglichkeit durchgängiger Datenverarbeitung vom Funktionsentwurf bis zur Fertigung (Bild 2-4).

CAE – Systeme in der Elektrotechnik

Arbeitsschritt	Funktion	1	2	3	4	5	6	7	8	9	10	11	12
Funktioneller Schaltungsentwurf	Elemente auswählen	x	x	x	x	x	o	o	x	x	x	x	x
	Verbindungen eintragen	x	x	x	x	x	o	o	x	x	x	x	x
	Schaltungssimulation	o	o	x	o	o	o	o	o	o	o	o	o
	Test	o	o	x	x	o	o	o	x	x	x	x	x
Detaillierter Schaltungsentwurf	Stromlaufplan beschriften	x	x	x	x	x	o	o	x	x	x	x	x
	Anschlußplan erstellen	x	x	x	x	x	o	o	x	x	x	x	x
	Verbindungsliste erstellen	x	x	x	x	x	o	o	x	x	x	x	x
	Zeichnungen ausgeben	x	x	x	x	x	o	o	x	x	x	x	x
Fertigungsplanung	Leitungsliste erstellen	o	x	o	o	o	x	x	o	o	o	x	o
	Kabelbaumzeichn. erstellen	o	x	x	o	o	x	x	o	o	o	o	o
	Kabelbrett festlegen	o	o	o	o	o	x	o	o	o	o	o	o
	Arbeitsplan erstellen	o	o	o	o	o	x	x	o	o	o	o	o
Fertigung	Kabelbrett rüsten	o	o	o	o	o	x	o	o	o	o	o	o
	Kabelbaum fertigen	o	o	o	o	o	x	o	o	o	o	o	o
	Kabelbaum prüfen	o	o	o	o	o	o	o	o	o	o	o	o
	Kabelbaum montieren	o	o	o	o	o	o	o	o	o	o	o	o

x = Funktion realisiert; o = Funktion nicht vorhanden

Bild 2-4: ***Abfolge der Arbeitsschritte in CAD/CAM und Einordnung vorhandener Systeme***[2]

Es gilt daher, an der Entwicklung von Systemen zu arbeiten, welche über folgende Merkmale verfügen:

- Universalität der rechnergestützten Konstruktions-, Planungs- und Fertigungshilfsmittel gegenüber dem Spektrum an Anwendungsfällen in der Elektrotechnik.
- Flexibilität der Hilfsmittel bei Veränderung der Randbedingungen
- Durchgängigkeit und Offenheit der Datenstruktur und des Informationsflusses
- Einsatz wissensbasierter Systeme bei der Erstellung der Fertigungsunterlagen[3].

Es wird ein solches allgemeingültiges Hilfsmittel zur rechnergestützten Konstruktion und Fertigung von elektrischen Leitungssätzen gefordert.

2 Schlüssel:
01 = Aucos Elektrocad Elektronische Geräte GmbH
02 = BMW-Medusa-CAE-System "Grivad"
03 = CADE - Gesellsch. für rechnerunterst. Konstr.
04 = EPLAN Wiechers & Partner Datentechnik
05 = EPOS Elektro-Projekt-GmbH
06 = IPA-Kabelbaum-Fertigungssystem
07 = RAFAELE von Porsche
08 = MEDEA-Medusa-AGS
09 = RUPLAN von AEG
10 = SDS-Silvar-Lisco
11 = SIGRAPH-ET von Siemens
12 = CADSYM /22/

3 Diese Forderung wurde bereits allgemein von Dilling /23/ für die Konstruktion gefordert. Die Gültigkeit dieser Forderung ist bei der Konstruktion elektrotechnischer Geräte hervorzuheben, da diese in besonderem Maße durchwegs bekannten physikalischen Gesetzmäßigkeiten und klar definierten Zeichenregeln unterliegen /17/.

2.2 Istzustand der Kabelbaumfertigung

2.2.1 Übersicht

Die Kabelbaumfertigung kann sinnvoll in Vorfertigung und Montage unterteilt werden. Im Gegensatz zu vielen anderen Produkten, z. B. Getrieben, sind die Tätigkeiten im Bereich der Kabelbaum–Vorfertigung im wesentlichen ebenso Fügeoperationen im Sinne von /24/, so daß auch hier von einer Montage gesprochen werden kann. Es ist üblich, diese Phase der Vorfertigung auch mit Kabelbaum–Formen zu bezeichnen.

Zugunsten einer einheitlichen Terminologie wird definiert:

> Die **Kabelbaum–Vorfertigung** beinhaltet alle Tätigkeiten von der Bereitstellung der Komponenten eines Kabelbaumes bis zur Fertigstellung desselben als vollständige Baugruppe. Hierbei wird der Zusammenhalt seiner Einzelteile vermehrt. Die Herstellung seiner Komponenten ist nicht in diesem Tätigkeitsbereich enthalten.
>
> Die **Kabelbaum–Montage** ist der Einbau eines bereits gefertigten und geprüften Kabelbaumes in eine übergeordnete Baugruppe. Es wird also sein Zusammenhalt mit anderen Baugruppen oder dem Basisbauteil vermehrt. Die Montage beginnt mit dem Aufnehmen des Kabelbaumes aus dem Magazin und endet mit der Befestigung der Kabelstränge an dem Basisteil.

Die industrielle Fertigung von Kabelbäumen erfolgt bis zum heutigen Zeitpunkt nahezu vollständig manuell. Untersuchungen zeigten, daß der Anteil manueller Tätigkeiten in der Kabelbaumformerei einen Zeitanteil von über 90% einnimmt (Bild 2–5). Das daraus abzuleitende hohe Rationalisierungspotential führte in manchen Fällen bereits zu Automatisierungsansätzen (s. Kap. 2.4.1). Die hohe Komplexität und Vielfalt der Verrichtungen sowie die große Variantenzahl wirken dem entgegen.

Weitaus problematischer ist die Endmontage der Kabelbäume. Ihre Vielschichtigkeit verhindert grundsätzlich die Automatisierung. Wesentliche Hemmnisse sind hierbei die großen Längen, die mangelnde Formsteifigkeit, die zum Teil verdeckten und verwinkelt verlaufenden Verlegestrecken, sowie die Zahl und Art der Tätigkeiten bei der Endmontage der Kabelbäume. Während in der Fertigung noch Ansätze zur Automatisierung unter Bei–

behaltung der Produktgestalt möglich erscheinen, sind in der Endmontage Produktgestaltungsmaßnahmen zwingende Voraussetzung für Automatisierungs-Bestrebungen.

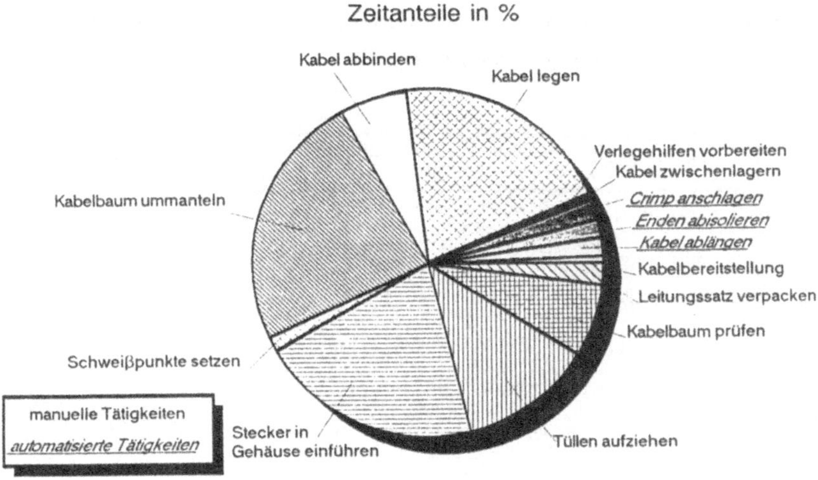

Bild 2–5: Anteil der charakteristischen Arbeitsgänge an der Kabelbaumvorfertigung[4]

2.2.2 Vorfertigung

2.2.2.1 Ablängen und Anschlagen

Der erste Arbeitsgang bei der Fertigung von Kabelbäumen ist das Ablängen und Anschlagen der Leiter (Konfektionieren). Es ist üblich, Kabel in Fässern mit fünf bis zehn Kilometern Länge bereitzustellen. Im Fertigungsprozeß werden diese aus dem Faß abgezogen und auf die richtige Länge zugeschnitten. Dieser Vorgang ist bereits vollständig automatisiert /25/. Das Abziehen der Kabel geschieht mit Hilfe von Rollenpaaren; bei Erreichen der meist frei programmierbaren Sollänge wird die Leitung abgetrennt. Darauf folgt das Abisolieren und Anschlagen der Leiter an Verbindungselemente. Dazu existiert eine Vielzahl an Verbindungselementen, welche sich nach Art der Fügetechnik klassifizieren lassen (Bild 2–6, s. S. 18). Die beiden Hauptgruppen gliedern sich in die Verbindungen durch Klemmen und Quetschen (Kraftschluß) und die Verbindungen durch Stoffschluß.

4 Die Daten für dieses Diagramm wurden unter Mitwirkung von Herrn Cand. Ing. Andreas Schuhbäck und mit Unterstützung des Hauses BMW AG, München erarbeitet.

Formschlüssige Verbindungen werden bei elektrischen Verbindungselementen nicht eingesetzt, da sie naturgemäß nicht spielfrei hergestellt werden können /15/ und ein unterbrechungsfreier elektrischer Übergang somit nicht gewährleistet ist. Für den Fertigungsprozeß ist der unterschiedliche Arbeitsaufwand und Geräteeinsatz bei der Herstellung dieser Verbindungen von Bedeutung (Bild 2-6).

Schluß-art	Kontaktprinzip	Erforderliche Einzeltätigkeiten und dazu wiederum notwendige Einzelbewegungen					Gesamtaufwand
Kraftschluß	Crimpkontakt	ablängen 4	abisolieren 2	einsetzen 2	crimpen 4	isolieren 2	14
	Schraubklemme	ablängen 4	abisolieren 2	enden 6	schrauben 4		16
	Einsteckklemme	ablängen 4	abisolieren 2	enden 6	einstecken 2		14
	Schneidklemme	ablängen 4	einpressen 4				8
	Wire – Wrap	ablängen 4	abisolieren 2	wrappen 4	isolieren 2		12
Stoffschluß	Lötkontakt	ablängen 4	abisolieren 2	löten 5	isolieren 2		13
	Schweißkontakt	ablängen 4	abisolieren 2	schweißen 4	isolieren 2		12
	Klebekontakt	ablängen 4	abisolieren 2	kleben 20	isolieren 2		28

Bild 2-6: Vergleich verschiedener Kabelanschläge nach Fügeprinzip und Aufwand[5]

Bei der Fertigung von Kabelbäumen wird meistens die Crimptechnik, selten die Löt-, Schraub- oder Schweißtechnik angewendet. In manchen Fällen werden auch die beiden Verfahren, Löten und Crimpen, kombiniert. Schraub-, Einsteck-, Wire-Wrap und Klebetechnik bleiben der Fertigung von Platinen und Schaltschränken vorbehalten. Mechanisierbarkeit und Betriebssicherheit sind zu gering für den Einsatzbereich von Kabelbäumen.

Unter einer Crimpverbindung versteht man nach /26/ "... eine elektrische und mechanische Verbindung zwischen einem Leiter (Litze, Massivdraht) und einem Kontakt, der ringförmig um ein abisoliertes Stück Leiter gepreßt wird." Es handelt sich hierbei um eine dauerhafte, gleichmäßige Verbindung, die gasdicht und korrosionsbeständig ist, da die Materialien bei dem Preßvorgang über die Fließgrenze hinaus beansprucht werden und somit eine Kaltverschweißung stattfindet. Dadurch kann die Crimpverbindung bei hohen klimatischen, thermischen und mechanischen Anforderungen eine sichere elektrische und

5 Die Daten für dieses Diagramm wurden unter Mitwirkung von Herrn Cand. Ing. Andreas Schuhbäck und mit Unterstützung des Hauses BMW AG, München erarbeitet.

mechanische Verbindung aufrechterhalten. Als Qualitätsmaßstab einer einwandfreien Crimpverbindung kann das Verhältnis zwischen Crimphöhe und Crimpbreite herangezogen werden (Bild 2-7). Crimpverbindungen lassen sich ohne besonderen Aufwand bis zu Leiterquerschnitten von 10,0 mm^2 realisieren. Deshalb ist die Crimptechnik ein verbreitetes Verfahren bei der Herstellung von Kabelbäumen, vorzugsweise in der Hausgeräte- und Automobilindustrie.

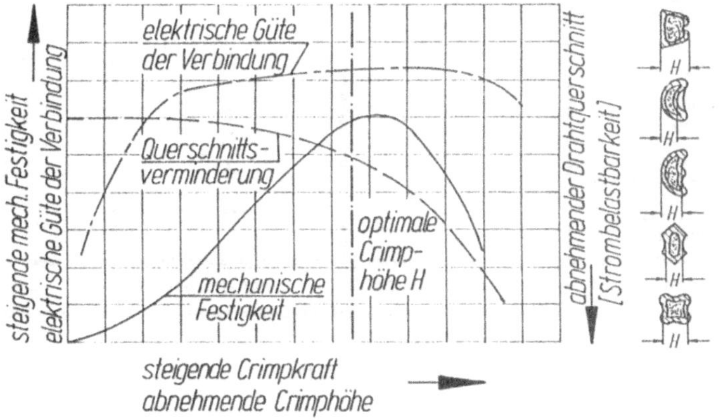

Bild 2-7: ***Einflußfaktoren der Crimpverbindung /26/***

Die Herstellung dieser Verbindung erfolgt mit Handzangen, Halb-, oder Vollautomaten. Dazu sind die Arbeitsgänge "abisolieren", "einstecken", "anpressen (crimpen)", und ggf. "isolieren" auszuführen. Die hierfür auf dem Markt erhältlichen Vollautomaten besitzen einen hohen Reifegrad /28/. Bei guter Mengenleistung ist die Flexibilität solcher Anlagen jedoch begrenzt. Änderungen des Kabeldurchmessers, der Kabelsorte oder der anzubringenden Stecker bzw. Kontakte bedingen einen großen Umrüstaufwand mit entsprechenden Stillstandszeiten kapitalintensiver Anlagen. Damit sind diese Anlagen nur für die Kabelkonfektionierung in großen Stückzahlen geeignet (Bild 2-8, s. S. 20).

Unter Berücksichtigung der Definitionen nach /29/ ist bei diesen Automaten von minimaler Anpaß- und geringer Stückzahlflexibilität auszugehen. Auch die Produktflexibilität ist begrenzt, da ohne erheblichen Umrüstaufwand nur Kabel verschiedener Länge mit gleichen Querschnitten und gleichem Anschlag gefertigt werden können. Allerdings sind in jüngerer Zeit Bestrebungen erkennbar, das Umrüsten für andere Kabeltypen und Steckverbinder zu vereinfachen. Dennoch sind diese Maschinen weiterhin als Einzweckautomaten zu bezeichnen.

Kriterien	Handzange	Halbautomat	Vollautomat
Längen-flexibilität	+ +	+ +	+ +
Querschn.-flexibilität	+	–	– –
Flexibilität d.Anschlags	+	–	– –
Mengen-leistung	–	o	+ +
Automati-sierungsgrad	–	+	+ +
Zuverlässig-keit des Anschlags	o	+	+
elektrische Güte des Anschlags	–	o	+
+ + : sehr gut; + : gut; o : zufriedenstellend; – : weniger geeignet; – – : ungeeignet;			

Bild 2- 8: *Vergleich unterschiedlicher Crimpmethoden*

Das vollautomatische, beidseitige Anschlagen findet bereits dort seine Grenzen, wo während des Formens der Kabelbäume Schläuche oder Tüllen aufgeschoben werden müssen. Dafür geeignete Leitungen lassen sich nur einseitig automatisch anschlagen und müssen dann während oder nach dem Formen mit Halbautomaten oder Handzangen fertiggestellt werden. Auch das automatische Einstecken in die Gehäuse ist bis zum heutigen Stand der Technik nur bei Einzelhülsen möglich. Der Großteil der Crimpkontakte wird beim Formen des Kabelbaumes von Hand in das Gehäuse eingesteckt. Schließlich sind auch häufig übliche "Mehrfachanschläge", d.h. Crimpen mehrerer Litzen an ein Anschlußstück, schwer automatisierbar.

Der automatisierte Konfektionierumfang (Ablängen, Anschlagen, ggf. Einstecken in Gehäuse) nimmt einen Anteil von ca. 10% der gesamten Fertigungszeit ein (Bild 2–5, S. 17). Es ist daher notwendig, Fertigungsverfahren zu entwickeln, die einen höheren Automatisierungsgrad zulassen.

Eine Anschlagtechnik, welche Ansätze zum Erreichen dieses Zieles bietet, ist die Schneidklemmtechnik. Eine Schneidklemmverbindung ist nach /30/ eine "... lötfreie elektrische Verbindung, hergestellt durch Einklemmen eines isolierten Leiters in ein die Isolierung schneidendes und den Leiter klemmend kontaktierendes Anschlußstück. " (s. Kap. 4.1.2) Dabei befindet sich das Anschlußstück bereits in einem isolierenden Kunststoffgehäuse, so daß der Arbeitsgang des Einsteckens entfällt. Die Herstellung der Verbindung erfolgt durch einfaches Einpressen des Leiters in ein bzw. gleichzeitig mehrere Anschlußstücke mit Hilfe von Spezialzangen, einem Halb- oder einem Vollautomaten. Damit ergeben sich Zeiteinsparungen gegenüber dem Crimpen von ca. 40%. Wird in diesen Vergleich das Einstecken in Gehäuse mit einbezogen, kann man von einem Zeitvorteil bis zu 80% (Crimpen + Einstecken = 100%) ausgehen /31,32,33/.

2.2.2.2 Kabelbaumformen

Nach dem Vorkonfektionieren der Leitungen werden diese in Bündeln am Verlegebrett bereitgestellt. Dieses Betriebsmittel ist entweder eine Holz- oder eine Kunststoffplatte welche mindestens die Hüllfläche des in einer Ebene ausgebreiteten Kabelbaumes einnimmt und mit Legehilfen bestückt ist (Bild 2-9). Bei den Legehilfen handelt es sich um Aufnahmen für Steckverbinder oder um Stifte und Klammern zur Fixierung der Kabel.

Bild 2- 9: Manuelle Kabelbaumfertigung am Verlegebrett *

---

* Aus "TESA Elektro-Klebebänder-Katalog". Technische Unterlage der Firma Beiersdorf AG.

Von diesem Zeitpunkt an erfolgen die Montagetätigkeiten ausschließlich manuell. Dazu gehört das Verlegen der vorkonfektionierten Leitungen auf dem vorbereiteten Legebrett und das Einstecken der kontaktierten Leitungsenden in verschiedene Steckergehäuse. Abzweigungen werden entweder am Kabelbrett oder davor Ultraschall- bzw. Widerstandsverschweißt. Nach dem Bündeln des fertig verlegten Kabelbaumes mit Hilfe von Kabelbindern und Klebebändern erfolgt häufig die Anbringung von Schutzelementen gegen externe Beanspruchungen (s. Kap 2.2.2.3). In manchen Fällen kann das Einstecken der Kontakte in die Gehäuse erst nach dem Aufstecken dieser Teile erfolgen.

Der hohe Anteil manueller Tätigkeit (vgl. Bild 2-5, s. S. 17) demonstriert, daß die Automatisierung der Kabelbaumfertigung bisher weder technisch machbar noch wirtschaftlich vertretbar war. Zunehmende Verkürzung der Produktlebenszeiten und zahlreiche Modellpflegemaßnahmen lassen die Anschaffung teurer Einzweckautomaten nicht zu. Bei hohen Stückzahlen mit großem Arbeitsinhalt ist man bisher lediglich dazu übergegangen, die Arbeitsvorgänge aufzuteilen und nach dem Transferprinzip die manuellen Arbeitsplätze miteinander zu verketten. Dadurch wird die Gefahr gemindert, den Werker mit einer zu großen Zahl an Einzeltätigkeiten zu überfordern und den Arbeitsplatz durch zuviel bereitgestellte Werkstücke zu überfüllen; es müssen aber gleichzeitig die Probleme einer getakteten Fertigung in Kauf genommen werden.

2.2.2.3 Ummanteln der Kabelbäume

Um die am Verlegebrett geformten Kabelbäume zu bündeln, zu schützen, und um ihnen in manchen Fällen auch einen verbesserten optischen Eindruck zu verleihen sind eine Vielzahl an Schutz- und Bündelungsmechanismen gebräuchlich (Bild 2-10, s. S. 23). Zum Erhalt der elektrischen Funktion sind diese oder vergleichbare Maßnahmen unerläßlich. Es handelt sich hierbei im wesentlichen um Schutzhüllen, Textilbandumwickelungen und Gummitüllen zum Schutz gegen Feuchtigkeit, Aufscheuern der Leitungsisolierung an scharfen Kanten, Verschmutzung, thermische Überbeanspruchung durch externe Wärmequellen oder zur Dämpfung von Klappergeräuschen.

Bei jedem dieser angewandten Verfahren entsteht das Montageproblem dadurch, daß ein formlabiles, linienförmiges Gebilde aus vielen Einzelteilen ohne festen Zusammenhalt von einem ebenfalls formlabilen schlauchartigen Objekt umhüllt werden soll. Dabei darf dessen Innendurchmesser gleich oder nur unwesentlich größer als der Außendurchmesser des umhüllten Gebildes sein. Jenes weist aber an seinen Enden hinderliche Verdickungen (Steckverbinder, Abzweigungen) auf. Dieses Problem läßt sich prinzipiell durch drei Ansätze lösen:

- Aufstecken der Hülle vor Anbringen der Steckverbinder. Das bedeutet, daß der Leitungssatz zum Überstülpen der Hülle vom Kabelbrett abgenommen werden muß und die Steckverbinder erst am Kabelbrett an die Leitungen angeschlagen werden können.

- Aufstecken einer Hülle mit überdehntem Innendurchmesser, welcher danach wieder auf die richtige Größe geschrumpft wird. Dieses Verfahren erfordert kostenintensive Materialien (Sonderwerkstoffe). Auch hier muß der Leitungssatz zum Überstülpen der Hülle vom Kabelbrett abgenommen werden.

- Ausbildung der Hülle zugleich mit dem Aufbringen auf den Kabelbaum. Dabei ist jedoch zu beachten, daß diese urgeformte Hülle ebenfalls um den auf dem Kabelbrett eingespannten Leitungssatz herumgeführt werden muß.

Elemente / Funktion	Kabel-binder	Klebe-band kunststoff	Klebe-band textil	PVC-schlauch	PVC-schlauch geschlitzt	Schrumpf-schlauch	Gummi-tüllen	Spiral-binder	Schaum-stoff-hülle
Bündelung	X	X	X	O	O	X	O	X	O
Spritz-wasser-schutz	O	O	O	X	O	X	X	O	O
Kondens-wasser-schutz	O	X	X	X	X	X	X	O	X
Hitzeschutz	O	O	X	X	X	X	O	O	O
Scheuer-schutz	O	X	X	X	X	X	O	O	X
Klapper-schutz	O	O	X	O	O	O	O	O	X
Schutz vor Gasen	O	O	O	O	O	X	O	O	O
optische Aufwertung	O	O	X	X	X	X	O	O	O

x = erfüllt geforderte Funktion; o = erfüllt geforderte Funktion nicht;

<u>Bild 2-10:</u> *Ziele und Methoden der Kabelbaumummantelung*

Die gebräuchlichsten Mittel zum Bündeln und Schützen der Leitungssätze sind Kabelbinder, Kunststoff- und Textilklebebänder in Stücken bzw. endlos, PVC-Schläuche, längsgeschlitzte Schaumstoff- Hüllen, Schrumpfschläuche, Gummimuffen und Bündelungsspiralen aus Kunststoff.

Kabelbinder eignen sich zum Bündeln der Kabelbäume, bieten jedoch keinen Schutz. Sie können von Hand oder automatisch aufgebracht werden, wozu bereits Bindegeräte mit automatischer Zuführung auf dem Markt befindlich sind. Nachteilig wirkt sich aus, daß die Haltekraft im Laufe der Zeit durch Fließen des Kunststoffes nachläßt und die Köpfe der Kabelbinder beim Durchstecken durch Ausschnitte bzw. Durchbrüche stören oder gar abreißen.

Das am häufigsten in der Praxis angewendete Verfahren ist das Umwickeln mit Textil- oder PVC-Bändern. Dabei wird der Leitungsstrang spiralförmig mit einem selbstklebenden Band umgeben. Das Verfahren bietet neben dem Bündelungseffekt Schutz vor Beschädigung der Isolation, vor Verschmutzung und, in gewissen Grenzen, auch gegen Feuchtigkeit und Klappergeräusche. Die Klebebänder werden in der Regel von Hand am Kabelbrett oder bei längeren Wickelstrecken mit Halbautomaten aufgebracht. Dazu muß der grob vorgebundene Leitungsstrang vom Brett abgenommen und durch die Maschine geführt werden. Ein deutliches Automatisierungshemmnis stellt die Tatsache dar, daß der Leitungsstrang dabei wiederholt umrundet werden muß. Zum Vorbinden und bei niedrigen Ansprüchen eignet sich auch das Aufkleben kurzer Streifen in größeren Abständen.

Einen ähnlichen Effekt haben spiralförmig vorgeformte elastische Kunststoffbänder, die um den Leitungsstrang gelegt werden und diesen durch ihre Federwirkung in engen Abständen bündeln. Sie bieten jedoch nur Schutz gegen mechanische, nicht gegen thermische oder stoffliche Belastungen.

PVC-Schläuche werden dort eingesetzt, wo hohe Ansprüche an den Schutz der Leitungen vor Einwirkungen aus der Umgebung gestellt werden. Sie bieten vor allem Schutz gegen Feuchtigkeit, Wärmeeinwirkung und bedingt gegen Chemikalien. Die Schläuche wirken jedoch nicht als Bündelungsmechanismus, weshalb zusätzlich vorgebunden werden muß, bevor die vom Brett abgenommenen Leitungen durch die Schläuche gesteckt werden können. Um diesen Aufwand zu reduzieren, werden in jüngerer Zeit auch längsgeschlitzte Schläuche verwendet, welche mit einem Klebeband geschlossen werden müssen und deshalb nur verminderten Schutz gegen Fremdeinwirkung bieten. Für das Aufbringen von

Schläuchen ist bisher noch kein Automatisierungsansatz bekannt.

Schrumpfschläuche bieten bei geeigneter Verarbeitung[6] absolute Wasserdichtheit und hohen Schutz gegen auf den Leitungssatz einwirkende Stoffe. Durch die Vorspannung, welche nach dem Schrumpfprozeß auf den Kabelbaum wirkt, wird eine gute Bündelung erzielt. Werden die Schrumpfschläuche bis über den Steckverbinder gezogen, ist auch am Übergang zwischen Leitung und Verbindungsteil guter Schutz geboten. Die Handhabung ist mit PVC-Schläuchen vergleichbar, wobei zusätzliche Wärmezufuhr erforderlich ist.

Zur Vermeidung von Klappergeräuschen werden Kabelbäume auch mit Schaumstoffmanschetten versehen. Handhabung und Problemstellung sind dabei mit dem Aufbringen längsgeschlitzter Schläuche vergleichbar.

Tüllen und Gummimuffen sind überall dort erforderlich wo der Kabelbaum Blechdurchbrüche durchläuft. Sie dienen zum Schutz des Kabelbaumes vor dem Durchscheuern und zum Schutz des Innenraumes vor durch die Trennwand dringende Gase und Flüssigkeiten. Die Handhabungsproblematik ist analog zu der von Schläuchen.

2.2.3 Montage der Kabelbäume

Nach der Fertigstellung wird der Kabelbaum vom Brett oder aus der Wickelmaschine entnommen und einer Sicht- und Funktionsprüfung unterzogen. Die Prüfkriterien sind hierbei: Vollständigkeit des Objektes, Korrektheit der Ummantelung (Wickelgüte), Durchgang an den Verbindungsstellen und Kurzschluß. Zur Prüfung von Durchgang und Kurzschluß wird der Kabelbaum auf einem Prüftisch mit all seinen Steckverbindern an eine meist rechnergestützte Einrichtung angeschlossen. Besonderes Augenmerk ist dabei auf die Vermeidung von Beschädigungen der Steckkontakte zu legen. Dazu werden aufwendige Anschlußadapter eingesetzt. Nach Abschluß der Prüfung und eventueller Nacharbeit wird der Kabelbaum entnommen, gebündelt und zum Teil in Kunststoffolien verpackt.

Die Handhabung der Kabelbäume ist vom Zeitpunkt der Abnahme vom Kabelbrett an erschwert, da von da an die Formlabilität vollständig zur Geltung kommt. Der am Kabel-

---

6 Diese besonders im Bereich der Wehrtechnik eingesetzten Materialien bilden zusammen mit einer Schmelzkleberinnenbeschichtung und einer zwischen die Adern eingelegten Klebstoffseele einen qualitativ hochwertigen Nässeschutz. Kosten und Verarbeitungsaufwand sind jedoch beträchtlich.

brett vorhandene Ordnungszustand wird vollständig aufgegeben, die Lage der Steckverbinder und Anschlußstellen ist von da an undefiniert.

Zur Zwischenlagerung und zum Transport werden die Kabelbäume ungeordnet in Lagerfixkästen, in Großbehälter oder auf Paletten gelegt. Die Bereitstellung an der Endmontage erfolgt ebenfalls in dieser Form. Der Werker muß dort den Kabelbaum aus der Kiste entnehmen, die Schutzverpackung öffnen und den Kabelbaum auf seine Einbauform ausbreiten. Die Automatisierung dieses Vorganges ist in dieser Form nicht möglich, da die für die Endmontage relevante Lage der Steckverbinder nicht definiert und nur mit aufwendiger Sensorik zu lokalisieren ist.

Die Endmontage umfaßt das Herstellen der mechanischen und elektrischen Verbindung zwischen Kabelbaum und Basisobjekt. Darin sind eine Vielzahl an schwer oder nicht automatisierbaren Tätigkeiten enthalten (Bild 2-11). Nach dem Aufnehmen des Kabelbaumes wird dieser in das Basisteil eingelegt. Dabei muß er zum Teil durch Ausbrüche in Wandungen und durch geschlossene Kanäle im Trägerteil geführt werden oder an senk-

Tätigkeit	Zeitanteil	Automatisierungshemmnis						
x = Automatisierungshemmnis o = ohne Einfluß auf Automatisierung	in %	Formlabilität	Varianten	Größe	Gewicht	Toleranzen	Zugänglichkeit	Beschädigungsgefahr
Aufnehmen	4	x	x	x	o	o	o	x
Auspacken	4	x	x	x	o	o	o	x
Einlegen	3	x	x	x	o	o	x	x
Durchführen	25	x	o	x	x	x	x	x
Durchstecken	10	x	o	x	x	x	x	x
Anstecken	35	x	o	o	x	x	x	x
Halftern	20	x	o	o	o	o	x	x

***Bild 2-11:** Automatisierungshemmnisse bei der Endmontage von Kabelbäumen*[7]

7 Die Daten für dieses Diagramm wurden unter Mitwirkung von Herrn Cand. Ing. Andreas Schuhbäck und mit Unterstützung des Hauses BMW AG, München erarbeitet.

rechten Wänden fixiert werden. Bei dem Anstecken und Verriegeln der elektrischen Verbindungen muß auf vollständiges, lage- und orientierungsrichtiges Einstecken geachtet werden. Danach werden längere, freie Strecken der Leitungsstränge am Trägerbauteil gehalftert, um unkontrollierte Strangverläufe oder Bewegungen zu vermeiden. Entsprechende Befestigungselemente sind Kabelbinder, Klebebandstücke, Klipse oder Klammern. Besonders beeinträchtigt wird die Endmontage durch schwere Zugänglichkeit ohne direkten Einblick auf die Fügestelle, wobei der Werker in Zwangslagen montieren muß.

Tüllen zum Schließen der Durchbrüche verursachen schließlich durch ihr elastisches Verhalten, die Beengtheit des Einbauortes und die schwierige Fügeoperation (Fügen durch federnd Einspreizen, verbunden mit dem Aufbringen von Gleitmitteln oder Dichtstoffen) hohen Montageaufwand. Hierbei kommen gleichzeitig mehrere Automatisierungshemmnisse zum tragen.

Das Form- und Lageverhalten des Kabelbaumes ist vergleichbar mit Wirrteilen z.B. Federn. Steckverbinder sind Kleinteile, welche in einem durch die angebundenen Leitungen begrenzten Raum in allen Freiheitsgraden beweglich sind. Dabei birgt die geringe, jedoch nicht vernachlässigbare Biegesteifigkeit der Leitungen zusammen mit Massenkräften eine zusätzliche Störkraft in sich. Voraussetzung für die automatisierte Montage ist die Aufrechterhaltung des Ordnungszustandes durch geeignete Maßnahmen.

2.3 Chancen und Risiken bei der Automatisierung der Kabelbaumfertigung

2.3.1 Analyse der Automatisierungshemmnisse

Elektrische Leitungssätze sind in jedem technischen Gebilde mit elektrischen Haupt- oder Nebenfunktionen vorhanden. Dabei ist grundsätzlich zwischen vorgefertigen Leitungssätzen (Kabelbäumen) und Leitungsnetzen, welche erst im oder am Basisobjekt aus ihren Einzelteilen entstehen, zu unterscheiden. Erstere sind beispielsweise in Kraftfahrzeugen im Einsatz, zweitere entstehen zum Beispiel in Gebäuden. Im folgenden soll der Schwerpunkt bei vorkonfektionierten Leitungssätzen liegen, welche in unterschiedlicher Komplexität, von einpoligen Leitungen mit je einem Steckverbinder bis zum Kabelbaum mit zahlreichen Leitungen unterschiedlicher Längen und Querschnitte, vielen Abzweigungen, einer Vielzahl an übergestülpten Tüllen und Schläuchen und mit Steckverbindern in vielen Gestalt- und Farbvariationen[8] vorliegen. Dabei läßt sich der Grad der Komplexität nach den Kriterien in Bild 2-12 bestimmen. Eine Komplexitätsziffer von nahezu null deutet auf einen einfachen Leitungssatz hin, die Ziffer eins bezeichnet einen äußerst komplexen Kabelbaum.

Komplexitäts-Merkmal	Komplexitätsgruppen, Klassifizierungsvorschrift: Gruppe 1	Gruppe 2	Gruppe 3	Gruppe 4	Gruppe 5	Berechnungsvorschrift für Komplexitätszahl K_i
Leitungslängen	M = Zahl der Leitungen ≤ 0,5m	N = Zahl der Leitungen ≤ 1,5m	O = Zahl der Leitungen ≤ 3m	P = Zahl der Leitungen ≥ 3m	Q = Zahl der Leitungen ≥ 5m	$K_1 = \frac{M + 2N + 4O + 8P + 10Q}{25 * (M+N+O+P+Q)}$
Leitungs-Längenvarianten	nur 1 Länge -> $K_2 = 0$	bis 5 Längen -> $K_2 = 0{,}1$	bis 10 L. -> $K_2 = 0{,}2$	bis 50 L. -> $K_2 = 0{,}5$	über 50 L. -> $K_2 = 1$	$K_2 =$ 0 bzw. 0,1 bzw. 0,3 bzw. 0,5 bzw. 1
Leitungsfarben	nur 1 Farbe -> $K_3 = 0$	bis 5 Farben -> $K_3 = 0{,}2$	bis 10 F. -> $K_3 = 0{,}4$	bis 20 F. -> $K_3 = 0{,}6$	über 20 F. -> $K_3 = 1$	$K_3 =$ 0 bzw. 0,2 bzw. 0,4 bzw. 0,6 bzw. 1
Zahl der Adern	eins -> $K_4 = 0$	bis 10 -> $K_4 = 0{,}2$	bis 20 -> $K_4 = 0{,}4$	bis 50 -> $K_4 = 0{,}8$	über 50 -> $K_4 = 1$	$K_4 =$ 0 bzw. 0,2 bzw. 0,4 bzw. 0,8 bzw. 1
Zahl der Abzweigungen	keine -> $K_5 = 0$	eins -> $K_5 = 0{,}4$	bis 5 -> $K_5 = 0{,}6$	bis 10 -> $K_5 = 0{,}8$	über 10 -> $K_5 = 1$	$K_5 =$ 0 bzw. 0,4 bzw. 0,6 bzw. 0,8 bzw. 1
Zahl der Steckverbinder	zwei -> $K_6 = 0$	bis 5 -> $K_6 = 0{,}1$	bis 10 -> $K_6 = 0{,}3$	bis 20 -> $K_6 = 0{,}5$	über 20 -> $K_6 = 1$	$K_6 =$ 0 bzw. 0,1 bzw. 0,3 bzw. 0,5 bzw. 1
Zahl d. Form-varianten der Steckverbinder	eins -> $K_7 = 0$	zwei -> $K_7 = 0{,}2$	bis 5 -> $K_7 = 0{,}4$	bis 10 -> $K_7 = 0{,}7$	über 10 -> $K_7 = 1$	$K_7 =$ 0 bzw. 0,2 bzw. 0,4 bzw. 0,7 bzw. 1
Zahl d. Farb-varianten der Steckverbinder	eins -> $K_8 = 0$	zwei -> $K_8 = 0{,}2$	bis 5 -> $K_8 = 0{,}4$	bis 10 -> $K_8 = 0{,}7$	über 10 -> $K_8 = 1$	$K_8 =$ 0 bzw. 0,2 bzw. 0,4 bzw. 0,7 bzw. 1
Anschlagart (unterschied-liche Anschl.)	eine -> $K_9 = 0$	zwei -> $K_9 = 0{,}2$	bis 5 -> $K_9 = 0{,}5$	bis 10 -> $K_9 = 0{,}8$	über 10 -> $K_9 = 1$	$K_9 =$ 0 bzw. 0,2 bzw. 0,5 bzw. 0,8 bzw. 1
Zahl der Schweißstellen	null -> $K_{10} = 0$	eins -> $K_{10} = 0{,}4$	bis 5 -> $K_{10} = 0{,}6$	bis 10 -> $K_{10} = 0{,}8$	über 10 -> $K_{10} = 1$	$K_{10} =$ 0 bzw. 0,4 bzw. 0,6 bzw. 0,8 bzw. 1
Zahl der aufge-steckten Tüllen	null -> $K_{11} = 0$	eins -> $K_{11} = 0{,}2$	zwei -> $K_{11} = 0{,}4$	bis 5 -> $K_{11} = 0{,}7$	über 5 -> $K_{11} = 1$	$K_{11} =$ 0 bzw. 0,2 bzw. 0,4 bzw. 0,7 bzw. 1
Zahl der aufgesteckten Schläuche	null -> $K_{12} = 0$	eins -> $K_{12} = 0{,}2$	zwei -> $K_{12} = 0{,}4$	bis 5 -> $K_{12} = 0{,}7$	über 5 -> $K_{12} = 1$	$K_{12} =$ 0 bzw. 0,2 bzw. 0,4 bzw. 0,7 bzw. 1
Gesamtkomplexität: $K_K = (2K_1 + 2K_2 + K_3 + K_4 + 3K_5 + K_6 + 3K_7 + 2K_8 + 3K_9 + 4K_{10} + 5K_{11} + 5K_{12}) / 32$						
Beispiele: Leitungssatz für Computer -> K = 0,09; Ltgs. für Elektroherd -> K = 0,28; Ltgs. für PKW -> K = 0,95						

Bild 2-12: ***Bewertungsmatrix zur Einordnung der Komplexität von Kabelbäumen***

Besonders im Bereich der Kraftfahrzeuge hat sich die Bedeutung des Kabelbaumes zwischen der Zeit um 1950 und heute grundlegend geändert. Während er seinerzeit lediglich die Versorgung von Antriebsaggregaten und Beleuchtungskörpern mit elektrischer Energie zur Aufgabe hatte, sind ihm heute eine Vielzahl von Signalübertragungsaufgaben zugekommen. In Bild 2-13 ist die Entwicklung der Leitungslängen zwischen 1950 und 1986 für ein Standardfahrzeug und ein Fahrzeug der Luxusklasse dargestellt. Man erkennt, daß sich die Längen und damit in erster Näherung auch die Komplexität und die Kosten mehr als ver-

8 Da der Kabelbaum in seiner Struktur keinem besonderen Ordnungsprinzip unterliegt, sondern nur unter der Randbedingung gestaltet wird, den kürzesten kollisionsfreien Weg zwischen den elektrisch verbundenen Bauelementen einzunehmen, spricht man im Werkstattbereich auch von einem chaotisch verdrahteten Leitungssatz.

zehnfacht haben. Bezieht man die Fertigungsstückzahlen in die Betrachtung ein (Bild 2–13), wird die Zunahme des Rationalisierungspotentiales "Kabelbaum" besonders deutlich.

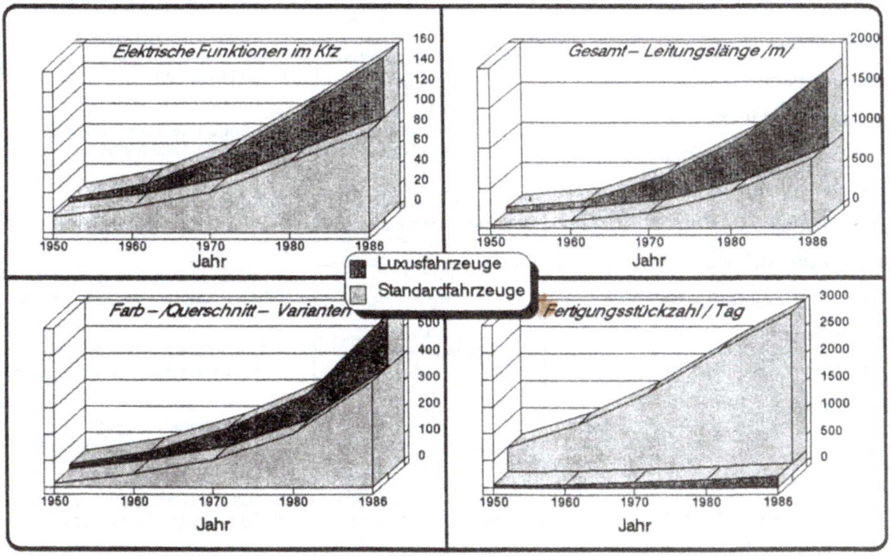

<u>Bild 2–13:</u> Die Entwicklung von Stückzahl und Komplexität der Kabelbäume in PKW's /34/

Dem gegenüber stehen jedoch eine Vielzahl von Automatisierungshemmnissen. In Bild 2–14 (s. S. 30) sind sie am Ablauf der Kabelbaumherstellung dargestellt. Die wesentlichen Gruppen sind Varianten, Formlabilität, Komplexität und Größe, erforderlicher Prüfaufwand, häufige Produktänderungen und Toleranzen.

Die Varianz der Kabelbäume entsteht durch die große Vielfalt der Eingangselemente in die Vorfertigung. Steckverbinder unterscheiden sich durch Farbe, geometrische Grundform (rund, rechteckig, vieleckig...), Polzahl, Polquerschnitt und Kontaktform (Bild 2–14, s. S. 30). Auch die Leitungen führen zu einem großen Variantenreichtum, da sie in bis zu 15 Querschnitten, ca. 150 Farbkodierungen und individuellen Längen angeliefert werden (s. Bild 2–15, S. 31). Zusätzlich finden Schläuche, Tüllen und andere Kleinteile in beliebiger Ausführung Eingang in die Kabelbaumfertigung.

Die Formlabilität ist darin begründet, daß der elektrische Leitungssatz Bauelemente zu verbinden hat, welche keiner direkten mechanischen Koppelung unterliegen, oft sogar über große Entfernungen auseinanderliegen. Toleranzen sowie Verformungen unter Wärmeeinwirkung und mechanischer Belastung erfordern eine elastische Verbindung. Darüberhinaus ist bei derzeitiger Verfahrensweise, die Kabelbäume in Hohlräumen zu verlegen, ein starres Gebilde nicht montierbar.

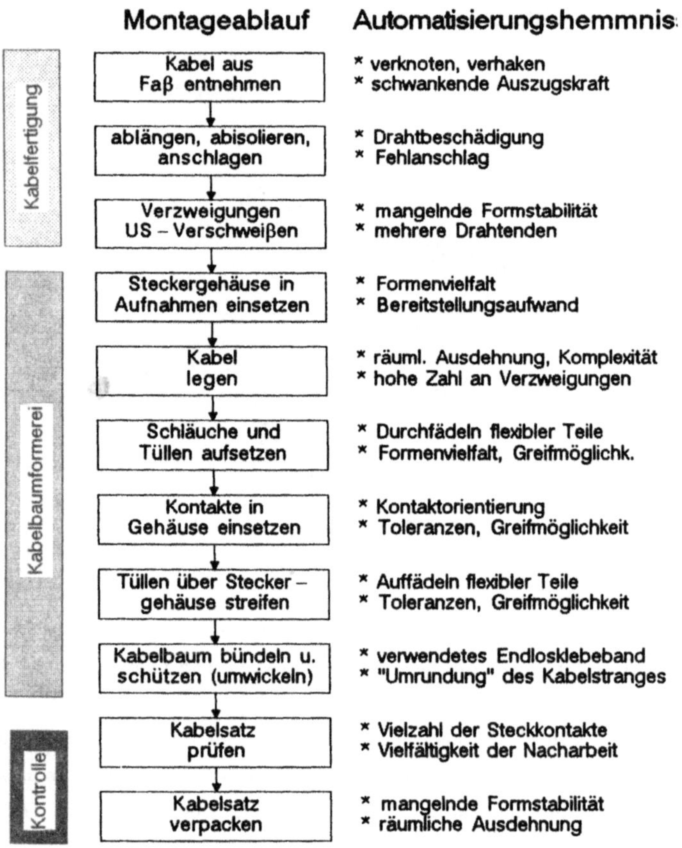

Die Größe der Kabelbäume resultiert aus der Länge der Verbindungswege und der Forderung, die Schnittstellen innerhalb einer elektrischen Verbindung zugunsten hoher Betriebssicherheit und Verfügbarkeit zu minimieren.

Bild 2-14: Automatisierungshemmnisse bei der Kabelbaumfertigung

Diese Forderung führt gemeinsam mit Aspekten der Kostenminimierung zu dem hohen Komplexitätsgrad heutiger Kabelbäume.

Voraussetzung für eine automatisierte Kabelbaumfertigung und -montage ist die Beseitigung dieser Hemmnisse durch Maßnahmen am Einzelobjekt, am Gesamtprodukt und an den einzusetzenden Verfahren.

Merkmale		Zahl	Verteilung
Stecker – farben	1 – 9 = unterschiedliche Farben	9	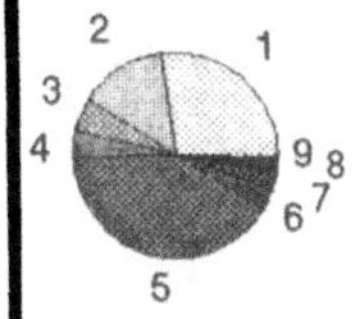
Stecker – grundformen	1 = rund 2 = rechteckig 3 = quadratisch 4 = unregelm. Vieleck 5 = regelm. Vieleck	5	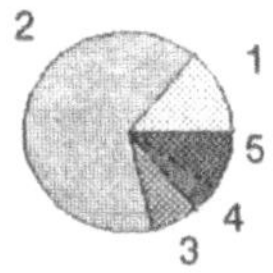
Polzahlen	Ziffern entsprechen Polzahlen	30	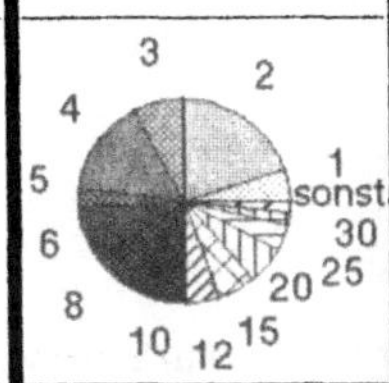
Kontakt – formen	1 = Flachsteckhülse 2 = Flachstecker 3 = Federklemme für Flachstecker 4 = Flachsteckhülse 5 = Federklemme für Stift 6 = Rundstecker 7 = Rundsteckhülse	7	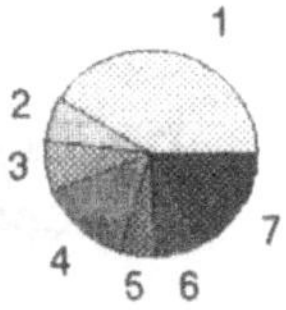
Querschnitte	1 = 0,5 2 = 0,75 3 = 1,0 4 = 1,5 (in Quadratmillimeter) 5 = 2,5 6 = 6,0 7 = 4,0	7	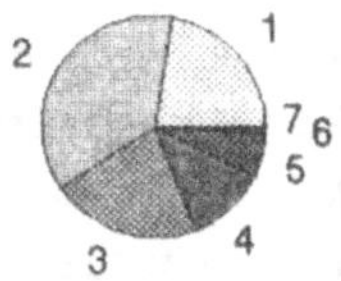
prinzipielle Polanordnung	1 = einreihig 2 = mehrreihig 3 = kreisförmig 4 = regelmäßiges Vieleck 5 = ungeordnet	5	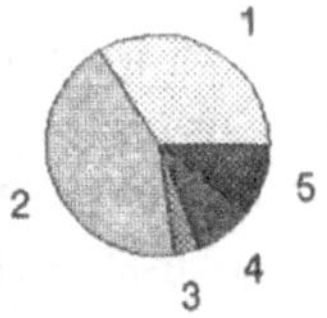

Bild 2-15: Variantenvielfalt bei Kfz-Steckverbindern

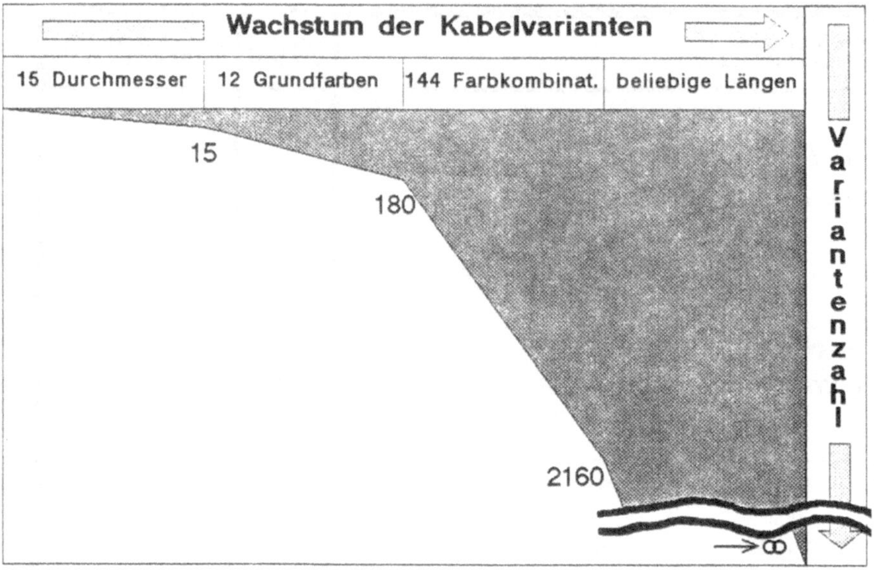

Bild 2-16: Variantenvielfalt bei elektrischen Leitungen

2.3.2 Die Montage elektrischer Leitungssätze in Abgrenzung zu anderen, insbesondere flexiblen Teilen.

Gewicht, Größe, Gestalt und Formverhalten unter Schwerkrafteinfluß sind von großer Bedeutung für die Aufwendigkeit des Montageprozesses und dessen Automatisierbarkeit. Es erscheint daher sinnvoll, zur Beurteilung der Montageteile bezüglich ihrer Handhabbarkeit eine Klassifizierung vorzunehmen /35,36,37,38/. In /39/ wird vorgeschlagen, Masse und Volumen als Ordnungsmaßstab anzuwenden. Dabei werden Teile über 5 kg Masse oder über 10 dm^3 Volumen ihres Hüllquaders als "Fügegroßteile" bezeichnet, darunter als "Fügekleinteile". Da jedoch der Übergang vom Kleinteil zum Großteil keine Sprungfunktion ist, darüberhinaus Masse und Volumen voneinander abhängige Größen sind, bietet sich an, Volumen und Dichte als Kenngrößen anzuwenden. Es wird daher folgendes Größenkriterium definiert:

$$K_{Gr} = \rho_v / 5\ kg/dm^3 + V / 10\ dm^3; \quad \rho_v : \text{Dichte } [kg/dm^3],\ V : \text{Volumen } [dm^3] \qquad \text{(Gl 1)}$$

Dazu wird eine Einteilung wie folgt vorgeschlagen:

$$K_{Gr} < 1 \;:\; \text{Kleinteil}$$
$$1 < K_{Gr} < 2 \;:\; \text{mittleres Teil}$$
$$K_{Gr} > 2 \;:\; \text{Großteil}$$

Ein zweites Kriterium bezieht sich auf die grundsätzliche Gestalt des Fügeteiles. Hier wird in /41/ eine Dreiteilung in quader-, linien- und flächenförmige Bauteile vorgeschlagen. Maßgeblich sind die dominanten Kantenlängen A_D, B_D, und C_D des Hüllvolumens.

$K_{Ge} = A_D /10B_D + C_D /10B_D$ unter der Voraussetzung daß $A_D > B_D > C_D$; (Gl 2)

Es gilt die Einteilung:

$$K_{Ge} = 1 \;:\; \text{Quaderförmig}$$
$$K_{Ge} \ll 1 \;:\; \text{Flächenförmig}$$
$$K_{Ge} \gg 1 \;:\; \text{Linienförmig}$$

Ein besonders wichtiges Kriterium zur Beurteilung von Handhabung und Montierbarkeit ist das Biegesteifigkeitsverhalten unter Schwerkrafteinfluß K_{Bs}. Dieses unter Einfluß einer Massenkraft formlabile Verhalten wird auch in /40,41/ diskutiert. Für die Handhabung sind dabei in der Regel weniger die Verformungen unter Zug oder Druck sondern vielmehr bei Einwirkung eines Biegemomentes relevant. Dazu wird das Werkstück gedanklich auf ein Biegebalkenmodell reduziert. Die Länge des Balkens errechnet sich aus dem Abstand zwischen dem Schwerpunkt und dem am weitesten davon entfernten Randpunkt des Werkstückes. Die Belastung des Biegebalkens resultiert aus der Werkstückmasse, der Biegequerschnitt entspricht der durchschnittlichen Hüllfläche senkrecht zur Verbindungslinie Schwerpunkt – Randpunkt. Plastische Verformung wird vernachlässigt.

Neben den beiden Extremen: nahezu vollständig steifes bzw. nahezu vollständig weiches Formverhalten kann auch die jeweilige Abweichung zur Gegenseite hin abgegrenzt werden. Manche Bauteile halten zwar ihre Form unter Schwerkrafteinfluß noch weitgehend aufrecht, zeigen jedoch bereits deutliche Abweichungen in der Größenordnung einiger Prozent ihrer maximalen Ausdehnung. Andererseits gibt es Werkstücke, welche sich nicht vollständig schwerkraftkonform ausrichten, sondern noch über geringe Formsteifigkeiten verfügen. Dieser Tatsache wird durch folgende Einteilung Rechnung getragen (vgl. Bild 2-17, S. 35):

K_{Bs}	< 0,1 mm :	Biegesteif	Bsp. Motorblock
K_{Bs}	< 1,0 mm :	reduziert Biegesteif	Bsp. Karosserieblech
K_{Bs}	< 10,0 mm :	kaum Biegesteif	Bsp. Kunstst.-schlauch
K_{Bs}	> 10,0 mm :	nicht Biegesteif	Bsp. Gummidichtung.

Ein weiteres Kriterium stellt die Komplexität der Schnittstellen dar. Hier wird zur Bestimmung der Größe K_{Ss} unterschieden in Mono- (K_{Ss} = 1), Bi- (K_{Ss} = 2) und Multifunktionsschnittstelle (K_{Ss} = 3).

Schließlich gelten die zulässigen Toleranzen an den Fügewirkstellen als Kriterium K_{To} für die automatische Montierbarkeit eines Produktes. Sind mehrere unterschiedliche Angaben vorhanden, so gilt der restriktivste Wert als Maßstab. In Anlehnung an die Freimaßtoleranzen nach DIN 7168 werden vier Bereiche angegeben, die Grenzen entsprechen Erfahrungswerten:

K_{To} < 0,1	mm :	fein toleriert
K_{To} < 1,0	mm :	mittel toleriert
K_{To} < 5,0	mm :	grob toleriert
K_{To} > 5,0	mm :	sehr grob toleriert.

Die angegebenen Toleranzbereiche müssen hierbei losgelöst von der Werkstückgröße gesehen werden, da sie auf das anzuwendende Toleranzausgleichsprinzip Einfluß nehmen und nicht etwa auf die Maßgenauigkeit eines Bauteiles im Hinblick auf seine Funktion.

In Bild 2-17 erkennt man deutlich die Problemstellung des Kabelbaumes im Vergleich mit anderen Teilen. Es nimmt nahezu bei jedem Ordnungskriterium die ungünstigste Stelle ein. Daraus sind drei grundsätzliche Aussagen abzuleiten:

- Die Aufgabenstellung "Automatisierung der Kabelbaumfertigung" muß ganzheitlich betrachtet werden.
- Produktgestaltungsmaßnahmen im Hinblick auf Montagefreundlichkeit müssen besonders intensiv durchgeführt werden.
- Unter Benutzung moderner Planungshilfsmittel /42/ müssen neue, zuverlässige aber dennoch einfache und kostengünstige Montageprozesse entwickelt werden.

Ordnungs-kriterium	Ordnungs-bestimmung	Ordnungsgruppen			
		Gr. 1	Gr. 2	Gr. 3	Gr. 4
Größenkriterium K_{Gr}	$= \varrho_V / \varrho_{V_N} + V / V_N$; $\varrho_{V_N} = 10\ kg/dm^3$; $V_N = 10\ dm$	Kleinteil	Normalteil	Großteil	
Gestaltkriterium K_{Ge}	$= A_D / 2B_D + C_D / 2B$; $A_D \geq B_D \geq C_D$	Quader-förmig	Flächen-förmig	Linien-förmig	
Biegesteifigkeitskriterium K_{Bs}	$= \frac{4 * G * l^3}{c^2 * A * E}$; G = Gewicht; A = Hüllfläche; c = relevante Bauteilhöhe; l = Schwerpunktsabstand; E = Elastizitätsmodul	biege-steif	reduziert biegesteif	kaum biegesteif	nicht biegesteif
Schnittstellen-Kriterium K_{Ss}	$= N_{SS}$; N_{SS} = Zahl der Schnittstellenfunktionen; $K_{SS} = 3$ für $N_{SS} \geq 3$	Mono-funktions-schnittst.	Bi-funktions-schnittst.	Multi-funktions-schnittst.	
Toleranzkriterium K_{To}	$= T$; $T < 0{,}1\ mm$, $T < 1\ mm$, $T < 5\ mm$, $T > 5\ mm$; T = restriktivste für die Fügebewegung relevante Toleranz	fein toleriert	mittel toleriert	grob toleriert	sehr grob toleriert

Bild 2-17: Ordnungskriterium für Montagebauteile; Einordnung der Kabelbäume: ▒

2.3.3 Entwicklung und Stellenwert flexibler Montageautomatisierung

Die flexible Automatisierung gewinnt bei der Montage kleiner und mittelgroßer Produkte im Bereich des Feingerätebaus und bei der Aggregatefertigung im Automobilbau zunehmend an Bedeutung /43,44/. Dagegen wird die Montage großvolumiger Produkte in kleinen ebenso wie in großen Serien noch weitgehend manuell ausgeführt /12,39/. Die Ausführungsbeispiele flexibler Montageautomaten demonstrieren, daß bisher das Augenmerk bei der Planungsidee auf formsteifen Bauteilen mit eng tolerierter Geometrie gelegen hat /43,44,45/.

Da die Peripherie der Industrieroboter speziell auf die Montageaufgabe abgestimmt ist, beschränkt sich die Flexibilität[9] der Anlage lediglich auf den Industrieroboter. Damit entfallen also nur ca. 40% der Investitionskosten auf flexible Betriebsmittel.

Zunehmende Bedeutung gewinnt die Flexibilität der Roboterperipherie durch die ansteigende Zahl der Produktvarianten. Individualität des Erscheinungsbildes und Kundenbezogenheit der Ausstattung werden von modernen Produkten am Markt gefordert. Besonders

9 Der Gebrauch der Begriffes Flexibilität bezieht sich hier vor allem auf die Anpaßflexibilität, also auf die Umrüstbarkeit und Wiederverwendbarkeit der Anlagenkomponenten für andere Montageaufgaben im Sinne von /8,29/.

die europäische Automobilindustrie ist bestrebt, mit ihrer Produktpalette hohe Individualitätsanforderungen und zugleich vielfältige länderabhängige Bestimmungen zu erfüllen. Damit sinkt die Fertigungslosgröße und steigt die Auftragsorientiertheit bei Fertigung und Montage. Gleichzeitig steigt der Aufwand für auftragsorientierte Entwicklungs-, Planungs- und Steuerungsaufgaben /12/ (Bild 2-18).

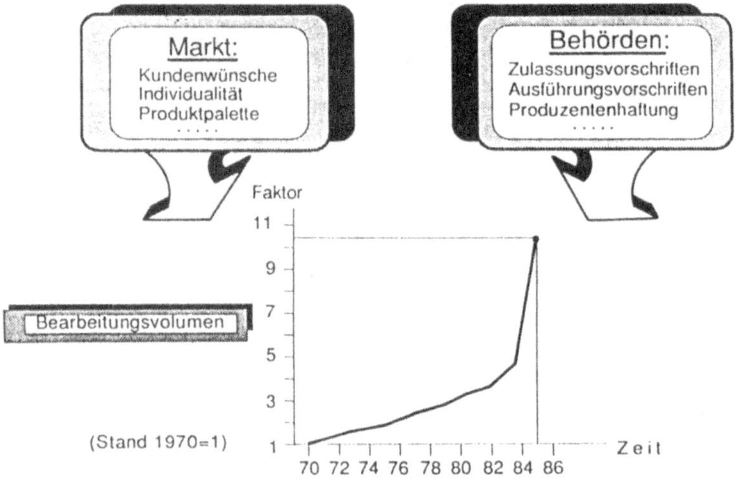

Bild 2-18: ***Steigerung des Bearbeitungsvolumens in der Automobilindustrie /12/***

Die Verkürzung der Innovationszyklen, hervorgerufen durch die Abnahme der Produktlebenszeiten, führt zu der Forderung nach erhöhter Produktionsflexibilität. Dabei sind zwei Ursachen für die Verkürzung der Produktlebenszeiten erkennbar: Ausländische Wettbewerber drängen verstärkt auf den Markt und das Einkommensniveau der Verbraucher steigt. Dies führt dazu, daß traditionelle Investitionsgüter konsumtiven Charakter annehmen (Bild 2-19, s. S. 37).

Der hohe Kapitaleinsatz zur Automatisierung der komplexen Montage moderner Produkte führt zwingend zu der Forderung nach Wiederverwendbarkeit dieser Produktionsmittel für das Folgeprodukt. Da diese Produktionsmittel bisher nicht oder nur in geringem Maße verfügbar waren, konnte man die Montage generell in zwei Klassen einteilen: Manuelle Montage bei kleinen Stückzahlen und starre Automatisierung bei Großserien /43/.

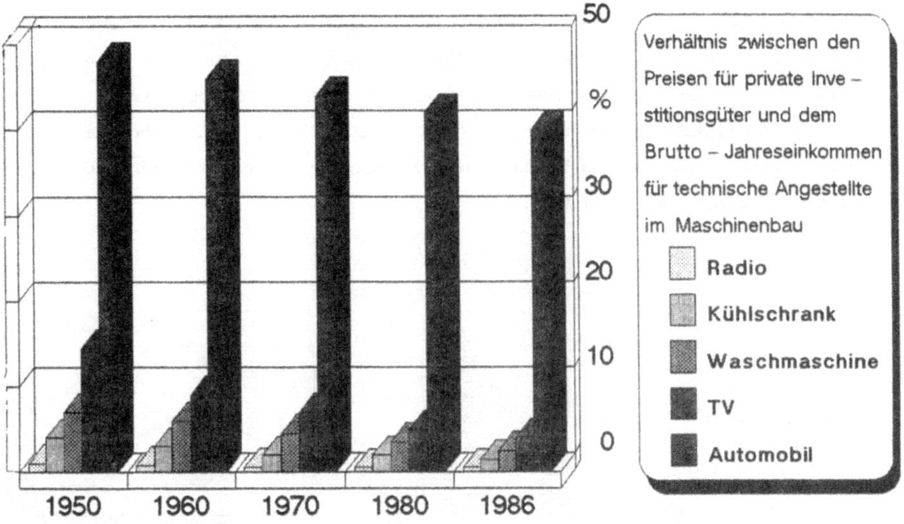

Bild 2–19: Preisindex für private Investitionsgüter bezogen auf private Einkommen /46/

In jüngerer Zeit entsteht durch steigende Personalkosten (Bild 2–20) ein Potential für flexible Automatisierung. Durch den Einsatz von Industrierobotern, zusammen mit geeigneten Werkzeugen und Sensoren, ergeben sich zunehmend technisch realisierbare Automati–

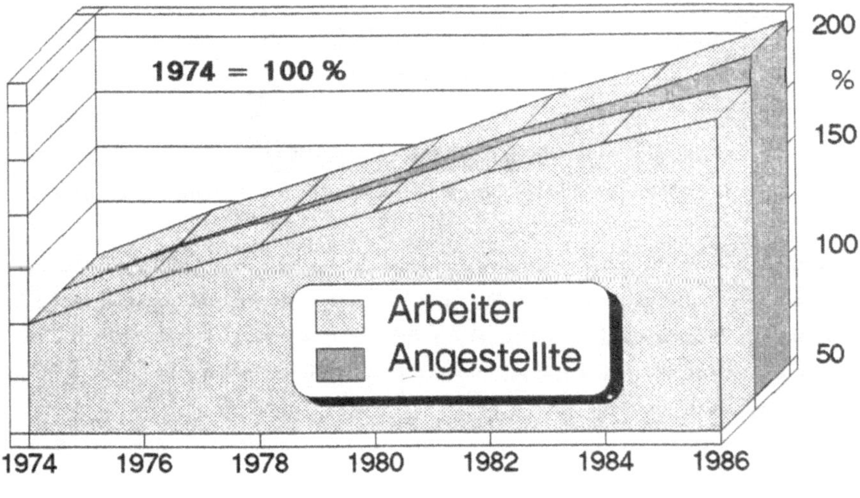

Bild 2–20: Entwicklung der Einkommen im Maschinenbau zwischen 1975 und 1985 /47/

sierungsaufgaben auch in der Klein- und Mittelserienmontage /39,43,48/. Es ensteht eine Wettbewerbssituation zwischen manueller, flexibel automatisierter und starr automatisierter Montage (Bild 2-21). Die Entscheidung zugunsten einer dieser Möglichkeiten ist keine technische Grundsatzfrage, sondern unterliegt wirtschaftlichen bzw. unternehmerischen Gesichtspunkten. Hinweise auf Entscheidungskriterien für oder gegen eine der konkurrierenden Montagearten gibt Bild 2-21.

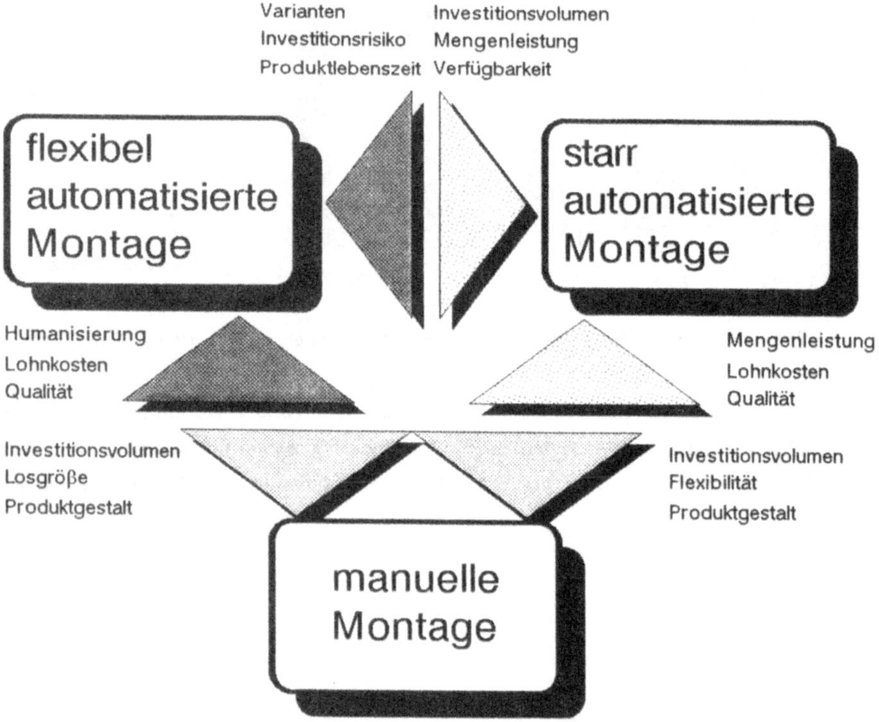

__Bild 2-21:__ Entscheidungskriterien für manuelle, starr oder flexibel automatisierte Montage

Extrapoliert man die Einkommensentwicklung der letzten Jahre (Bild 2-20) im Maschinenbau /47/, so ist zu erwarten, daß in der Zukunft vermehrt mittlere und große Serien mit großer Variantenzahl ein Potential für flexible Automatisierung darstellen. Erste Beispiele für den industriellen Einsatz flexibel automatisierter Montageanlagen, auch in der komplexen Kraftfahrzeugmontage /49 bis 54/, bestätigen diese Annahme.

2.4 Stand der Forschung und Entwicklung

2.4.1 Automatisierungsansätze in Labors und Industrie

Zur flexiblen automatischen Herstellung von Kabelbäumen sind weltweit bereits einige Anlagen installiert worden. Bild 2-22 gibt einen Überblick über bekannte Anlagen und deren Leistungsfähigkeit /55-63/. Das Entwicklungsstadium dieser Anlagen ist bisher kaum über den Pilotcharakter hinausgegangen, der Automatisierungsumfang ist meist auf einen oder wenige Arbeitsgänge begrenzt und die Anlagen sind von ihrer Konzeption her auf spezielle Anwendungsfälle abgestimmt. Es zeichnet sich jedoch bereits bei diesen Anlagen der Trend ab, die Erstellung des Kabelverlegeprogrammes offline durchzuführen. Kennzeichnend für alle diese Anlagen ist, daß besonders die zeitintensiven Arbeitsgänge wie Kabelbaum bündeln und ummanteln, Tüllen aufziehen und Stecker in Gehäuse einführen (vgl. Bild 2-5) nicht oder nur in Ansätzen automatisiert wurden. Eine Anlage zur automatischen Endmontage von Kabelbäumen ist nicht bekannt.

Pilotanlagen zur automatischen Kabelbaumfertigung

Merkmale / Anlagen	Bauform des Roboters	Umfang der Fertigung	Art des Kabel-brettes	Art des Kabel-anschlags	Art des Legewerk-zeuges	Art des Vor-schubs	Art der Draht Führung	Codierung des Kabels
Lansing(alma)/55/	Knickarm-gerät hängend	rüsten legen	Drahtma-schennetz umrüstbar	–	Wechsel-werkzeug	–	Einzeldraht abholung; ungeführt	–
Siemens /54/	Knickarm-gerät stehend	legen	Nagelbrett automatisch wechselbar	–	Wechsel-kopf	im Werkzeug	endlos; ungeführt	–
Manutec /60/	Knickarm-gerät stehend	legen	Nagelbrett automatisch wechselbar	–	Wechsel-kopf	im Werkzeug	endlos, geführt	–
IPA-Pilotst. /58/	SCARA-Typ stehend	rüsten, legen anschlagen binden, ausw	Magnet-spannplatte umrüstbar	Schneid-klemm-technik	Wechsel-werkzeug	im Werkzeug	endlos; geführt	–
MBB (IPL) /59/	Portal	legen	Nagelbrett Palette	–	Verstell-Werkzeug	im Werkzeug	Einzeldraht ungeführt	Walzen-drucker
IBM Järfalla /56/	Portal	legen, anschlagen binden	Nagelbrett Palette	Crimp	Sonder-greifer	–	Einzeldraht geführt	–
Lockheed /62/	Portal	(anschlagen) legen binden	umrüstbares Nagelbrett	Crimp	Spule	–	Einzeldraht augespult	LASER-Drucker
Schäfer /61/	Sonder-maschine vertikal	ablängen anschlagen	Gurt Nagelbrett	beliebig	–	–	Einzeldraht gegurtet	Walzen-drucker

Bild 2-22: Überblick über ausgeführte Pilotanlagen zur Kabelbaumfertigung /55 - 63/

2.4.2 Alternative Teilsysteme und Komponenten

In Kapitel 2.3.1 wurden die wesentlichen Automatisierungshemmnisse bei der Kabelbaumfertigung aufgezeigt. Dennoch wurde unter Einsatz flexibler, frei programmierbarer, jedoch kapitalintensiver Betriebsmittel in Teilbereichen der Übergang von manueller zu automatischer Fertigung realisiert. In einer ganzheitlichen Betrachtungsweise ist es vor allem unter wirschaftlichen Gesichtspunkten sinnvoller, komplexe Montagevorgänge durch Gestaltungsmaßnahmen am Produkt zu vereinfachen /6,10,64,65,66/. Dazu bieten sich im Bereich der Kabelbaumfertigung bereits industriell eingesetzte Leitungsalternativen und Komponenten an.

Kontakte:
Der Vielfalt an Kontaktformen (vgl. Bild 2–15, S. 31) begegnet man in neuzeitlichen Fahrzeugen durch Übergang auf ein einheitliches Kontaktsystem. Jedoch wird im allgemeinen der automatisierungstechnisch problembehaftete Crimpanschlag beibehalten. Hier bietet sich durch die Schneidklemmtechnik ein deutliches Rationalisierungspotential, welches in der ausländischen Automobilindustrie bereits genutzt wird /33/. Dabei ist zu berücksichtigen, daß die Zuverlässigkeit sowohl zwischen Kontakt und Leiter als auch zwischen Kontakt und Anschlußstück auf hohem Niveau erhalten werden muß.

Steckverbinder:
Die Teilevielfalt bei den Steckverbindern wird durch Entwicklung einer standardisierten Steckverbinderfamilie beherrschbar /31,33/. Dazu müssen alle an den Kabelbaum angeschlossenen Teile auf diese Verbinder mit ihren Kontakten abgestimmt werden. Durch ausgeprägte Einführschrägen sind die Toleranzen der Elemente auch mit Automaten beherrschbar. Große Steckkräfte bei hochpolig steckbaren Kontakten, welche zu hohen Verformungen an Maschine und Produkt führen, können durch geeignete Maßnahmen am Kontakt und am Gehäuse reduziert werden.

Leitungen:
Das Variantenproblem ist prinzipiell durch Reduzierung der Durchmesservielfalt bei den Leitungen, Codierung der Leitungen und Bedrucken im Fertigungsprozeß lösbar. Eine Reduzierung der Leitungsvarianten von derzeit ca. 2000 auf ca. 30 ist damit erzielbar. Geräte zum Bedrucken der Leitungen (Tinten-, Laserdrucker) sind bereits industriell im Einsatz /60,63,67/.

Die Formlabilität der Leitungen läßt sich in zwei Stufen vermindern: Durch Verwendung von Flachbandkabeln /31/ oder Leiterfolien /68/ wird die Elastizität um sämtliche Achsen senkrecht zur Längsachse reduziert auf eine in der Band- oder Folienebene liegende Hauptachse. Völlig vermieden wird die Formlabilität durch den Einsatz ausgestanzter Leiterbahnen aus Kupfer- oder Messingblech zusammen mit einem Kunststoffträgerteil /69/. Komplexität und Größe der Leitungssätze, hervorgerufen durch große Leitungslängen, können durch Aufteilung des Kabelbaumes reduziert werden. Diese Möglichkeit ist in manchen Fahrzeugen bereits erkennbar; zusätzliche Verbindungsstellen stehen jedoch im Konflikt mit der Forderung nach hoher Zuverlässigkeit und geringen Kosten.

Ummantelungen:
Zur Bündelung und zum Schutz von Kabelbäumen stehen Kabelbinder und zugehörige Automaten, längs geschlitzte Schläuche und Tüllen sowie stark gestreckte Schrumpfmaterialien für weniger komplexe Kabelbäume zur Verfügung. Daneben stellen formstabile Verlegekanäle aus Kunststoff oder Tauchbad-Ummantelungen /70/ Alternativen dar.

2.4.3 Alternative Kabelbäume unter besonderer Berücksichtigung der Anforderungen im Automobilbau

Die bislang angewandte konventionelle Technik der Datenübertragung von Bauteil zu Bauteil über Direktleitung hat zu einem Verkabelungsaufwand geführt, der sämtlichen

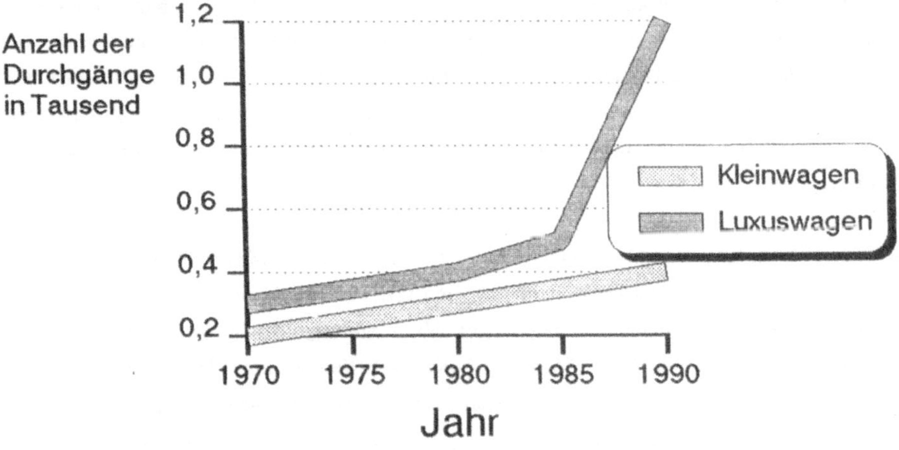

Bild 2-23: Anzahl der Kabelverbindungen bei Kraftfahrzeugen /71/

Forderungen nach Übersichtlichkeit, Systemvereinfachung, Wartungsfreundlichkeit und Material- bzw. Gewicht- und Raumeinsparung entgegensteht (Bild 2-13 s. S. 29, 2-23).

Der Anteil signalübertragender Strecken im Kabelbaum steigt überproportional im Vergleich zu der Zahl der energieübertragenden. Da diese Problematik in der Hauptsache aus dem verstärkten Einsatz der Elektronik resultiert, ist es naheliegend, dieser mit elektronischen Mitteln zu begegnen. Die Zusammenfassung der bisher autarken Elektronikeinheiten zu Funktionsgruppen (Modularisierung) und der Einsatz der seriellen Datenübertragung (Multiplex, kurz MPX), stellen Lösungsansätze dar. Unter Multiplexsystemen, welche seit 1970 in der Literatur als Alternative zu konventionellen Kabelbäumen /72/ dargestellt werden, sind Übertragungsverfahren der Nachrichtentechnik zu verstehen, welche es gestatten, Informationen zwischen verschiedenen Teilnehmern über eine gemeinsame Leitung zu übertragen /73/. Die Kanaltrennung erfolgt durch die Selektionsmerkmale Zeit, Frequenz oder Code. Im Kfz erscheint die codierte Kanaltrennung die geeignetste Möglichkeit. Das Multiplexsystem übernimmt dabei sowohl die Übertragung von Schaltbefehlen des Fahrers als auch die Rückmeldung von Überwachungs- und Gebersignalen an die Zentralelektronik.

Steuergeräte wurden bisher – unter anderem aus Gewährleistungsgründen – als abgeschlossenes System, unabhängig von anderen, konzipiert. Dabei werden auch die Sensoren und Meßwertgeber in das System einbezogen, so daß die Gefahr besteht, die gleiche Meßgröße mit verschiedenen Sensoren parallel zu erfassen und damit unnötige Redundanzen vorliegen zu haben. Als Lösung bietet sich die Aufteilung der Geräte in sinnvolle Module für Teilfunktionen an, die einzeln für sich, aber auch in Kombination miteinander eingesetzt werden können. Ein Übergang von der funktionalen Modularisierung zur topologischen Modularisierung sollte stattfinden. Für den Datenaustausch wird ein leistungsfähiges Kommunikationsnetzwerk notwendig, für das sich verschiedene Organisationsformen anbieten /74/.

Die Verknüpfung der einzelnen Module zu einem Gesamtsystem über eine gemeinsame Leitung wird als Bussystem bezeichnet. Durch serielle Datenübertragung kann die Anzahl der Verbindungsleitungen, bei begrenzter Übertragungsgeschwindigkeit und unter Verwendung von Parallel/Seriell-Wandlern, klein gehalten werden. Darüberhinaus fordert man von einem seriellen Bus im Kraftfahrzeug eine bidirektionale Struktur, Multimasterfähigkeit und unterschiedliche Übertragungsgeschwindigkeiten an dem selben Bus. Zusätzlich ist speziell hier zu fordern, daß meist kurze Nachrichten mit unterschiedlichen Prioritäten und hoher Geschwindigkeit übertragen werden und hohe Systemzuverlässigkeit auch bei widrigen Bedingungen gegeben ist.

Auf dem Markt werden zur Zeit verschiedene Bussysteme angeboten /75/, die als Grundlage für Versuchsaufbauten von Multiplexleitungssystemen in Labors und Prototyp-Fahrzeugen dienen.

Zur Problematik des MPX-Einsatzes im Kraftfahrzeug wurde eine Expertenbefragung (Delphi-Methode) durchgeführt. Ansprechpartner waren Vertreter von Automobil- und Elektronikproduzenten. Die daraus gewonnenen Erkenntnisse sind in Bild 2-24 (S. 44) dargestellt.

In Bereichen, in denen elektromechanische Hardware und Verdrahtungssysteme auf begrenztem Platz unterzubringen sind, ist der platzsparende Einsatz eines Multiplexsystems von Vorteil, wobei es nachzuweisen gilt, ob dieser Vorteil den damit verbundenen Kostenaufwand rechtfertigt.

Das elektrische System übt großen Einfluß auf die Zuverlässigkeit von Fahrzeugen aus. Ein entscheidendes Kriterium für den Einsatz von Multiplexsystemen wird daher auch der Nachweis einer höheren Zuverlässigkeit als bei konventioneller Verdrahtung sein. Obwohl insbesondere früher einige Autoren aufgrund der Reduktion von Steckverbindungen eine höhere Systemzuverlässigkeit prognostizierten /76,77/ konnte diese selbst bei Versuchsfahrzeugen noch nicht verifiziert werden. Die Belastung elektrischer Komponenten im Automobil durch verschiedenartige Einwirkungen aus der Umwelt sind hoch (siehe Kap 4.3). Der Einsatz- und Bewährungsbereich von MPX-Systemen lag dagegen meist in klimatisierten, abgeschirmten Räumen. Diese Diskrepanz gilt es zu überwinden.

Um alle Systeme und Systemkomponenten über eine gemeinsame Datenverbindung miteinander verknüpfen zu können, ist zunächst eine einheitliche Festlegung der Schnittstellen in Hard- und Software geboten, welche von allen Herstellern und Zulieferern akzeptiert wird. Anstrengungen dahingehend sind zwar bereits im Gange (SAE- Conferences), von einer gemeinsamen Lösung ist man jedoch noch weit entfernt.

Im Kraftfahrzeug kommen bis zu 50 Sensoren zur Anwendung, deren unterschiedliche Ausgangssignale auf die Belange der normierten Schnittstelle des Bussystems hard- und softwaremäßig angepaßt werden müssen. Die Systemanpassung muß jedoch, soll auf teure

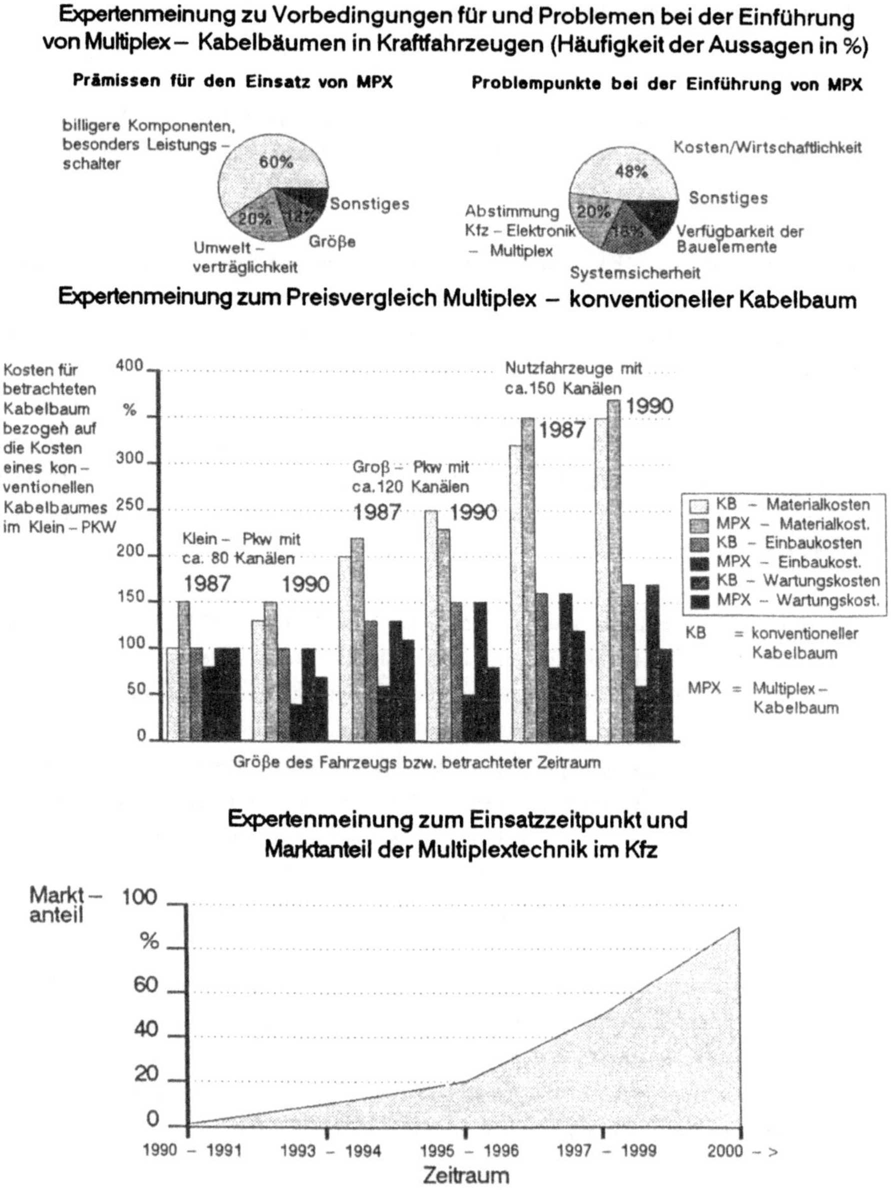

Bild 2-24: *Ergebnisse einer Expertenbefragung zum Thema MPX-Einsatz im Automobilbau*

Wandler verzichtet werden, zukünftig durch die Sensoren erfolgen. Ensprechendes gilt für die anderen Systemkomponenten, welche mittels integrierter Wandler direkt an den Bus angeschlossen werden können. Dazu ist noch ein hoher Entwicklungsaufwand nötig. Bei Anwendung separater Codier- und Decodiereinrichtungen würde zwar der Verkabelungsaufwand von den Leitungslängen her reduziert, die Zahl der Schnittstellen jedoch beibehalten werden. Für eine echte Einsatzchance müssen die Zahl der Adern im Kabelbaum und die Zahl der Steckverbinder wirklich sinken. Dies ist aber aus heutiger Sicht zu bezweifeln.

Für Reparaturen im Bereich mikroelektronischer Baugruppen fehlt sowohl Kraftfahrzeugmechanikern als auch -elektrikern die entsprechende Ausbildung. Der Einsatz von MPX-Systemen erfordert jedoch von den Beschäftigten im Kfz-Gewerbe eine Ausbildung im Umgang mit Diagnosegeräten und für den Austausch von elektronischen Funktionsgruppen.

Um die Wertigkeit eines für den Automobilkäufer unsichtbaren MPX-Kabelbaumes zu erhöhen, muß dieser auch für den Kunden direkt erkennbare Vorteile durch zusätzliche, mit konventioneller Technik nicht realisierbare Funktionen bieten. Solche wären beispielsweise die automatische Überprüfung von Verschleißteilen oder zusätzliche elektronische, den Fahrer unterstützende Systeme mit hohem Informationsgehalt.

Der Kostenvergleich zwischen konventioneller Verkabelung und MPX-Systemen ist abhängig vom elektrischen Ausstattungsgrad der Fahrzeuge, also von der Zahl der Kanäle. Die Ergebnisse einer Studie /78/ sind in Bild 2-25 dargestellt. Die zum Vergleich herangezogenen Systemkosten beinhalten Material-, Lohn-, Lager-, Montagekosten und Kosten der Fertigungsvorbereitung. Man erkennt aus Bild 2-25, daß bereits heute bei ausreichender Komplexität nahezu Kostenneutralität besteht. Vergleicht man nun mit Bild 2-23 (S. 41), in dem zwischen 1975 und 1990 von einem Zuwachs an Kanälen von 80% selbst bei Kleinwagen ausgegangen wird, so zeichnet sich für das Ende des Jahrzehnts ein Durchbruch für den wirtschaftlichen Einsatz von Multiplexsystemen in Kraftfahrzeugen ab.

Dennoch wird kurzfristig, ungeachtet des wirtschaftlichen Aspektes, die Einführung eines umfassenden MPX-Systemes in Serienfahrzeugen ausbleiben. An Stelle der früheren euphorischen Einsparungsvorstellung ist die langfristig technische Überlegenheit serieller Datenübertragung bei zunehmender Informationsverarbeitung im Kraftfahrzeug getreten. Die häufig als Haupthemmnis angeführten Mehrkosten sind im Vergleich zu den Gesamt-

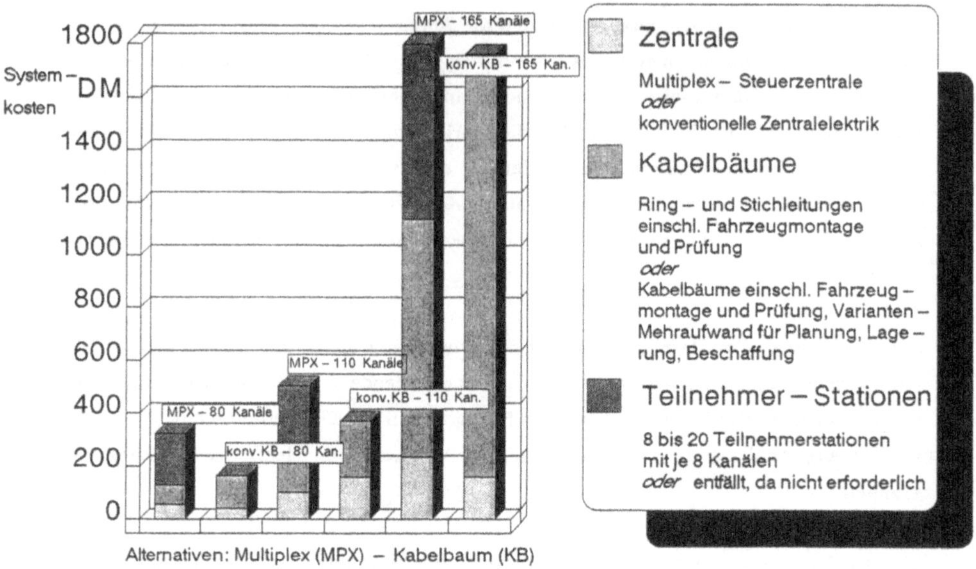

Bild 2-25: ***Kostenvergleich zwischem konventionellem und MPX-Kabelbaum, nach /78/***

kosten eines Kraftfahrzeuges unbedeutend und würden vom Käufer sicherlich akzeptiert, wenn er der Überzeugung sein könnte, damit ein Mehr an Sicherheit, Informiertheit und Komfort zu bekommen. Solange jedoch die Entwicklung von MPX-Systemen durch ungeeignete Strukturierung der Kraftfahrzeugelektrik und durch Standardisierungs-, Hardware-, Software- sowie Zuverlässigkeitsprobleme gekennzeichnet ist, kann der Käufer davon nicht überzeugt werden. Es wird deshalb mittelfristig nach wie vor eine Berechtigung für den Einsatz konventioneller Kabelbäume geben.

2.5 Folgerungen aus den Analyseergebnissen

Mit der Analyse des Istzustandes wurden die wesentlichen Problemkreise bei der Generierung der Fertigungsdaten, der Fertigung und der Montage von Kabelbäumen verdeutlicht.

Zur Lösung dieser Probleme werden im folgenden Möglichkeiten zur durchgängigen, rechnerunterstützten Generierung und Verarbeitung von Kabelbaumdaten erarbeitet. Für die Fertigung und Montage werden Methoden und Verfahren entwickelt, welche eine Automatisierung dieser Tätigkeiten zum Ziel haben. Dabei stehen Grundlagen zum Konfektionieren und Verlegen der Leitungen, zum Ummanteln und Prüfen der Leitungssätze im Vordergrund. Für die Endmontage werden Prinzipien erarbeitet, welche das automatisierte Entnehmen des Kabelbaumes vom Kabelbrett, das Zwischenlagern und schließlich den Einbau in das Gesamtprodukt ermöglichen.

Zwingende Voraussetzung für Automatisierungskonzepte ist die Produktgestaltung sowohl am Kabelbaum selbst als auch am Einbauort im Gesamtprodukt. Geeignete Kabelbaumstrukturen, auch im Hinblick auf einen langfristigen Einsatz der Multiplextechnik, sind zu entwerfen. Mittelfristig sind rationelle Fertigungs- und Montageverfahren für konventionelle Kabelbäume zu entwickeln. Dabei sind neben der Montage besonders die Zuverlässigkeitsaspekte zu berücksichtigen. Produktänderungen und Alternativen sind mit diesem Ziel zu erarbeiten.

Zur Vertiefung der gesamten Problematik automatischer Kabelbaumfertigung und -montage sowie zur Analyse gegenseitiger Abhängigkeiten müssen die entwickelten Verfahren zu einem Gesamtsystem verknüpft und an einer Pilotanlage erprobt werden.

3. Anforderungen an ein Modell zur flexibel automatisierten Kabelbaumherstellung

3.1 Aufgabe der flexibel automatisierten Kabelbaumherstellung

3.1.1 Aufgabenschwerpunkte

Der Durchlauf des Fertigungsauftrages für einen Kabelbaum durch das Unternehmen bildet die Grundlage zur Definition der Aufgabenschwerpunkte. Globales Ziel ist die Konzeption eines durchgängigen Herstellungsablaufes von der Konstruktion bis in die Endmontage. Dazu sind Lösungen für folgende Arbeitsschwerpunkte zu erarbeiten:

- **Konstruktionshilfsmittel** für die Erstellung von Schaltplänen, Anschlußplänen und Leitungslisten zur weitgehenden Entlastung des Konstrukteurs von Routinetätigkeit.
- **Planungshilfsmittel** für die rechnergestützte Erstellung der Kabelbaumzeichnung und für die Auswahl der Betriebsmittel sowie zur Erstellung der Steuerprogramme.
- **Kostenkalkulationsverfahren** zur Berechnung der Herstellkosten von Kabelbäumen unter Verwendung der bereits in Konstruktion und Planung erstellten Datenbasis.
- Verfahren zur automatischen **Fertigung bzw. Konfektionierung und Formung** von Kabelbäumen unter Berücksichtigung von Flexibilität und Wirtschaftlichkeit.
- Prinzipielle Möglichkeiten zur automatischen **Funktions- und Qualitätsprüfung** von Kabelbäumen.
- Verfahren zur **Bereitstellung** und **flexibel automatisierten Endmontage** von Kabelbäumen.

Folgende Maßnahmen müssen als Voraussetzung und Randbedingung für die erfolgreiche Bearbeitung dieser Schwerpunkte getroffen werden:

- Zielorientierte Produktgestaltung an allen Kabelbaumkomponenten für die Automatisierung der Kabelbaumfertigung
- Produktgestaltung am Gesamtprodukt, insbesondere am Basisteil, in dem der Kabelbaum verlegt wird und an allen Schnittstellen zum Kabelbaum
- Konzeption und Auswahl von Anlagen mit hoher Prozeßsicherheit, Mengenleistung und Verfügbarkeit.

Generelles Ziel ist der rechnerintegrierte Informationsfluß im Gesamtsystem bei maximaler Wirtschaftlichkeit der Anlage im Vergleich zu manueller oder starr automatisierter Fertigung.

3.1.2 Zielsetzungen

Aus den Aufgabenschwerpunkten und der generellen Zielsetzung leiten sich folgende Einzelziele ab:

- Vermeidung wiederholter Datengenerierung und redundanter Datenhaltung
- Unterstützung des Konstrukteurs und Planers durch:
  - o Entlastung von Routinearbeit durch rechnerunterstützte Unterlagenerstellung
  - o Schaffung größerer Freiräume bei kreativer Tätigkeit
- Beseitigung von produktbedingten Automatisierungshemmnissen
- Beseitigung von verfahrensbedingten Automatisierungshemmnissen
- Entwicklung und Erprobung flexibel automatisierter Montageverfahren
- Sicherstellung hoher Mengenleistung
- Sicherstellung hoher Verfügbarkeit
- Ermittlung des spezifisch wirtschaftlichsten Montageverfahrens.

Die Integration der Lösungen dieser Aufgaben in ein generelles Gesamtmodell ist Gegenstand der Arbeit. Hierdurch kann die gegenseitige Einflußnahme der Modellkomponenten aufeinander untersucht und das Systemverhalten optimiert werden.

3.2 Beschreibung des Gesamtmodelles

Unter dem Aspekt einer umfassenden Automatisierung in der Kabelbaumfertigung sind die bisher erzielten, in diese Richtung gehenden Ergebnisse flexibler Automatisierung nicht zufriedenstellend (s. Kap. 2.4.1). Aus diesem Grund wird ein Konzept zur integrierten automatischen Kabelbaumherstellung entwickelt. Den Schwerpunkt dieses Konzeptes bildet die Durchgängigkeit bei der Rechnerunterstützung des Konstruktions- und Fertigungsablaufes und bei der flexiblen Automatisierung des Montageumfanges. Als Fertigungsbeispiel wurden der Kabelbaum einer Pkw-Türe der gehobenen Mittelklasse und der eines Haushaltsherdes gewählt. Die Ergebnisse sind jedoch grundsätzlich auf vergleichbare Problembereiche im Automobilbau und in anderen Branchen übertragbar.

Das Automatisierungskonzept beinhaltet die in Bild 3-1 (S. 50) dargestellten Schwerpunkte. Die gezielte Integration von CAD-Systemen im Bereich der Schaltplan- und Kabelbaumkonstruktion ermöglicht die Weiterverwendung von in vorausgegangenen Konstruktionsprozessen generierten Daten und führt so zu einer Erhöhung der Produktivität.

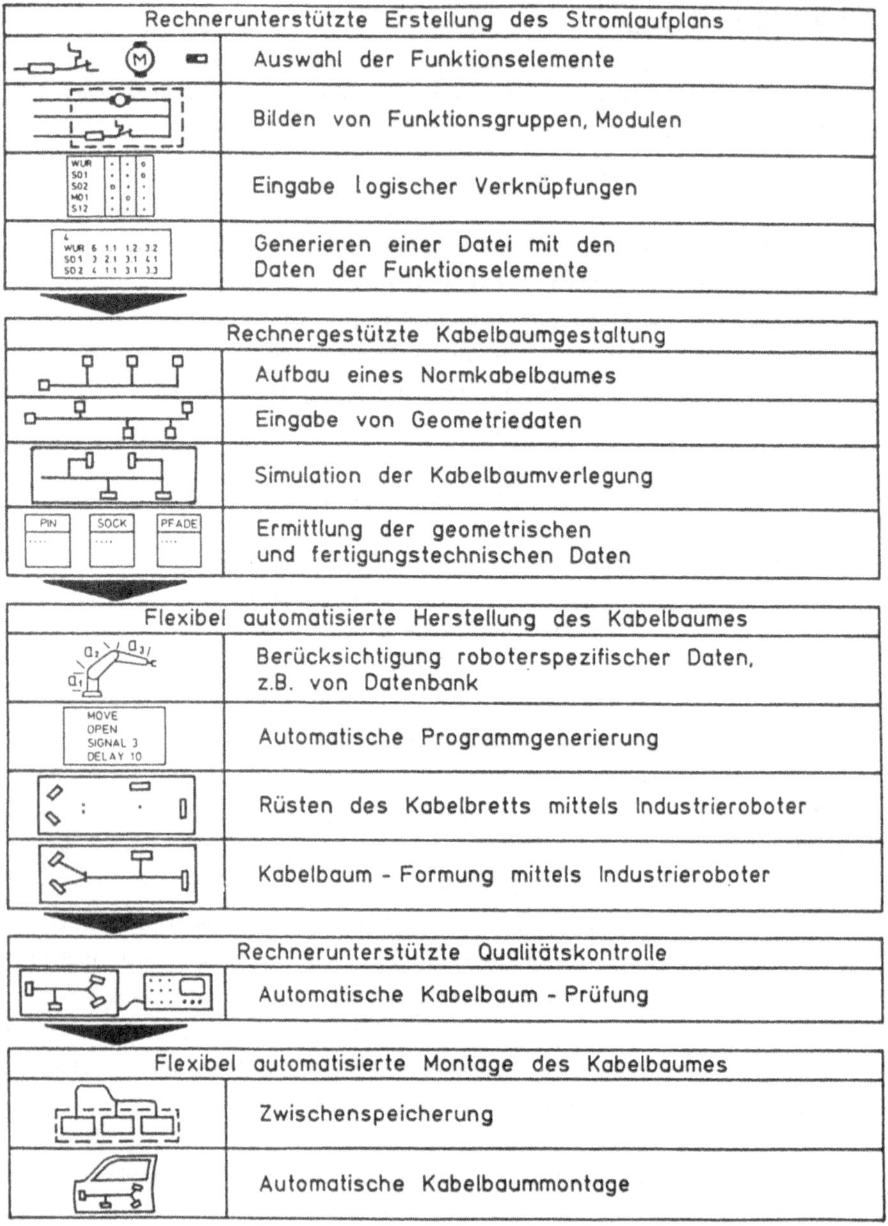

Bild 3- 1: Ablauf der automatischen Kabelbaum-Herstellung

Naheliegend ist die Einbindung von:

- Informationen über elektrotechnische Funktionsbaugruppen und deren logische Verknüpfungen aus bestehenden Stromlaufplänen
- Geometriedaten aus der Bauteil- und Baugruppen-Konstruktion
- Kostendaten zur Kalkulation der Herstellkosten.

Diese Daten könnten aus den Datenbanken der jeweiligen Konstruktions- und Entwicklungsabteilungen abgerufen werden. Erfahrungswerte über das Legeverhalten von Kabelbäumen, über notwendige Betriebsmittel und Fertigungszeiten für Teilverrichtungen in der Kabelbaumfertigung und -montage können zur Unterstützung der Arbeitsvorbereitung ebenfalls von einer Datenbank abgerufen und zur weitgehenden Automatisierung der Arbeitsvorbereitung verwendet werden. Um größtmögliche Effizienz innerhalb des Daten- und Informationsflusses zu erreichen, ist es naheliegend, die nach Abschluß des Konstruktionsprozesses zur Verfügung stehenden Daten für eine automatische Offline-Programmierung des zur Kabelbaumfertigung verwendeten Industrieroboters zu nutzen.

3.2.1 Systemgrenzen

Bei einem System zur flexibel automatisierten Konstruktion und Fertigung eines Produktes nimmt die Koordination von Informations- und Materialfluß eine wichtige Rolle ein. Daher sind Ein- und Ausgangsgrößen des Gesamtsystems zu definieren und der systeminterne Umsatz von Materie und Information von den Zustandsänderungen der Umwelt abzugrenzen. Eingangsgrößen in das System sind im wesentlichen die Einzelteile eines Kabelbaumes, das Funktionspflichtenheft mit allen geforderten elektrischen Funktionen, das Basisbauteil und seine Spezifikationen sowie Information in Form von technischem Wissen. Weitere Eingangsgrößen sind Hilfs- und Betriebsstoffe sowie Energie. An den Ausgängen des Systems stehen der in das Basisteil montierte Kabelbaum, die Konstruktions- und Fertigungsunterlagen sowie Abfallstoffe an.

Nicht enthalten sind in dem System Hilfsmittel zur ablauforganisatorischen Handhabung der Teilfunktionen[10]. Der Austausch administrativer bzw. für Planung und Steuerung des spezifischen Fertigungsauftrages notwendiger Daten erfolgt über eine Schnittstelle, welche

10 Es handelt sich hierbei um die Auftragsverwaltung, Kosten- und Terminkontrolle, Material- und Kapazitätsdisposition usw. Dazu sind die geeigneten Rechnersysteme (PPS-Systeme) auf dem Markt erhältlich. Hinweise zu den Möglichkeiten der Einbeziehung solcher Systeme geben /79,80/.

die Routinen des jeweiligen Teilsystems abruft. Diese konvertieren die relevanten Daten in ein systemübergreifendes Format für die weitere Bearbeitung.

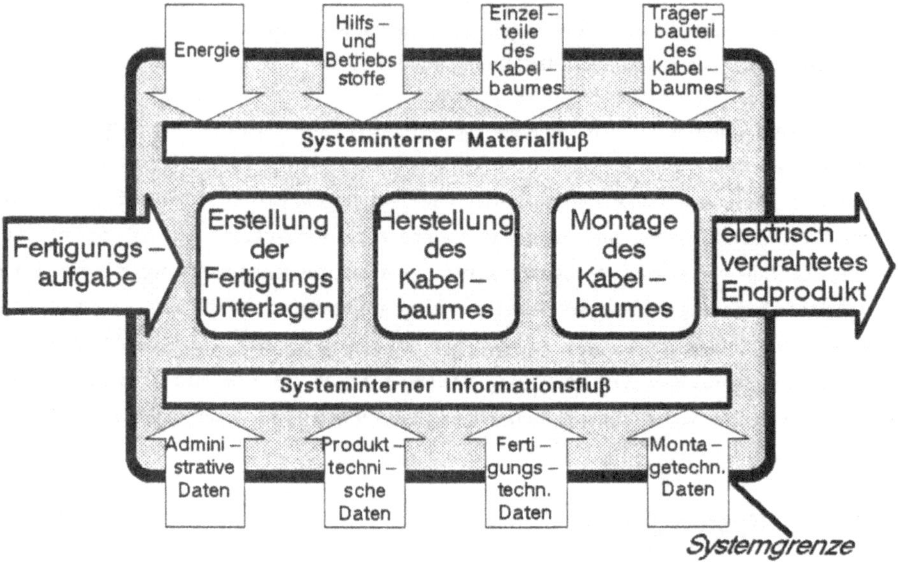

Bild 3- 2: Systemgrenzen des Modells zur Kabelbaumkonstruktion und Fertigung

Wohl aber enthalten ist ein Modul zur Erstellung von Arbeitplänen für die flexibel automatisierte Fertigung der Kabelbäume. Es ist speziell auf die Belange dieser Aufgabe zugeschnitten und enthält im wesentlichen die stückzahlneutralen Ein- und Ausgabedaten für die Fertigung sowie die Ablaufdaten in Form eines Roboterprogrammes.

3.2.2 Systemstruktur und Teilfunktionen

Aus der Analyse bisheriger Kabelbaumkonstruktion und -fertigung läßt sich durch Abstraktion der auszuführenden Tätigkeiten die Struktur für ein automatisches, rechnerintegriertes System ableiten. Die notwendigen Teilfunktionen sind in Bild 3-3 dargestellt und mit grundsätzlichen Begriffen der Konstruktion und Montage nach /65,81/ bzw. /82/ bezeichnet. Die Struktur ist derart angelegt, daß die Teilfunktionen im Ablauf des Konstruktions- bzw. Fertigungsfortschrittes angeordnet sind. Es muß jedoch jederzeit möglich sein, Rücksprünge zu vorangestellten Funktionen durchzuführen um im Bereich der Entwicklung Erkenntnisse einer nachgeschalteten Stufe einfließen zu lassen (vgl. /83/) oder auch auf Einwirkungen von außen nachträglich reagieren zu können. Auch ist die Fertigung von Wiederholaufträgen ohne vorgeschalteten Konstruktions- und Arbeitsplanungsprozeß üblich und muß von der Gesamtstruktur verarbeitet werden können. Für sämtliche Teilfunktionen nach Bild 3-3 werden Verfahren entwickelt, konstruktive Voraussetzungen geschaffen, Funktionsträger erarbeitet und in das Gesamtsystem integriert. Strategien zur Erhöhung der Zuverlässigkeit und zur Kostensenkung werden dargestellt.

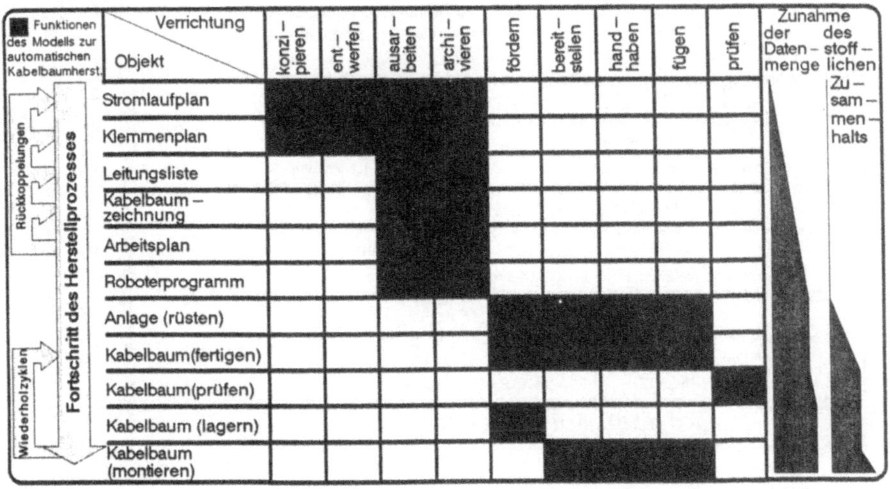

Bild 3- 3: Funktionsstruktur des Modells zur Kabelbaumkonstruktion und Fertigung

3.2.3 Modellkomponenten

Die Realisierung der Teilfunktionen wird durch fünf Module ausgeführt (Bild 3-4, S. 54). An diese Subsysteme werden folgende Anforderungen gestellt:

Schaltlogik- Entwicklung: Die Erstellung des Stromlaufplanes reduziert sich auf die Definition der Ein- und Ausgangsfunktionen sowie der Funktionsträger. Die Funktionsstruktur, welche mit den vorgegebenen Schaltelementen aus den vorgegebenen Eingangsgrößen die Ausgangsgrößen erzeugt, bildet das rechnergestützte Konstruktionssystem selbsttätig.

Hardware- Entwicklung: Aufgrund der implementierten Kenntnisse über die eingesetzten

Bauelemente und die zuvor festgelegte Schaltlogik kann das Modul selbsttätig Anschlußplan und Leitungsliste erstellen. Zusammen mit Geometriedaten über die Verlegewege und weiteren Randbedingungen kann die Hardware des Kabelbaumes in einer Zeichnung festgelgt werden. Dimensionierungsroutinen bestimmen Leitungsquerschnitte und Steckverbindergeometrie. Der bis zu diesem Zeitpunkt erstellte Datensatz kann dann als Grundlage für eine Kalkulation der Herstellkosten verwendet werden.

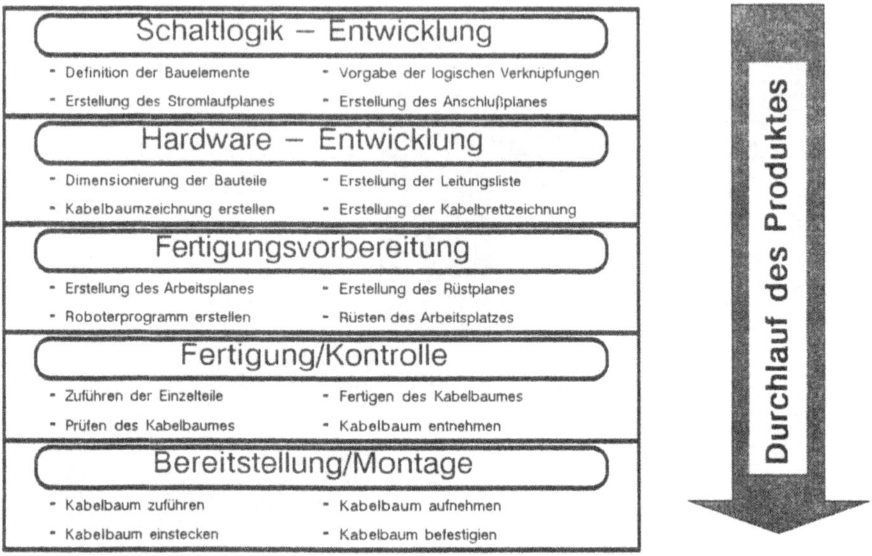

<u>Bild 3- 4:</u> Modellkomponenten für die rechnerintegrierte, automatische Kabelbaum- Konstruktion und Fertigung

<u>Fertigungsvorbereitung:</u> Nach Maßgabe der Entwicklungsdaten wird die Fertigung des entsprechenden Kabelbaumes vorbereitet. Dazu ist die Struktur des Kabelbaumes mit den gegebenen Fertigungsmitteln abzustimmen, sind die notwendigen Betriebsmittel und Werkstücke anzufordern, ist das Programm für den Fertigungsautomaten zu generieren und die Arbeitsstation für die Fertigungsaufgabe zu rüsten.

<u>Fertigung:</u> An der im folgenden zu spezifizierenden Anlage wird die vollständig automatisierte Fertigung von weitgehend konventionellen Kabelbäumen durchgeführt. Nach dem Verlegen der Leitungen, dem Anschlagen an die Steckverbinder und dem Ummanteln bzw. Abbinden ist die Prüfung und Entnahme des Leitungssatzes vom Kabelbrett vorgesehen.

Endmontage: Nach einer Zwischenlagerung in geeigneten Magazinen oder direkt nach der Vorfertigung soll der Kabelbaum mit einem Industrieroboter im Basisbauteil verlegt und eingesteckt werden. Verfahren und Werkzeuge zur Ermöglichung dieses Prozesses werden entwickelt.

Von einem übergeordneten System werden die besprochenen Module angestoßen und die für ihre Funktion erforderlichen Daten verwaltet.

3.3 Anwendungsbereiche

3.3.1 Technische Abgrenzung des Anwendungsbereiches

Die Entwicklung des Gesamtmodelles fand am Beispiel eines Kabelbaumes für Pkw-Türen bzw. für Elektroherde statt. Das Modell soll jedoch branchenunabhängig überall dort seine Gültigkeit behalten, wo aus Einzellitzen Kabelbäume mit zahlreichen Abzweigungen geformt werden, Steckverbinder mit Preßverbindungen angeschlagen werden und dieses Gebilde durch entsprechende Maßnahmen gebündelt wird. Die Form des Kabelbaumes soll durch die entwickelten Verfahren nicht eingeschränkt werden. Seine Größe ist in der Laboranlage auf eine Fläche von 600 x 1200 mm beschränkt, die Prozesse wurden aber so allgemeingültig entwickelt, daß sie auf größere Anlagen übertragbar sind. Eingeschränkte bzw. keine Gültigkeit besitzt das Modell zur Herstellung von Schaltschrankverdrahtungen, Leiterplatten und integrierten Schaltungen.

3.3.2 Wirtschaftliche Abgrenzung des Anwendungsbereiches

Da Flexibilität und Mengenleistung konkurrierende Ziele sind /84/, wird das Schwergewicht auf eines der beiden verlegt werden. Im Rahmen zunehmender Produktinnovation und Produktdiversifikation ist mit sinkenden Stückzahlen zu rechnen und die Verschiebung zugunsten der Flexibilität abzusehen. Daher wurde in diesem Modell ein Losgrößenbereich zwischen einem und einigen hundert Stück zugrunde gelegt. Das System soll gegenüber Varianten unempfindlich sein und durch hohe Flexibilität den Ausstattungsumfang des Produktes individuell und anforderungsgerecht herstellen. Damit sind Mehrkosten durch die Bildung von Ausstattungsgruppen - wie z. Zt. zur Einschränkung der Variantenvielfalt üblich - nicht mehr erforderlich. Die Kosten können verursachungsgerecht zugeordnet werden. Den Kostenrahmen steckt die manuelle Fertigung und Montage von Leitungssätzen im Zweischichtbetrieb, wie sie in der Automobilbranche üblich ist.

3.4 Übertragbarkeit des Modelles

Die dargestellte Vorgehensweise hat das Ziel, bei einem hohen Grad an Rechnerunterstützung ein eindeutiges, beschreibendes Modell von Kabelbäumen zu erstellen und dies anschließend korrekt zu interpretieren und umzusetzen. Wie bereits in /85,86/ dargestellt, sind die drei Gruppen: Sprach-, Funktions- und Gestaltmodell zu unterscheiden. Auch ein elektrischer Leitungssatz läßt sich als Sprachmodell, etwa in der Form 'Energie und Information leiten', darstellen. Inhalt der Arbeit ist es, Methoden zu erarbeiten, um aus diesem abstrakten Modell durch größtmögliche Rechnerunterstützung über die Stufen:

- Schaltplanentwicklung -> Funktionsmodell
- geometrische Kabelbaumdimensionierung -> geometrisches Gestaltmodell
- physikalische Kabelbaumdimensionierung -> physikalisches Gestaltmodell
- Modelldokumentation -> vollständige Modellbeschreibung

zielgerichtet und rationell die konkreten Fertigungsunterlagen zu erstellen.

Diese Vorgehensweise ist auf andere Produkte übertragbar; in der Kabelbaumkonstruktion ist das Funktionsmodell Schaltplan selbstverständlich, bei anderen Produkten ist ein Analogon zugunsten effektiver Konstruktionstätigkeit empfehlenswert. Einfach anwenden läßt sich diese Vorgehensweise auch auf die Entwicklung hydraulischer und pneumatischer Schaltungen, Getriebekonstruktionen oder Wellen - Lager - Kombinationen.

4. Produktbezogene Vorbedingungen für die Automatisierung der Kabelbaumfertigung

4.1. Komponenten elektrischer Leitungssätze

4.1.1 Leiter

Alternativen zur formlabilen Einzellitze wurden bereits in Kap. 2.4.2 vorgestellt. Da die notwendigen Randbedingungen für deren Einsatz nicht immer gegeben sind, muß auch weiterhin die Litze in die Untersuchungen einbezogen werden. Zur Vereinfachung der Handhabung werden folgende Maßnahmen gefordert:

- Verwendung von Litzen mit Ummantelung in vier Grundfarben, Leitungscodierung erst während des Legeprozesses (späte Variantenentstehung)
- Verwendung querschnittsminimierter Leiter für den Einsatz der Schneidklemmtechnik
- Verwendung von Leitungen mit reduzierter Ummantelung und harter Oberfläche zur Vereinfachung der Kabelzuführung (geringere Reibung, vgl. Kap. 6.3.2)

Für die Kennzeichnung während des Verlegens auf dem Kabelbrett sind unterschiedliche Prinzipien möglich. In Bild 4–1 ist eine Auswahl mit ihren Merkmalen dargestellt.

Prinzipien / Merkmale	auf- schie- ben von Hülsen	ein- prägen von Codie- rungen	auf- drucken von Farb- codes	auf- drucken von Ziffern (Tinte)	auf- brennen von Ziffern (LASER)
automatisierbar	1	5	5	5	5
umrüstflexibel	1	1	3	5	5
wischfest	5	5	2	3	5
abriebfest	2	4	2	1	4
leicht identifizierbar	3	1	5	2	2
eindeutig	3	4	3	4	4
hohe Codierleistung	1	5	3	3	4
kostengünstig	3	4	1	3	2
zuverlässig	1	5	3	3	4
Gesamtwertigkeit	20	34	27	29	35

5 = sehr gut; 4 = gut; 3 = zufriedenstellend; 2 = weniger geeignet; 1 = kaum geeignet;

Bild 4–1: Möglichkeiten zur Kennzeichnung von Kabeln und Bewertung einiger Merkmale

Die Bewertung und Auswahl dieser Verfahren führt zu dem Ergebnis, daß die Kennzeichnung durch Einbrennen mit einem Laser die Anforderungen am besten erfüllt. Besonders für die Anlagenkosten ist es wichtig, eine geeignete Anordnung des Kennzeichnungsgerätes zu wählen. Durch geeignetes Anlagenlayout ist es möglich, alle verlegten Leitungen mit einem Laserkopf zu kennzeichnen.

Wesentliche Randbedingung für den Leiter ist der Leitungswiderstand, der je nach Umgebungstemperatur bestimmte Werte nicht überschreiten darf /90,91/ um weder zu starken Spannungsabfall noch zu große Erwärmung hervorzurufen. Hinweise zur elektrischen Bemessung von Leitungen gibt /92/, die Untergrenze für den Leitungsquerschnitt ergibt sich bei niedriger Stromstärke aus der mechanischen Belastung. Durch die Verwendung der Schneidklemmtechnik wird eine sorgfältige Anpassung des Leiters an den Steckverbinder notwendig, da diese über weniger Reserven verfügt als die Crimptechnik. Zur Erzielung optimaler Kontaktqualität bei Einsatz der Schneidklemmtechnik sind enge Toleranzen beim Außendurchmesser des Leiters und hohe Konzentrizität von Litze und Isolation erforderlich.

4.1.2 Steckverbinder, Anschlagtechnik

Aus der Definition des Anwendungsbereiches für das Modell zur flexibel automatisierten Fertigung und Montage von Kabelbäumen nach Kap. 3.3.1 ergibt sich für die Verbindung zwischen Steckverbinder und Leitung die Einschränkung auf kraftschlüssige Verbindungen. Die in Bild 2–6 (S. 18) dargestellten Möglichkeiten dieser Gruppe reduzieren sich für die Anwendung bei Kabelbäumen auf die Alternativen Crimpkontakt, Schneidklemmkontakt und in Ausnahmefällen auf die Schraubklemme. Wegen der geringen und weiter abnehmenden Einsatzhäufigkeit wird die Schraubklemme im folgenden nicht weiter betrachtet.

Der Crimp ist eine Verbindung mit großflächiger, gasdichter Überlappung zwischen Leitung und Anschlußstück. Durch einen zusätzlichen Isolationscrimp kann die zuverlässige Entlastung der Kontaktzone von Störkräften (Zug) erzielt werden. Zur Isolation der Verbindungsstücke, zur Sicherung gegen mechanische Belastungen (Vibrationen) und zur Zusammenfassung der einzelnen Stecker und Steckhülsen bei Mehrfachkontaktierung hat sich das Einsetzen in Kunststoffgehäuse als günstig erwiesen. Dies erfordert aber einen weiteren Arbeitsgang.

Bei der Schneidklemmverbindung verdrängen parallelgeschaltete Kontaktschenkel simultan die Isolierung des Kabels und stellen – nachdem die partiell abisolierten Leiter in die Kontaktschlitze eingeführt wurden – durch starke Verformung der Leiter einen innigen, gasdichten Kontakt zwischen den Kontaktpartnern her. Sowohl eindrähtige Leiter als auch mehrdrähtige Litzen werden in den U-förmigen Spalt der Schneidklemme eingepreßt. Damit die verdrängte Isolierung an der Wirkstelle aufreißt, ist ein harter Isolationswerkstoff erforderlich. Weiche Isolationsmaterialien verschmieren an der Kontaktstelle.

Ein wesentlicher Vorteil der Schneidklemmtechnik ist die einfache Integrationsfähigkeit in eine automatische Anlage, da die Arbeitsgänge "Abisolieren" und "Einstecken in ein Gehäuse" entfallen. Weitere Merkmale des Schneidklemmverbinders gegenüber der Crimpverbindung sind in Bild 4-2 dargestellt.

Vergleich Crimp – Schneidklemmkontakt

Crimpkontakt	Schneidklemmkontakt
– elektr. und mech. Verbindung	– elektr. und mech. Verbindung
– ringförmige Leiterumschließung	– U – förmige Leiterumschließung
– gasdichte Verbindung	– gasdichte Verbindung
– bis 10 qmm problemlos realisierbar	– bis 1,5 qmm problemlos realisierbar
– Zugentlastung durch Isolationscrimp	– Zugentlastung erforderlich
– Abisolieren der Leitung nötig	– kein Abisolieren der Leitung nötig
– Einsetzen in Hülsen nötig	– Kontakte bereits im Gehäuse
– nicht in vollautom. Anlage integrierbar	– in vollautomat. Anlage integrierbar

Bild 4- 2: Merkmalsvergleich zwischen Crimp- und Schneidklemmkontakt

Der Vergleich der notwendigen Tätigkeiten zu Herstellung der Verbindung nach Bild 2-6 bzw. 4-3 (s. S. 60) /87/ verdeutlicht die montagetechnischen Vorzüge der Schneidklemmtechnik gegenüber der Crimptechnik.

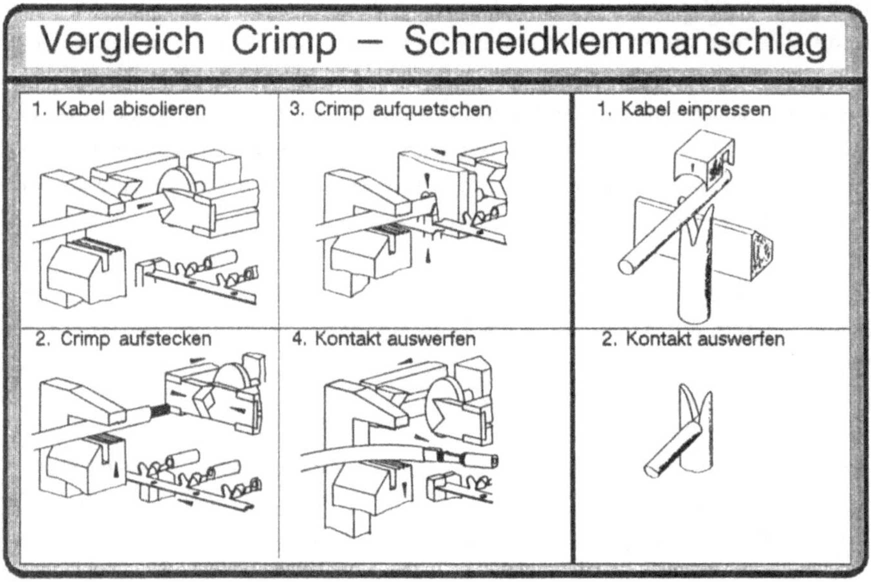

<u>*Bild 4- 3:*</u> *Montagetechnischer Vergleich zwischen Crimp- und Schneidklemmkontakt.*

Bei beiden Verfahren existiert eine Kontaktzone, an welcher der Stromübergang erfolgt. Dies wird durch den hohen Anpreßdruck gewährleistet, den das Anschlußelement auf den Leiter ausübt. Unterschiedlich ist jedoch die Größe der Kontaktflächen. Bei der Schneidklemmtechnik erfolgt der Stromübergang an einigen stegartigen Flächen, beim Crimp wird der Leiter voll umschlossen. Das theoretische Verhältnis der Kontaktflächen zwischen den beiden Kontaktalternativen ist größer als 10 : 1 /nach 26,88/. Die Kontaktsicherheit der Crimpverbindung ist so hoch, daß sie gegenüber der lösbaren Kontaktstelle zwischen Stecker und Hülse eine untergeordnete Rolle spielt /89/. Es wird deshalb in der Praxis oft auf Prüfungen verzichtet, obgleich diesbezüglich Verfahren in /88/ festgelegt wurden.

Dagegen sind Schneidklemm-Steckverbinder bisher für verschärfte Umweltbedingungen, wie sie besonders im Kraftfahrzeug auftreten, noch nicht ausgelegt, da ihr momentaner Hauptanwendungsbereich in der Elektronik liegt. Es wird daher ein Pflichtenheft für die zuverlässige Funktion der Schneidklemmtechnik auch unter diesen Einsatzbedingungen erarbeitet (Kap. 4.4).

4.1.3 Bündelungsmöglichkeiten und Schutzmechanismen

An die momentan im Einsatz befindlichen Kabelbaumummantelungen werden vor allem im Automobilbau hohe Anforderungen gestellt (Bild 4–4). Darüberhinaus wird an dieser Stelle die Möglichkeit zur Automatisierung gefordert. Zwar ist das Abbinden mit Kabelbindern automatisierbar, es erfüllt jedoch in keiner Weise die Funktion, den Kabelbaum vor mechanischen, thermischen oder stofflichen Belastungen zu schützen.

Anforderungen an Kabelbaumummantelungen	
– Bündeln der Einzelkabel	– geringe Biegesteifigkeit
– Abzweigungen fixieren	– Kabelbaumform aufrechterhalten
– Schutz vor Verhaken	– Schutz vor Fehlmontage
– Schutz vor Wärme	– Schutz vor Fremdstoffen
– Schutz vor Feuchtigkeit	– Schutz vor Wasserdurchtritt
– Schutz vor mech. Abrieb	– Fixierung d. Lage im Fzg.
– Schutz vor Spritzwasser	– einfache Verarbeitung
– Vermeidung von Geräusch	– Schutz vor Geräuschdurchtritt

Bild 4– 4: Anforderungen an Kabelbaumummantelungen

Es gilt daher, zwei Wege zur Automatisierung des Ummantelns zu beschreiten:

- Erarbeitung alternativer, automatisierbarer Ummantelungen
- flexible Automatisierung des Verfahrens "Umwickeln mit Klebeband";

Eine Möglichkeit zum Umwickeln von Kabelbäumen mit Klebeband durch Industrieroboter ist in Kapitel 6.3.4 beschrieben. Eine Auswahl prinzipieller alternativer Verfahren dazu ist in Bild 4–5 (s. S. 62) dargestellt und im Hinblick auf die technische Machbarkeit und wirtschaftliche Stellung eingeordnet. Dabei wurden neben handelsüblichen Alternativen auch Verfahren wie das Umspritzen mit oder Tauchen in Kunststoffen (Silikone oder Kautschuke) /70/ in die Betrachtung einbezogen. Diese Verfahren sind jedoch alle von dem Nachteil langer Aushärtezeiten gekennzeichnet.

Es ist ersichtlich, daß die Verwendung von Schrumpfprodukten, welche, wie in Kap. 6.3.4 näher beschrieben, als Endlosband angeliefert, um den Kabelbaum gelegt, verschweißt und geschrumpft werden, die technisch sicherste und unter Wirtschaftlichkeitsaspekten günstigste Alternative zum Umwickeln darstellt. Die geringen Kosten für das Umwickeln mit Klebeband können aber auch von diesem Verfahren nicht unterschritten werden.

Kabelbaum – Ummantelungen / Kriterien / Alternativen	Bündelung der Einzelkabel	Fixierung der Kabelbaumform	Schutz vor Verhaken	Schutz vor ther – mischer Bel.	Schutz vor stoff – licher Belastung	Schutz vor me – chanischer Bel.	Nässeschutz	einfache Verarbeitung	Automatisie – rungsgerecht	sofortige Belastbarkeit	ansprechende Optik	geringe Kosten	Summe
Abbinden mit Endlos – Klebeband	5	5	4	3	3	4	3	2	1	5	3	5	44
Abbinden mit Stücken Klebeband	5	5	3	1	1	2	1	3	2	5	2	5	35
Abbinden mit Kabelbindern	5	5	1	1	1	1	1	4	5	5	1	4	34
Spritztechnik mit Silikon (Ringdüse)	2	3	5	4	5	3	4	4	5	1	2	1	39
Streichtechnik mit Silikon	2	3	5	4	4	3	3	1	1	1	1	1	29
Gußtechnik mit Silikon	2	4	5	4	5	3	5	1	2	1	2	1	35
Tauchtechnik in Silikonbad	2	3	5	4	5	3	5	2	5	1	3	1	39
Tauchtechnik in Latexbad	2	3	5	4	5	4	5	2	5	1	3	3	42
Folien verschweißt	2	4	5	3	4	4	3	3	3	4	3	4	42
Schrumpfschläuche ohne Kleber	5	5	5	5	4	5	3	1	1	5	5	3	47
Schrumpfschläuche mit Schmelzkleber	5	5	5	5	5	5	5	1	1	5	5	2	49
geschlitzte, verschweißte Schrumpfschläuche	5	5	5	5	5	5	5	3	4	4	4	3	52

5 = sehr gut; 4 = gut; 3 = zufriedenstellend; 2 = weniger geeignet; 1 = kaum geeignet;

Bild 4– 5: Bewertung alternativer Kabelbaumummantelungen

4.2 Physikalische Zusammenhänge in der Kontaktzone

Bei der Fertigung von Kabelbäumen ist auf die Einhaltung elektrischer Randbedingungen zur fehlerfreien Funktionserfüllung zu achten. Innerhalb der elektrischen Übertragungsstrecke (Leiter) sind diese Forderungen durch geeignete Wahl des Werkstoffes und der relevanten Querschnitte zu erfüllen. Störgrößen kommen dort durch den stofflichen Zusammenhalt nur schwer zur Geltung. Schwachstellen sind jedoch die Übergänge zwischen den Wirkkörpern, die Kontakte.

Unter Kontakt ist die elektrische Schnittstelle zwischen zwei leitfähigen Körpern zu verstehen, also die endliche Fläche an der sich die beiden Leiter berühren, um einen Stromfluß senkrecht zu dieser Fläche zu ermöglichen. Am elektrischen Leitungssatz sind regelmäßig zwei prinzipielle Kontaktstellen vorhanden:

- Der Kontakt zwischen Leitung und Anschlußstück, der nicht lösbar sein muß,
- der notwendig lösbare Kontakt zwischen Anschlußstück und Klemme am Verbraucher.

Für die Fertigung von Kabelbäumen ist nur die Verbindung zwischen Leitung und Anschlußstück, der Anschlag relevant. Aufgabe dieses Kontaktes ist die Herstellung einer dauerhaften Verbindung zum Leiter mit einem niedrigen und gleichbleibenden Übergangswiderstand. Bemessungsgrenze für den Widerstand an der Kontaktstelle ist die dort in Wärme umgesetzte Verlustleistung $P_v = U_{Kontakt} * I$. Grenzwerte sind in /93/ festgelegt.

Dieser Übergang zwischen Kontakt und Leiter muß starken Temperaturschwankungen, intensiven Vibrationen, großen mechanischen Schockbelastungen und aggressiven Stoffen standhalten /94/. Die fehlerfreie Wirkung dieses Mechanismus' ist nur durch sorgfältige konstruktive und materialtechnische Abstimmung der Kontaktpartner erreichbar. Dies führt in der Regel zu geringfügig höheren Einstandskosten des Schneidklemmverbinders.

4.2.1 Widerstand an den Grenzflächen

Durch Zusammenstöße mit dem Kristallgitter in metallischen Werkstoffen verlieren die Elektronen, welche den Ladungstransport bewirken, an kinetischer Energie. Der daraus resultierende elektrische Potentialverlust wird als elektrischer Widerstand bezeichnet. Er ist material- und geometrieabhängig. Bei Berührung zweier Körper ergibt sich eine Reihenschaltung von Widerständen. Bild 4-6 (s. S. 64) zeigt die Verhältnisse im Idealfall, bei dem der Gesamtwiderstand eine Reihenschaltung der beiden Widerstände darstellt. Voraussetzung ist, daß die Grenzfläche, an der sich die Körper berühren, größer oder gleich der Fläche der stromdurchflossenen Leiter ist.

Im Realfall ist die Grenzfläche A_G aufgrund vorhandener Oberflächenrauhigkeiten stets kleiner als die Fläche des stromdurchflossenen Leiters. Dies führt zu einer Erhöhung des Widerstandes. Eine weitere Erhöhung ergibt sich, wenn sich zwischen den Körpern eine zusätzliche Schicht, beispielsweise durch Oxidation, aufbaut. Bei Mikrobewegungen zwischen den Kontaktoberflächen führt das wiederholte Freiwischen der metallischen Oberflächen und die sofortige Oxidbildung durch atmosphärische Einwirkung zu beschleunigter Schichtbildung. Dieser Effekt ist aus dem Bereich lösbarer Kontakte bekannt und wird dort als "Fretting Corrosion" /89/ bezeichnet. In der Regel besitzen diese Schichten einen höheren spezifischen Widerstand als das Leitermaterial.

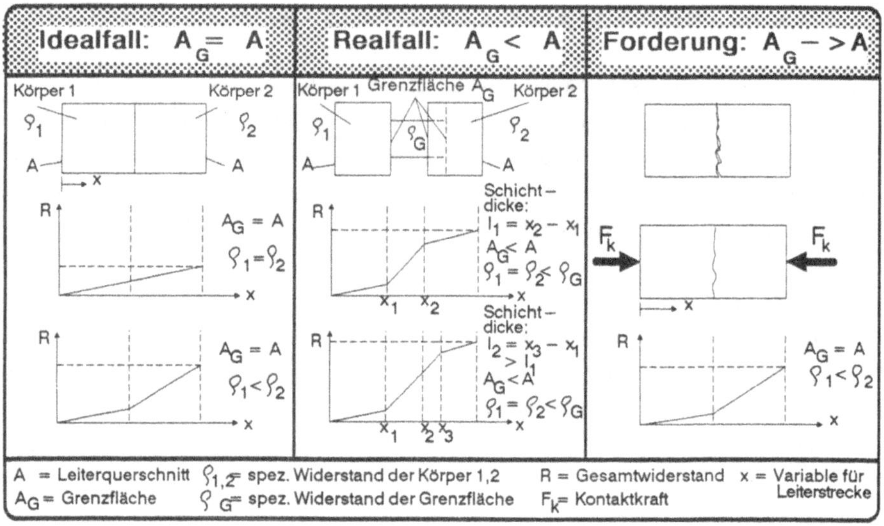

__Bild 4-6:__ Elektrischer Widerstand in der Kontaktzone

Um einen möglichst niedrigen Übergangswiderstand zu erhalten, muß also das Kontaktmaterial eine maximale Grenzfläche realisieren und die Bildung einer Zwischenschicht verhindern. Bei einem kräftefreien System käme es theoretisch zu reiner Punktberührung an den Rauhigkeitsspitzen. Durch das Aufbringen einer Normalkraft kommt es zum Einebnen und Ineinanderfließen des Mikrogebirges und damit zu einer vergrößerten Kontaktfläche A_G (Kaltverschweißung). Die Oberflächenschicht wird durch den Verformungsprozeß aufgerissen, zertrümmert und auf die vergrößerte Fläche verteilt. Die hierdurch freigelegten, noch nicht mit der Atmosphäre in Berührung gekommenen Metallbereiche werden einander so weit angenähert, daß ihre atomaren Bindekräfte zu Wirkung kommen. Deshalb ist zur Realisierung eines geringen Übergangswiderstandes eine hohe Anpreßkraft der Kontaktflächen notwendig. Die Langzeitstabilität der Kontaktstellen und die Vermeidung der Zwischenschichtbildung (gasdichte Zone) wird durch einen permanent hohen Druck der Schenkel des Schneidklemmelementes auf den Leiter gewährleistet.

Der Mechanismus des Kontaktierens erfolgt in mehreren Phasen (Bild 4–7, s. S. 66):

- Einleitung einer Kraft F_k über den Leiter durch das Kontaktierwerkzeug
- Bewegung des Leiters in die Kontaktzone, dabei werden Oberflächenschichten der metallischen Körper zum Teil weggewischt
- Volumenreduzierung durch Verdichtung und Verdrängung des Litzenmaterials in der Kontaktzone infolge der Reaktionskraft F_r, je nach Größe der Abstützkräfte (Tangentialkräfte durch Reibung zwischen den Litzen, Normalkräfte auf Litzen und Isolation)
- Umformen des Leiters bei konstantem Volumen unter elastischer Verformung der Schenkel und elastisch/plastischer Verformung des Leiters durch die Reaktionskraft F_r
- Entlastung des Leiters von der Kontaktierkraft F_k
- Rückverformung des Leiters bis zum Erreichen eines Kräftegleichgewichtes.

Die Höhe der Anpreßkraft wird einerseits durch die Eigensteifigkeit des Leiters, andererseits durch die Steifigkeit der Kontaktschenkel begrenzt. Um das Abgleiten von Leitungsmaterial vor allem bei viellitzigem Aufbau zu reduzieren, wird eine hohe plastische Verformung der Drähte zur Bildung formschlüssiger Konturen in der Kontaktzone gefordert (Bild 4–7, s. S. 66, Schliffbild in 100–facher Vergrößerung). Durch geeigneten Aufbau der Litze (dichte Packung der Drähte) können sich die Außendrähte an den Innendrähten abstützen und weichen damit nicht unzulässig dem Druck der Kontaktschenkel aus. Diese müssen über genügend hohe Rückstellkraft verfügen um die Anfangsverformung der Leiter auszugleichen und danach einen ständigen, hohen Druck ausüben zu können. Dabei kommt es zu einem vorläufigen mechanischen Gleichgewicht. Die Sicherheit dieses Mechanismus steigt mit abnehmender Drähtezahl der Litze.

In einer zweiten Phase kommt es bei optimaler Kontaktgestaltung zu einer Verformung, in der das Ineinanderfließen der Kontaktpartner und damit die Sicherstellung der einwandfreien Übergangsfläche stattfindet. Durch diese Mikrobewegungen tritt ein dauerhaftes Kräftegleichgewicht zwischen Leitung und Verbindungsstück in der Kontaktzone ein. Eine permanente Flächenpressung zwischen Leiter und Schneidklemme kann nur erzielt werden, wenn die Schenkel ihre Federeigenschaften aufrecht erhalten, also nicht plastisch verformt werden. Die Streckgrenze des Kontaktwerkstoffes und der gefährdete Biegequerschnitt bilden damit die obere Grenze für die Flächenpressung.

Reduziert man diesen Sachverhalt auf ein Modell mit Massivleiter, so läßt sich – unter Zugrundelegung der Theorie der Hertzschen Pressung und der Biegebalkentheorie im

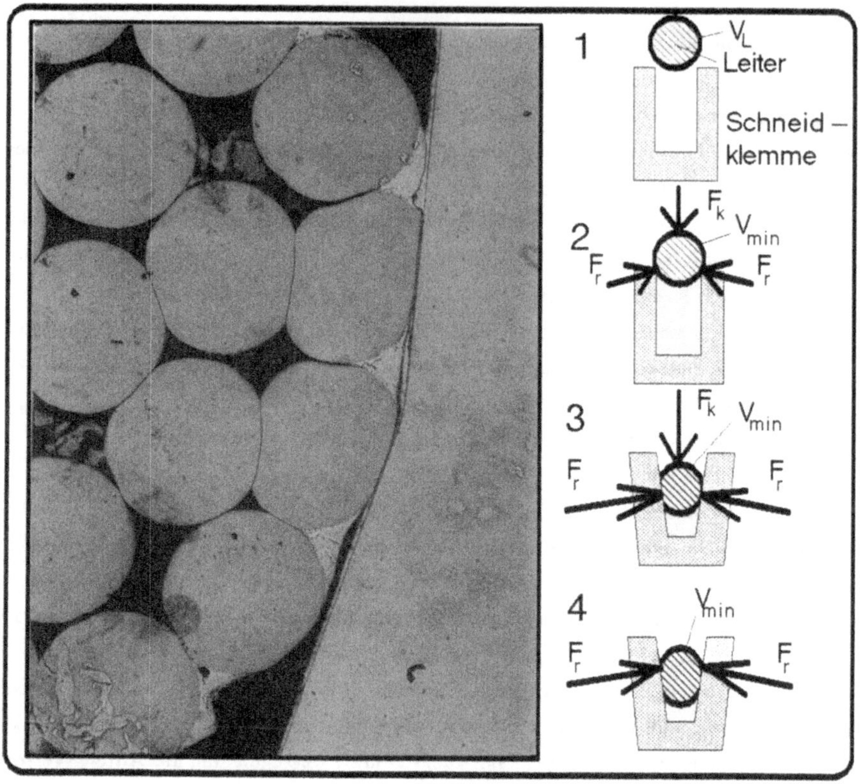

<u>Bild 4-7:</u> Schliffbild (V = 100) und Einpreßmechanismus eines Schneidklemmkontaktes; V_L: Leitungsvolumen, V_{min}: vermindertes Leitungsvolumen, F_k: Kontaktierkraft, F_r: Reaktionskraft.

Schneidklemmschenkel – folgender Zusammenhang für die reale Kontaktfläche A_r angeben:

Biegelinie für Rechteckquerschnitt:

$$w = \frac{4 * F_r * a^3}{b * E_S * h^3} \Rightarrow F_r = \frac{w * b * h^3 * E_S}{4 * a^3}; \qquad \text{(Gl 3)}$$

Hertzsche Pressung für Zylinder – Ebene-Kontakt:

$$A_r = 3{,}040 * \sqrt{\frac{F_r * r * (E_S + E_L)}{E_S * E_L * b}}; \qquad \text{(Gl 4)}$$

Zusammengefaßt durch Einsetzen von Gl 3 in Gl 4 ergibt sich:

$$A_r = 1{,}520 * \sqrt{r * w/a^3 * h^3 * (1 + E_S/E_L)}\ ;$$

bzw: $$A_r = \text{Const.} * \sqrt{w/a^3 * h^3 * (1 + E_S/E_L)}\ ; \qquad \text{(Gl 5)}$$

für konstanten Leiterdurchmesser 2r.

w = Federweg	F_r = Reaktionskraft im Kontakt	a = Biegehebelarm
b = Kontaktbreite	E_S = E-Modul der Schneidklemme	h = Schenkeldicke
A_r = Kontaktfläche	r = Radius der Leitung	E_L = E- Modul der Leitung

Man erkennt, daß für eine große Kontaktfläche eine hohe Federsteifigkeit der Schneidklemme bei geringerer Steifigkeit der Leitung erforderlich ist. Darüberhinaus ist für eine permanent gleichbleibende Kontaktkraft die Lage des Leiters an der Schneidklemme (entspricht a) zu fixieren. Dazu ist eine sorgfältige mechanische Entlastung der Kontaktzone erforderlich. Der Quotient w/a^3 verdeutlicht einen Zielkonflikt bei der Kontaktauslegung. Während einerseits der Federweg w möglichst groß sein sollte, um eine hohe Reaktionskraft zu gewährleisten, ist andererseits der Biegehebelarm a zu minimieren.

4.2.2 Werkstoffe

Für Bauteile, die elektrischen Strom leiten, bietet sich die Verwendung von Kupfer an; ein Werkstoff mit guter elektrischer Leitfähigkeit aber schlechten mechanischen Eigenschaften wie niedrige Zugfestigkeit und niedrige Streckgrenze. Um die gute elektrische Leitfähigkeit von Kupfer bei gleichzeitig hoher mechanischer Festigkeit zu realisieren, gibt es grundsätzlich drei Möglichkeiten:

- Verfestigung durch Verformen
- Mischkristallhärtung
- Verwendung von Verbundelementen (Funktionstrennung in Feder und Kontakt).

Bei den beiden ersten Verfahren nimmt mit der Steigerung der Festigkeit auch die elektrische Leitfähigkeit ab. Ein weiteres wichtiges Kriterium bei der Werkstoffwahl stellt das Spannungsrelaxationsverhalten dar. Hiermit wird das Abklingen der durch elastische Verformung hervorgerufenen Spannung abhängig von Temparatur und Zeitdauer bezeichnet. Durch Kriechvorgänge werden elastische Dehnungen in plastische Verformungen umgewandelt und somit die Vorspannkräfte abgebaut. Das Relaxationsverhalten von Kupfer wird wesentlich von Legierungsbestandteilen beeinflußt. Damit ergibt sich auch hier der Zielkonflikt zwischen optimalen mechanischen und elektrischen Eigenschaften. Es ist daher zu bevorzugen, durch Anwendung des Prinzips der Funktionstrennung ein Verbundelement einzusetzen, das aus einem optimal leitenden Bestandteil und einer guten Federkomponente besteht (s. u., Bild 4-16, S. 76).

Kontaktkorrosion tritt auf, wenn Metalle unterschiedlichen Potentials leitend miteinander verbunden werden und gleichzeitig ein Elektrolyt vorhanden ist. Dabei geht das Metall mit dem geringeren elektrochemischen Potential in Lösung. Um dies zu verhindern, sollten möglichst Materialien mit gleichem Potential miteinander verbunden werden und der Zutritt eines Elektrolyten verhindert werden. Dies läßt sich im allgemeinen durch einen metallischen Überzug der elektrischen Bauteile erzielen. Kostengünstig und daher weit verbreitet sind Zinnüberzüge über das Kontaktelement und die Litze, die entweder bereits bei der Blechherstellung oder besser galvanisch auf das fertige Bauteil aufgebracht werden. Bild 4-7 (s. S. 66) zeigt eine Schneidklemmzone in der deutlich die Abdichtung durch Zinnanhäufungen um die Kontaktstelle zu erkennen ist. In Bild 4-8 ist nocheinmal der Funktionsmechanismus mit den auf ihn einwirkenden Störgrößen dargestellt.

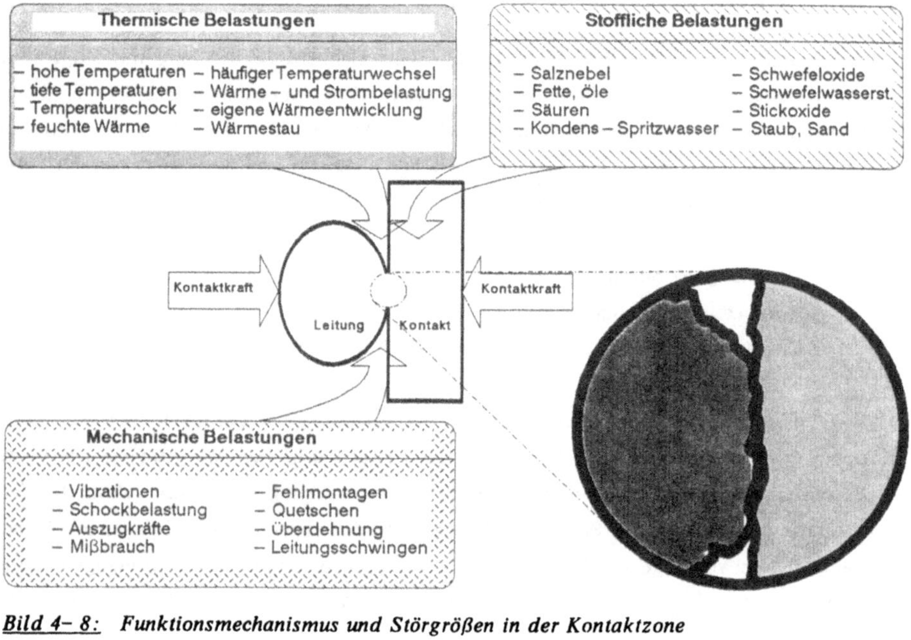

<u>Bild 4- 8:</u> Funktionsmechanismus und Störgrößen in der Kontaktzone

4.3 Randbedingungen für die Kabelbaumkomponenten

4.3.1 Mechanische Belastung der Kabelbaumkomponenten

Bei der manuellen Fertigung und Montage von Kabelbäumen kommt es aufgrund der oft komplizierten Struktur und der schwierigen Handhabung häufig zu starker Zugbelastung der Leiter und der Verbindung Leiter – Kontaktteil, wenn Teile des Kabelbaumes ineinander, im Basisbauteil oder in der Transporteinrichtung hängen bleiben (Mißbrauch).

Mechanische Belastungen	
– Vibrationsbelastungen	– Abrieb durch scharfe Kanten
– mechanische Schockbelastung	– freies Schwingen der Leiter
– Knickung der Kabelstränge	– schiefes Anschlagen d. Kont.
– mißbräuchliche Zugbelastung	– Zurückschieben d. Kontakte
– Schlagbeanspruchung	– Überdehnen der Kontakte
– Quetschbeanspruchung	– Fehlsteckversuche
– Fehlmontagen	– Zug – Dauerbelastung

Bild 4–9: Anforderungen an die mechanische Belastbarkeit der Kabelbaumkomponenten

Weitere mechanische Belastungen resultieren aus dem Betrieb des Produktes (Bild 4–9). Beispielsweise wird der Kabelbaum im Fahrbetrieb durch Bewegungen des Fahrzeugaufbaus oder Teilen davon (Öffnen und Schließen von Türen und Hauben) und durch Schwingungen belastet, die vom Fahrzeugantrieb hervorgerufen werden. Dabei ist zwischen Schwingungen zu unterscheiden, die durch die Bewegung des Fahrzeugaufbaus direkt auf die starr verbundenen Steckverbinder übertragen werden und solchen, welche aus der Anregung des stückweise frei hängenden Kabelbaumes als Feder–Masse–Element resultieren. Auslöser ist in beiden Fällen die Bewegung des Fahrzeugaufbaus, dessen Schwingungsverhalten von seiner Fahrwerksabstimmung, seiner Masse und der Anregung durch die Fahrbahn abhängt.

Besonders hohe Beschleunigungen treten beim Schließen von Türen und Klappen auf. Hier wurden Werte zwischen dem 15- und 20-fachen der Erdbeschleunigung gemessen. Die Bewegungsenergie muß hier auf einem sehr kurzen Weg durch die Verformung des Türdichtgummis aufgenommen werden. Kabelbäume im Motorbereich werden besonders durch diesen selbst bei einer Erregerfrequenz zwischen 20 und 600 Hz beansprucht.

4.3.2 Thermische und stoffliche Belastung der Kabelbaumkomponenten

Thermische und stoffliche Belastungen	
– hohe Temperaturen	– Belastung durch Fette, öle
– extreme Kälte	– Belastung durch Benzin/Diesel
– häufiger Temperaturwechsel	– Schwefeloxide
– Belastung durch feuchte Wärme	– Stickoxide
– Temperaturschock	– Schwefel – Wasserstoffe
– Spritzwasser	– Belastung durch Chemikalien
– Belastung durch Betauung	– Salznebelbelastungen

Bild 4-10: Anforderungen an die thermische und stoffliche Belastbarkeit der Kabelbaumkomponenten

Da Kraftfahrzeuge sowohl in polaren wie auch in südlichen Breitengraden betrieben werden, wird bei Temperaturen zwischen -40° C und 110° C volle Funktionsfähigkeit des Kabelbaumes erwartet. Klimatische Bedingungen und Gehaltsstoffe der Luft führen zu Belastungen der Kabelbäume durch hohe Luftfeuchtigkeit, Salzlösungen, Stick- und Schwefeloxide, Schwefel-Wasserstoffverbindungen und andere Schadgase. Es wird deshalb von Kabelbäumen eine hohe Temperatur- und Verrottungsbeständigkeit gefordert.

4.3.3 Anforderungen an Verfügbarkeit und Qualität

Neben den in Bild 4-11 dargestellten Forderungen sei auf die Funktionsprüfungen (Kap. 4.4.1) hingewiesen.

Anforderungen an Qualität und Zuverlässigkeit

- hohe Kontaktsicherheit
- minimale Ausfallrate
- Erfüllung der Prüfbedingungen
- Lebensdauer > 12 Jahre
- Sicherheit der Verbindung maßgeblich für Kfz – Gesamtfunktion
- Sicherheit der Verbindung vergleichbar mit durchgehender Ltg.
- Fehlmontagen müssen unschädlich oder unmöglich sein

Bild 4–11: Anforderungen an Qualität und Zuverlässigkeit der Kabelbaumkomponenten

4.4 Produktgestaltung

4.4.1 Gestaltungskriterien für automatisierungsfreundliche Steckverbinder

Zu den funktionalen Anforderungen, welche sich durch die Randbedingungen ergeben (Kap. 4.2 und 4.3), müssen für die Automatisierung der Kabelbaumfertigung die montagetechnischen Gesichtspunkte berücksichtigt werden. Kriterien für die Gestaltung eines Steckverbinders lassen sich in einem Zielsystem (Bild 4-12, s. S. 72) darstellen. Hinsichtlich einer automatischen Fertigung besitzen neben den Primärzielen Funktion und Zuverlässigkeit die Handhabung und Montage hohe Priorität. Daher sind in der Gestaltungsphase Funktionssicherheit und Montagegerechtheit gleichermaßen zu beachten.

Die Vorgehensweise sei anhand von Bild 4–13 (s. S. 73) demonstriert. Innerhalb des Spektrums der Kabelanschläge wird die Schneidklemmtechnik untersucht. Erprobung und Optimierung der Montage werden in den Kapiteln 6 und 7 beschrieben. Hier wird nur die Erprobung und Optimierung der Funktion vertieft. Generelle Fragestellung ist, ob diese

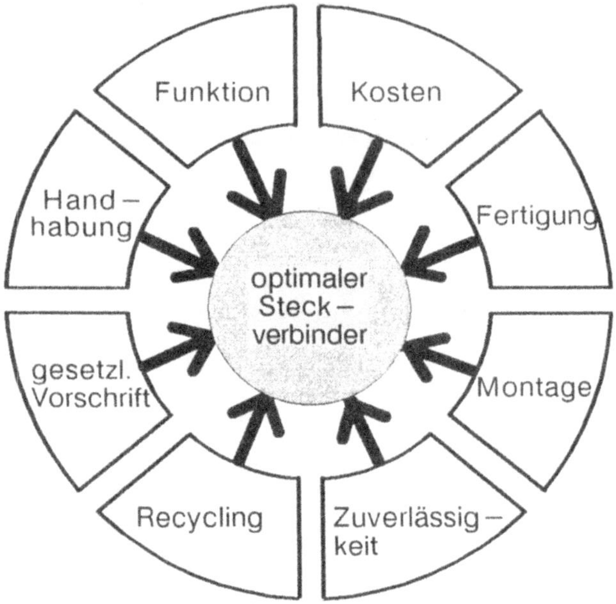

Bild 4-12: Zielsystem für die Steckverbinderkonstruktion

Anschlagtechnik den erhöhten Beanspruchungen im Kraftfahrzeug gerecht werden kann. Hauptproblem bei der Festlegung von Prüfvorschriften zur Beantwortung dieser Frage ist, eine repräsentative Kurzzeitbelastung zu finden, welche der tatsächlichen Beanspruchung während der gesamten Einsatzzeit des Produktes nahe kommt. Falsche Prüfbedingungen führen zur Verdrängung geeigneter Lösungen oder zur Herabsetzung des Qualitätsniveaus.

Für die Prüfung von isolationsverdrängenden Kontakttechniken existieren Vorschriften in /93/ und /30/, welche in der Regel von den Bauelemente-Herstellern festgelegt wurden. Darüberhinaus verfügen die meisten Anwender über entsprechende Prüfnormen. Unter Zugrundelegung dieser Normen wurde ein Prüfprogramm für Schneidklemmanschläge ausgearbeitet. Dabei wurde nur die Verbindungsstelle Leiter - Kontaktteil untersucht, da sich die anderen Bereiche vom Crimpkontakt nicht unterscheiden. Für die Versuche wurden vier verschiedene auf dem Markt bzw. als Prototyp erhältliche Steckverbinder ausgewählt. Da bereits im Versuchsvorfeld Zusammenhänge zwischen Leitungsgestalt und Qualität der Verbindung vermutet wurden, sind die Prüflinge gezielt mit Litzen unterschiedlicher Ausführung kombiniert worden.

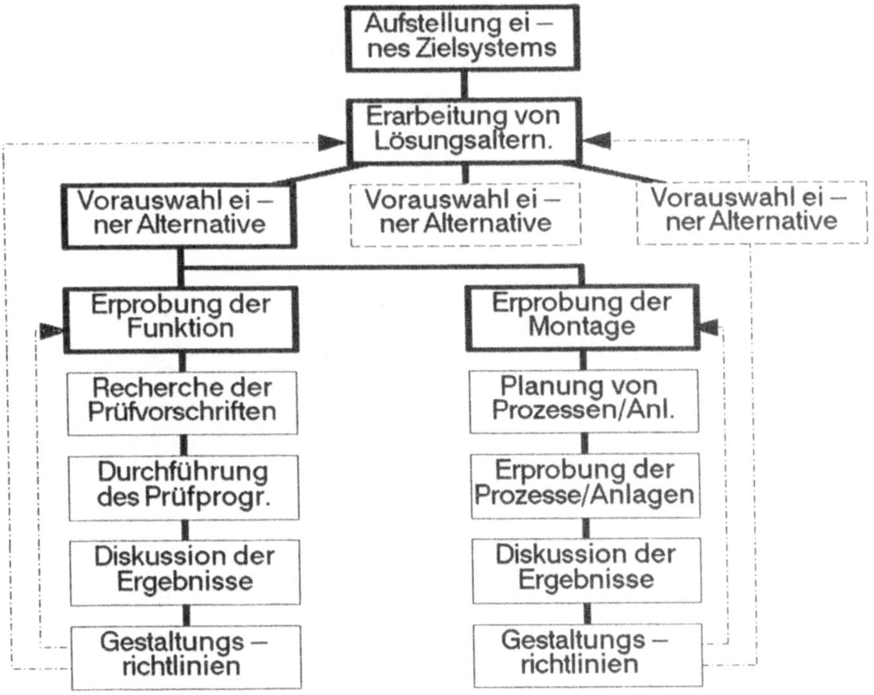

<u>Bild 4–13:</u> Vorgehensweise bei der Produktgestaltung

In Bild 4–14 (s. S. 74) sind alle geprüften Konfigurationen mit den durchgeführten Tests aufgelistet. Den Laboruntersuchungen wurde ein Langzeit–Fahrversuch mit einem Kabelbaum–Prototyp in einer Pkw–Türe beigeordnet[11].

Die Ergebnisse der Untersuchung führen zu folgenden Schlüssen:

- Auf dem Markt befindliche Schneidklemm– Steckverbinder aus dem Bereich der Elektronik– und Haushaltsgeräte genügen nicht den erhöhten Anforderungen im Automobil.
- Dennoch konnten bereits einige mit Schutzdeckeln ausgestattete Prüflinge die mechanischen Belastungen schadlos überstehen, woraus zu folgern ist, daß Schwingungen dem Schneidklemmkontakt wenig Probleme bereiten.

---

11 Die Labor– und Feldversuche wurden unter Mitwirkung von Herrn Cand. Ing. Stefan Teller und mit Unterstützung des Hauses BMW AG, München durchgeführt.

Prüfprogramm

Temperatur/Stromwechsel – Dauertest
Salznebeltest, zyklisch
Schadgastest
zyklische Strombelastung
Schwingen mit Klimafolge
Temperatur – Schockbelastung
Kesternichtest
Salznebeltest
Temperatur – Wechseltest
Salznebel unter erschw. Bed.
Auslagerung in Industrieklima
Feuchte – Wärme – Test
Schwingen
Kondenswasserklima
Schliffbilder

Prüflinge

Querschnitt	Litze	Oberfläche	Zahl der Prüflinge
0,35	7	verzinnt	124
0,5	7	verzinnt	98
0,5	19	blank	324
0,5	16	verzinnt	158
0,75	7	verzinnt	16
0,75	19	blank	269
0,75	24	verzinnt	36
0,75	19	blank	234

Ergebnisbeispiel

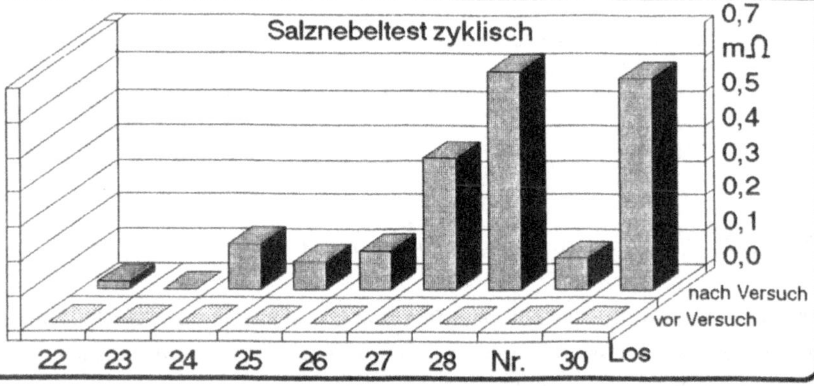

Bild 4-14: *Laborversuche an Schneidklemmkontakten, exemplarisches Prüfergebnis*[11]

- Starken Einfluß auf den Übergangswiderstand in der Kontaktzone haben thermische Belastungen. Hier wurden die zulässigen Grenzwerte zum größten Teil überschritten. Die Erkenntnis ist, daß das Federverhalten der Kontaktwerkstoffe unter erhöhter oder wechselnder Temperatur durch Spannungsrelaxation deutlich abnimmt.
- Schadstoffe nehmen auf die Güte des Kontaktes wenig Einfluß, wenn dieser sehr gut ausgeführt ist oder die Kontaktzone durch Verzinnung abgeschirmt wird. Es ist daraus zu schließen, daß der Schneidklemm-Mechanismus aus sich heraus eine gasdichte Kontaktzone liefert, deren Stabilität die Zinnschicht noch erheblich verbessert.

- Der Aufbau der Litze ist für die Ergebnisse von untergeordneter Bedeutung. Wichtig ist jedoch, daß das Volumen zwischen den Kontaktschneiden möglichst gut ausgefüllt ist und diese maximal elastisch vorgespannt werden. Die Größe der hier gespeicherten potentiellen Energie ist maßgeblich für die Qualität und Sicherheit des Kontaktes.
- Die Sicherheitsreserven des Schneidklemmkontaktes sind aufgrund der kleineren Kontaktüberdeckung deutlich geringer als beim Crimpkontakt. Um dieser Tatsache entgegenzuwirken, sind möglichst viele kinematisch unabhängige Kontaktpunkte vorzusehen.

Die montagetechnisch günstige Schneidklemmtechnik stellt also auch unter erschwerten Bedingungen eine elektrisch sichere Verbindung dar. Dies gilt jedoch nur dann, wenn die aus der Interpretation der Prüfergebnisse abgeleiteten Konstruktionsrichtlinien für die Wirkflächen des Kontaktelementes im Verbindungsbereich eingehalten werden. Diese sind gemeinsam mit Gestaltungsregeln für die Montage als Eingangsgrößen für einen neu zu konzipierenden Steckverbinder in Bild 4-15 zusammengestellt.

Funktions- und montagetechnische Anforderungen

- genaue Abstimmung von Leiter- und Schneidengeometrie
- genaue Festlegung des Einpreßweges durch geeignetes Werkzeug um Schneiden nicht plastisch zu verformen
- ausreichende Steifigkeit des Gehäuses um Einpreßkraft aufnehmen zu können
- exakte Festlegung der Schneiden im Gehäuse Vermeidung jeglicher Relativbewegung zwischen Schneide und Leiter durch Zugentlastung
- galvanische Verzinnung der Schneiden
- Verwendung verzinnter Litzen
- Kontaktelement mit optimaler Leitfähigkeit, hoher Streckgrenze und gutem Relaxationsverhalten
- zusätzliche Abdichtung des Kontaktbereiches durch Deckel (Sicherung der Schneidklemmzone)
- große zentrierende Greifflächen
- deutliche Einführschrägen an der Steckkontur des Gehäuses (Fangbereich für Endm.)
- deutliche Einführschrägen an der Aufnahmestelle des Gehäuses für die Leitungen
- Referenzflächen zwischen Gehäuse und Kontaktschneiden zur genauen Positionierung im Anschlagwerkzeug
- deutliche Einführschrägen für die Deckel
- geringe Bauhöhe über der Kabelebene
- geringe, konstante Steckkräfte, Verriegelung
- geringe Variantenzahl
- Baukastensystem für verschiedene Polzahlen und Leiterquerschnitte (Reihbarkeit)
- Steckercodierung während der Fertigung
- gute Zuführbarkeit durch markante Merkmale

Bild 4-15: Funktions- und montagetechnische Anforderungen an den Schneidklemmstecker

Die Untersuchungen wurden für Leitungsquerschnitte bis zu einem Quadratmillimeter durchgeführt. Die Übertragung der Erkenntnisse auf größere Querschnittsbereiche ist zulässig. Jedoch ist zu beachten, daß der Leiterquerschnitt in der zweiten Potenz mit dem Radius zunimmt. Die mindestens gleichgroß zu dimensionierende reale Kontaktfläche A_r

steigt nach Gleichung 5 mit dem Quotienten $(r^*w/a^3)^{1/2}$. Nimmt man zusätzlich an, daß die Spannung in der Wurzel des Kontaktschenkels unabhängig vom Leiterquerschnitt immer den gleichen zulässigen Maximalwert beträgt und der Biegehebelarm dem Leiterradius r entspricht, so läßt sich bei konstanter Kontaktbreite b ein Zusammenhang zwischen Leiterradius und Schenkeldicke angeben. Danach ist eine Verstärkung bei der Dimensionierung der Kontaktschneiden nach folgendem Wachstumsgesetz vorzusehen:

$$h_2/h_1 = (r_2/r_1)^{4/3}; \quad h_1, h_2\text{: Schenkeldicke}; \quad r_1, r_2\text{: Leiterradius}; \qquad \text{(Gl 6)}$$

In Bild 4–16 ist ein Beispiel zur Umsetzung der Erkenntnisse in ein Verbindungselement dargestellt. Durch Funktionstrennung in Kontakt- und Federelement wird der Leitfähigkeit und Betriebssicherheit genüge getan. Druckstücke im aufgeschnappten Deckel und ein zusätzlicher Isolationscrimp übernehmen die Abschirmung der Kontaktzone vor mechanischer Belastung. Für die automatische Montage wurden Fügeschrägen vorgesehen.

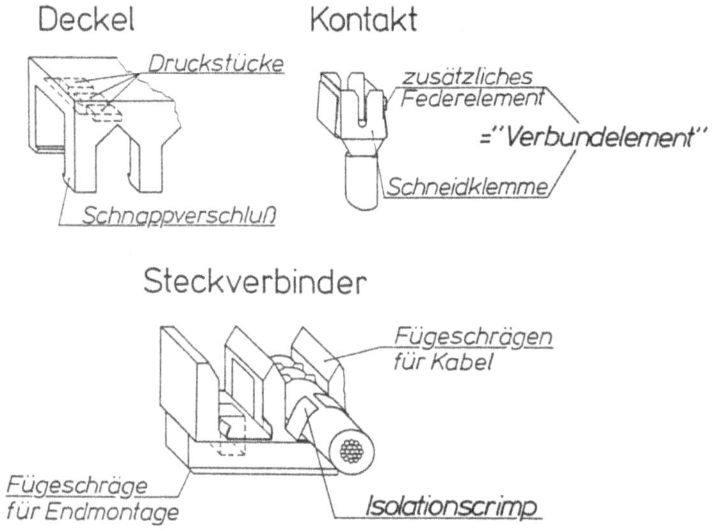

Bild 4–16: Gestaltungsvorschlag für einen Schneidklemm–Steckverbinder

4.4.2 Struktur automatisch montierbarer Kabelbäume

Neben der Gestaltung der Einzelkomponenten eines Kabelbaumes besitzt auch die Struktur des Gesamtproduktes einen hohen Stellenwert. Dabei ist besonders zu beachten, daß

Größe und Komplexität die wesentlichen Automatisierungshemmnisse darstellen. Daraus folgt, daß große Kabelbäume in möglichst kreuzungs- und verzweigungsfreie Teilsysteme aufgeteilt werden müssen. In der Haushaltsgeräteindustrie hat diese Methode bereits Fuß gefaßt. In der Vorfertigung werden dadurch die Umfänge kleiner und überschaubarer. Bei der Montage kann einerseits das Durchfädeln eines langen Stranges durch einen Durchbruch vermieden werden und und andererseits individuell auf die für den betreffenden Bereich optimale Verdrahtungstechnologie (s. Kap. 4.4.3) übergegangen werden. Dem stehen erhöhte Kosten und Ausfallwahrscheinlichkeit durch zusätzliche Verbindungsstellen entgegen. Jedoch ist die zunehmende Modularisierung des Gesamtproduktes (vormontierbare Türen, Klappen, Cockpits im Kfz.-Bereich) diesem Ansatz förderlich. Der Übergang zu seriellen Übertragungstechniken wird hierdurch ebenso vorbereitet. Bild 4-17 veranschaulicht diese Möglichkeit an einem Pkw-Leitungssatz.

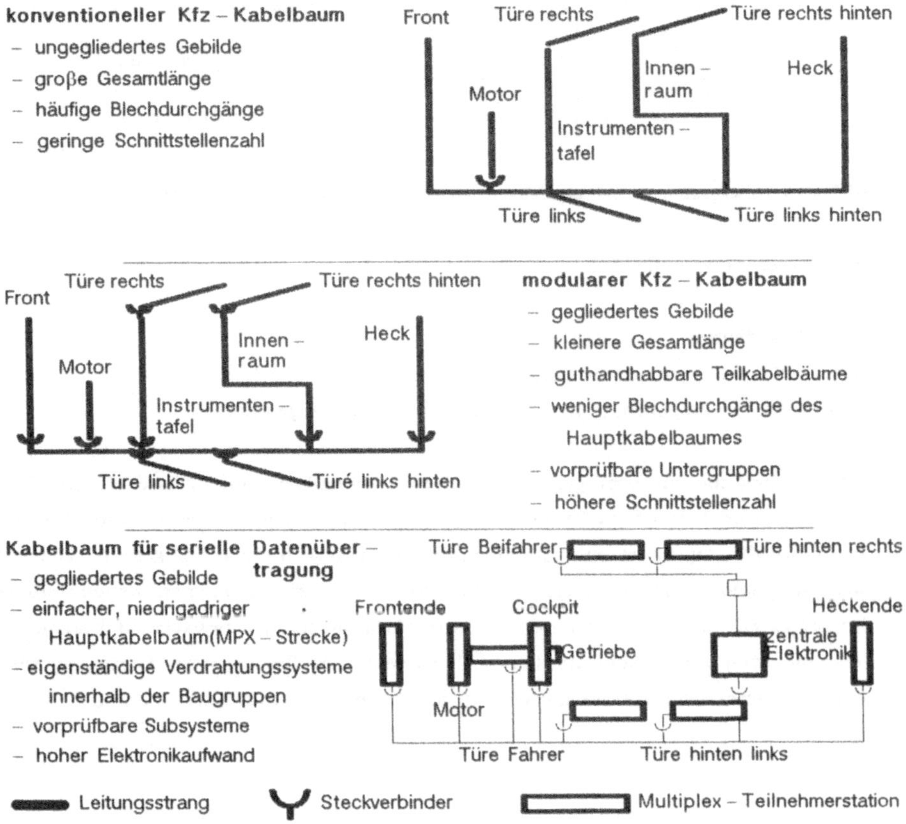

***Bild 4-17:** Modularisierte Struktur für die automatisierte Leitungssatzfertigung*

4.4.3 Montagefreundliche Leitungsalternativen

Auf Alternativen zum formlabilen Kabelbaum wurde bereits in Kapitel 2.4.2 hingewiesen. Es handelt sich hierbei um Systeme, welche sich durch ein– oder zweiachsige Formsteifigkeit auszeichnen und zum Teil den Steckverbinder als integralen Bestandteil besitzen.

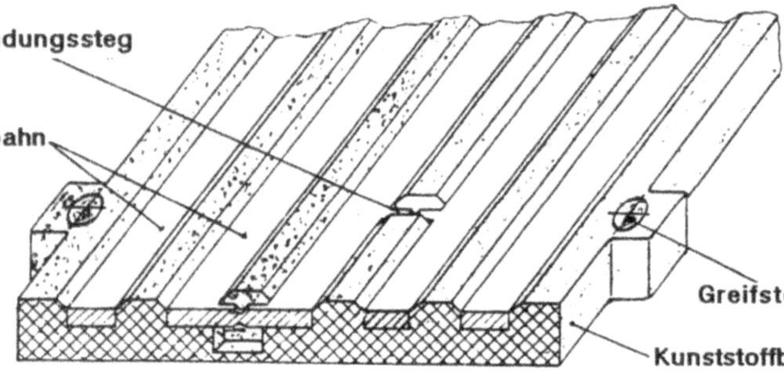

<u>Bild 4–18:</u> Ausgestanzte Leitungsbahnen für Leitungssatz in Layertechnik

Es sind dies im wesentlichen:

- Flachbandkabel
- gedruckte oder gestanzte Schaltungen auf Folienbasis
- gestanzte Leiterbahnen, in Layertechnik schichtweise angeordnet.

Die Entscheidung für oder gegen eine dieser Alternativen muß individuell getroffen werden. In Bild 4–18 ist ein Beispiel für Leitungssätze, welche aus Blech ausgestanzt und in Kunststoff eingebettet optimale Handhabbarkeit gewährleisten, dargestellt. Die aus Blech ausgestanzten gitterförmigen Leiterbahnen lassen sich durch die erhaltenen Verbindungsstege gut handhaben. Beim einsetzen in ein isolierendes Kunststoffbett werden die Stege durchtrennt und damit die Leiterbahnen vereinzelt. Bei geeigneter Gestaltung können die Leiterenden direkt als Element der Steckverbindung ausgebildet werden.

4.4.4 Voraussetzungen am Gesamtprodukt zur automatischen Montage von Kabelbäumen

Im Rahmen des Automatisierungskonzeptes für Kabelbäume wird auch die flexibel automatisierte Endmontage der Kabelbäume angestrebt. Dazu müssen die allgemeinen Regeln der Produktgestaltung /6,95,96/ auf die Verdrahtung angewandt werden. Die wichtigsten Anforderungen sind in Bild 4-19 dargestellt. Von größter Bedeutung ist dabei die offene Zugänglichkeit der Anschlußstellen für die Steckverbinder und die Verlegeweise der Leitungsstränge an der Objektoberfläche, nach Möglichkeit in einer Führungsrille. Das 'Verstecken' der Leitungsstränge in nahezu geschlossenen Hohlräumen ist automatisiert nicht möglich. Diese Funktion muß von einer - häufig bereits vorhandenen - Abdeckung erfüllt werden. Für die Steckverbinder ergibt sich daraus die zusätzliche Forderung nach möglichst flacher Bauweise über der Kabelebene.

Anforderungen an das Basisbauteil

- zugängliche Fügestellen
- gleiche Fügerichtung
- großer Fangbereich
- keine Hohlraummontagen
- keine Haken und ösen
- Möglichkeit nachtr. Abdeckung
- möglichst vertikale Flächenlage
- steife Anordnung der Buchsen

Bild 4-19: Forderungen an das Basisteil zur automatischen Endmontage von Kabelbäumen

5. Methoden zur rechnergestützen Erstellung der Fertigungsunterlagen

5.1 Hilfsmittel für Konstruktion und Arbeitsvorbereitung

5.1.1 CAD-Systeme

Für den Einsatz zur rechnerunterstützten Konstruktion von Kabelbäumen ist innerhalb der Aufgabenstellung ein geeignetes CAD-System vorzusehen. Um die am Markt befindlichen Systeme auf ihre Eignung und Leistungsfähigkeit hin zu untersuchen, wurde ein Pflichtenheft angelegt, das die vorgegebenen Funktions- und Betriebsforderungen enthält. Es umfaßt folgende, auf die geplante Anwendung abgestimmte Anforderungen:

- problemlose Integration in die vorhandene Systemumgebung zur Vermeidung von Insellösungen
- Rechnerhardware: Industriestandard, 32 bit - Prozessor
- offene Benutzerschnittstelle für die Integration von Benutzerroutinen in das System und Zugriff auf die Datenbasis aus Benutzerroutinen
- Schnittstelle für Datenaustausch mit anderen Rechnern und CAD-Systemen
- höhere Programmiersprachen für Benutzerroutinen
- komfortables Hilfsmittel für Variantenkonstruktion
- Definitionsmöglichkeit für aufgabenspezifische Konstruktionselemente, z.B. Stromlaufplansymbole, Funktionsgruppen, etc.
- einfache Handhabung, benutzerfreundliche Eingabe
- modularer Aufbau für spätere Systemerweiterungen und -anpassungen
- leistungsfähiges 2D-Modul, im Hinblick auf den speziellen Anwendungsfall
- ausreichende Präsenz am Markt bei günstigem Preis-/Leistungsverhältnis.

Die Forderungen 1 bis 3 sind spezifische Forderungen, die sich aus der jeweils vorhandenen Rechner- und Netzwerk-Hardware sowie aus dem speziellen Anwendungsfall ergeben. Die Forderungen 4 bis 11 sollen Benutzerfreundlichkeit und Leistungsfähigkeit des Gesamtsystems sicherstellen.

Anhand eines Marktspiegels /97/ wurden gängige CAD/CAM-Systeme miteinander verglichen /98/. Um eine weitgehend objektive Auswahl zu ermöglichen, wurden in einer Zielgrößenmatrix (Bild 5-1) die hier relevanten Systemmerkmale gegenübergestellt.

Systemmerkmale \ Anbieter	Appl Frankfu	14 McDonnel Douglas Köln	16 Matra Datavision München
Systembezeichnung	BRAVO	igraphics II	EUCLID
Systemtyp			
2-D-System	X		X
2 1/2-D-System			
3-D-System	X	X	X
Schnittstellen			keine Angaben
Benutzer-Schnittstellen		X	
standardisierte Schnittstellen	IGES/VDFAS	VDAFS , u.a.	
Kopplung zu and. Rechnersystemen	X	X	
Datenaustausch f. Roboterprogr.		X	
Progammiersprachen			
C		X	
Forth		X	
Pascal		X	
Assembler			
Fortran		X	X
Cobol		X	
MS Basic		X	
sonstige		X	
Modul f. Variantenkonstruktion		X	X
Systemeingabe			
alphanumerisch	X	X	X
Lichtgriffel	X		X
Funktionstastatur		X	
Steuerknüppel / Maus	X	X	X
Menüfelder	X	X	X
installierte Systeme i.d. BRD	>100	45	
Basispreis f. Einbenutzersystem	160000.-	0000.-	300000.-

Bild 5- 1: ***Zielgrößenmatrix zur Analyse von Systemmerkmalen***

Zur Unterstützung der Auswahl eines geeigneten CAD-Systems wurde eine gewichtete Punktebewertung durchgeführt /98,99/. Die im Pflichtenheft als Wunschforderungen festgelegten Systemmerkmale erhielten folgende Gewichtung:

Systemmerkmale M_i	Gewichtung g_i in %
Schnittstellen	30
Programmiersprachen	10
Variantenkonstruktion	10
Benutzerfreundlichkeit	20
Marktanteil	10
Preis	20
Summe g_i:	100

Systemmerkmale \ Varianten	Gewichtung g_i	1		14		15	
		Punkte p_i	Wer' p	ınkte p_i	Wertung p_i*g_i	Punkte p_i	Wertung p_i*g_i
Schnittstellen	3	2		5	15	-	-
Programmiersprachen	1	3		5	5	3	3
Variantenkonstruktion	1	5		5	5	5	5
Benutzerfreundlichkeit	2	4		4	8	4	8
Marktpräsenz	1	1		2	2	3	3
Basispreis	2	2		3	6	2	4
Nutzwert: $NW = \sum (p_i * g_i)$	$\sum = 100\%$	N		NW = 41		NW < 38	

Bild 5- 2: Gewichtete Punktbewertung der Systemmerkmale[12]

Die maximale Punkteanzahl pro Systemmerkmal wurde mit "5" festgelegt, die Punkte wurden entsprechend des Erfüllungsgrades der Pflichtenheft-Forderungen vergeben. Dabei kam der in Bild 5-3 dargestellte Punkteschlüssel zur Anwendung.

Nach Vergabe der Punkte p_i für die Isteigenschaften der Systemmerkmale M_i erfolgte die gewichtete Bewertung (p_i*g_i) und die Berechnung des Nutzwertes der einzelnen Systeme durch Addition der jeweiligen Bewertungen. Da bei der gewichteten Punktbewertung sowohl die Gewichtung der Teilziele als auch die Punktvergabe mit subjektiven Fehlern behaftet ist, sollte diese durch eine an die Bewertung anschließende Diskussion des Ergebnisses relativiert werden.

12 Da eine Wirtschaftlichkeitsrechnung für CAD-Systeme nur bezogen auf eine konkrete Konstruktionsaufgabe durchgeführt werden kann /98/, diese hier jedoch nicht vorliegt, wurde der Systempreis in die Nutzwertanalyse einbezogen, um diese Größe nicht völlig unberücksichtigt zu lassen.

Systemmerkmal M_i	Punkte p_i	Systemmerkmal M_i	Punkte p_i
Schnittstellen:		Marktpräsenz:	
– für jedes erfüllte Teilziel		– in der BRD installierte Systeme	
der Zielgrößenmatrix	1	1 – 20 Systeme	1
Programmiersprachen:		21 – 50 Systeme	2
– für PC – Sprachen	1	51 – 100 Systeme	3
– für eine höhere Sprache	3	101 – 250 Systeme	4
– für zwei höhere Sprachen	4	> 250 Systeme	5
– für mehrere höhere Sprachen	5	Preis in TDM:	
Variantenkonstruktion:		> 350	1
– für ein entsprechendes Hilfsmittel	5	bis 350	2
Benutzerfreundlichkeit:		bis 250	3
– je Teilziel der Zielgrößenmatrix	1	bis 150	4
		bis 70	5

Bild 5- 3: Punkteschlüssel zur Bewertung der Systemmerkmale

Bei dem hier beschriebenen Konstruktions- und Planungshilfsmittel wird das CAD-System Medusa /100/ zugrundegelegt. Dieses System stellt, begünstigt durch den modularen Aufbau, einige Hilfsmittel für die hier entwickelte Methode zur rechnergestützten Erstellung der Fertigungsunterlagen für die Kabelbaumherstellung zur Verfügung. Im vorliegenden Anwendungsfall sind drei Bausteine von großem Vorteil für den Benutzer.

Die Befehls- und Programmiersprache BaCIS

BaCIS ist eine Programmiersprache, die innerhalb sämtlicher MEDUSA-Programme verwendet werden kann. Ihr Erscheinungsbild ist dem von Basic ähnlich und wurde von CIS (Cambridge Interactive Systems) entwickelt /100/. Mit Hilfe von BaCIS lassen sich Medusa-Zeichenbefehle und Medusa-Systembefehle in Programmen miteinander verknüpfen, Kontrollstrukturen aufbauen und Benutzerführungen integrieren.

Der Sprachumfang umfaßt vom Benutzer definierte Variable, durch das CAD-Systemprogramm festgelegte System-Variable, arithmetische und logische Operatoren, Vergleichsoperatoren, Standardfunktionen, Block-IF-Strukturen, Schleifen und I/O-Anweisungen.

Der MEDUSA-Parametric-Baustein

Der Parametric - Baustein ist ein effektives Werkzeug für die Variantenkonstruktion. Er eignet sich für die Anwendung beim Zeichnen von Teilefamilien, Normteilen oder ganz allgemein für die Abwandlung (Parametrisierung, Variation) ähnlicher Geometrien.

Der Programmbaustein greift dabei auf die Bemaßung der gezeichneten Bauteile zu. Die Bemaßungen erzeugen ein Netz von Gitterlinien, das die Bauteilgeometrie festlegt. Nach Änderung der Maßzahlen kann aus der Mutterzeichnung eine neue Variante erzeugt werden. Dazu wird ein entsprechendes neues Gitterliniennetz errechnet und die Geometrie automatisch in das neue Gitter eingepaßt /100/.

Die Erstellung von Parametric-Mutterzeichnungen erfordert die strenge Einhaltung eines vorgegebenen Regelkataloges, um zweideutige Konstruktionen und dadurch Fehlinterpretationen durch das System zu vermeiden. Bild 5-4 zeigt die Mutterzeichnung eines einfachen Bauteiles und daneben das vom Parametric-Baustein erzeugte Gitterliniennetz.

Bild 5- 4: ***Prinzip der parametrisierten Konstruktion /100/***

Zur Erzeugung einer Variante werden nur die Maßzahlen in der Mutterzeichnung überschrieben. Das System erzeugt die Geometrie einschließlich Bemaßung der Variante.

Die MEDUSA - FORTRAN - Schnittstelle

Die FORTRAN-Schnittstelle bietet die Möglichkeit, mit Hilfe von FORTRAN-Programmen auf die Daten der MEDUSA-Zeichnungsdateien zuzugreifen. Diese lassen sich wiederum leicht in Programme höherer Programmiersprachen, z.B. Pascal, einbinden.

Dazu steht ein Paket von Subroutinen zur Verfügung, die den Zugriff auf eine Zeichnungsdatei, deren Elemente und Elementattribute ermöglichen. Mit diesen Routinen lassen sich sowohl Daten in eine Datei einfügen als auch extrahieren. Mit Hilfe sog. Plotterbewegungen kann mit entsprechenden Programmen und einer Datenbasis eine Zeichnungs-Datei erzeugt werden ohne daß der Benutzer interaktiv eingreift /100/ (Bild 5-5).

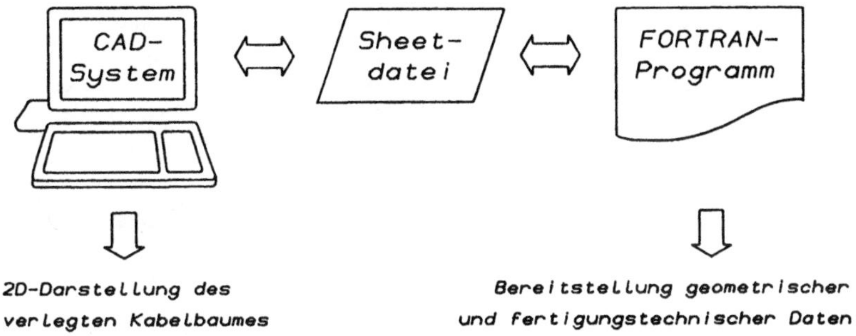

Bild 5- 5: Datenzugriff über die MEDUSA-FORTRAN-Schnittstelle

5.1.2 CAP-Systeme

Rechnergestützte Systeme für die Arbeitsplanung (CAP-Systeme) sind im Bereich der Teilefertigung bereits vielerorts im Einsatz. /22/ gibt einen Überblick über eine Auswahl derartiger Systeme. Deutlich geringer ist die Auswahl geeigneter Systeme für die Montageplanung /101,102/, besonders bei der Fertigungs- und Montageplanung von Kabelbäumen /28/. Neben der Planung des Montageablaufes und der Simulation des Prozeßverhaltens bei der Montage steht vor allem auch die Erstellung der Fertigungsunterlagen im Vordergrund.

Auf die in der Fertigungsplanung zu erstellenden Unterlagen wurde in Kap. 2.1 bereits ausführlich eingegangen. Ausgehend von den Konstruktionsunterlagen werden in der manuellen Fertigung Kabelbaumzeichnung, Arbeitsablaufpläne, Stückzahlvorgaben, Betriebsmittel- und Werkzeuglisten erstellt. Für eine flexibel automatisierte Fertigung mit hoher Umrüstflexibilität sind darüberhinaus Rüstpläne, Maschinenspezifikationen und Steuerprogramme notwendig. Bild 5-6 gibt die wichtigsten Planungsdaten mit ihren Datenquellen und ihrem Datenformat wieder.

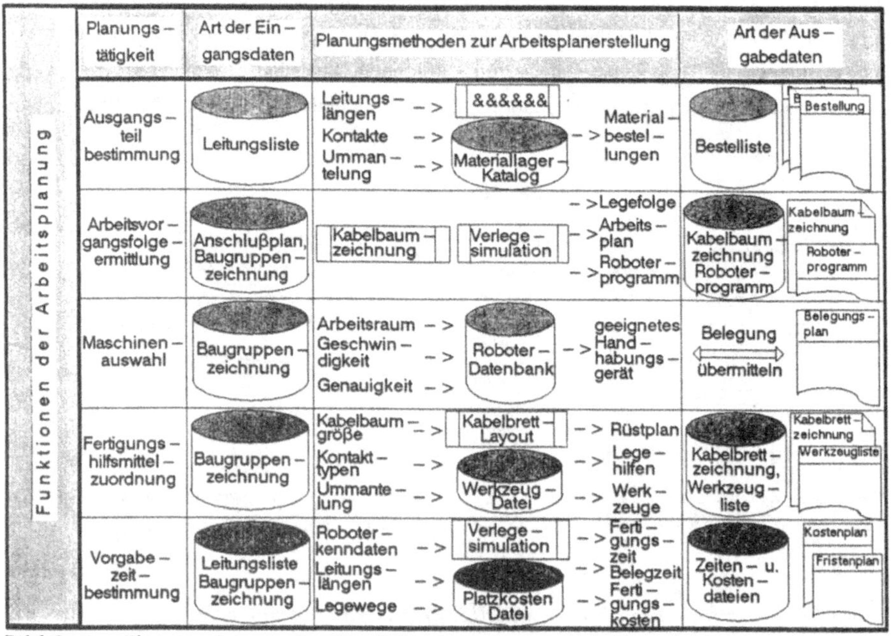

Bild 5-6: Planungsdaten in der flexibel automatisierten Kabelbaumfertigung

5.1.3 Rechnerkonstellation für den Datenverbund in der flexibel automatisierten Konstruktion und Fertigung

Die erfolgreiche Realisierung eines rechnerintegrierten Fertigungskonzeptes setzt das Vorhandensein leistungsfähiger Netzwerke zur Informationsverteilung im innerbetrieblichen Bereich und zum Datenaustausch mit anderen Firmen und Zulieferern voraus. Ziel ist die Einbindung von Automatisierungsinseln der einzelnen Betriebsbereiche in ein übergreifendes Informationsmanagement.

Übergeordnete öffentliche Großverbundnetze zur Datenfernübertragung stehen bereits zur Verfügung. Im Nahbereich wird für lokale Netzwerke z. B. Ethernet installiert, das die Kommunikation und gemeinsame Nutzung von Computerresourcen innerhalb eines begrenzten Arbeitsbereiches ermöglicht /103/.

Lokales Netzwerk zur integrierten Kabelbaumherstellung

Das durchgängige Automatisierungskonzept für die Kabelbaumherstellung und -montage erfordert den Datentransfer zwischen einem Leitrechner, einem Rechner im Konstruktionsbereich, einem Arbeitsplanungsrechner und der Fertigungszelle im Werkstattbereich, sowie den Zugriff auf gemeinsame Datenbanken.

Durch eine homogene Vernetzung aller Rechner ist es möglich, Daten zwischen den Rechnern beliebig auszutauschen. Hierzu wird eine Familie von Software-Produkten, Kommunikationshardware, Schnittstellen und Dienstprogrammen verwendet, die speziell entwickelt wurden, um Computersysteme aufbauend auf dem Ethernet-Standard miteinander zu verbinden /103,104/.

Mit Ethernet lassen sich Computer und Terminals über Koaxialkabel innerhalb eines geographisch begrenzten Arbeitsbereiches miteinander verbinden. Jedes der an Ethernet angeschlossenen Geräte hat Zugriff auf alle Betriebsmittel des Netzwerks. Zur Verbindung von Peripherie und Rechnern sind verschiedene Schnittstellen nötig. Für Netzwerkverbindungen von Rechnern sind zur Datenübertragung Schnittstellen mit entsprechenden Protokollen erforderlich. Mit DDCMP, dem Digital Data Communications Message Protocol /103/ steht ein Protokoll für die Übertragung von Daten zwischen den Rechnern des Netzwerks und den Robotersteuerungen zur Verfügung, das sich leicht in PASCAL-Prozeduren einbinden läßt.

Das so konfigurierte lokale Netzwerk verbindet Konstruktion, Entwicklung und Fertigung miteinander und ermöglicht damit den Datentransfer zwischen Rechnern und Robotersteuerung. Die Darstellung in Bild 5-7 zeigt den Idealfall. Für jedes Modul des Systems zur flexiblen, automatischen Kabelbaumherstellung ist eine eigenständige Maschine vorgesehen. Dies kann jedoch durchaus symbolisch verstanden werden, alle Teilprozesse können in der kleinsten Ausbaustufe auch auf einer u-Vax II mit einem alphanumerischen und einem graphisch-dynamischem Arbeitsplatz (USIS) betrieben werden.

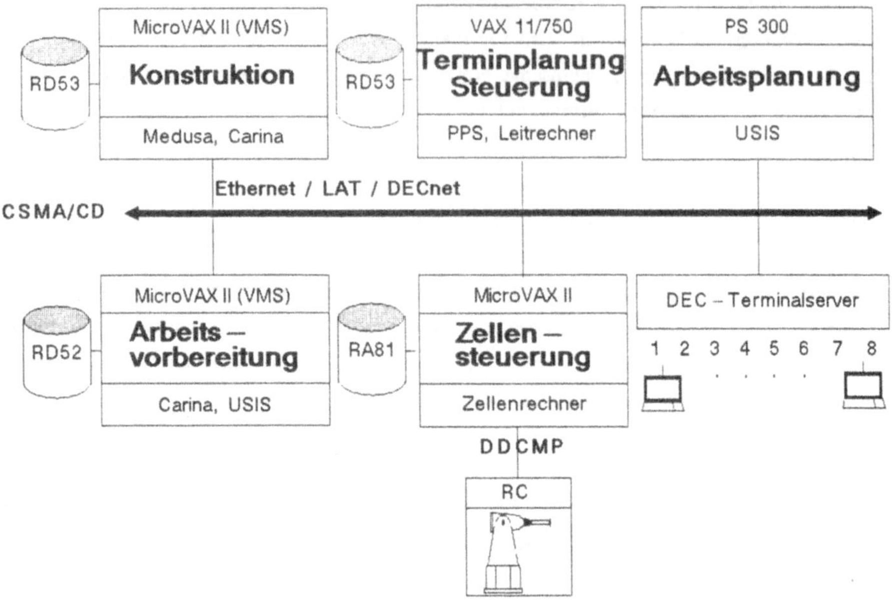

Bild 5- 7: Maximale Ausbaustufe des lokalen Netzwerkes für die Kabelbaumherstellung

Normen und Standards von Schnittstellen für den Datenaustausch

CAD/CAM-Systeme bieten je nach Ausstattung diverse Schnittstellen für Anwendungen, die innerhalb des Konstruktionsprozesses ablaufen oder diesem nachgeschaltet sind. Beispiele hierfür sind der Zugriff auf Datenbanken, FEM-Analyse, Entwurf- und Auswahlberechnung, Simulation, Erstellung von NC-Programmen und Datenaustausch mit anderen CAD-Systemen.

Da ein direkter Datenaustausch zwischen unterschiedlichen CAD-Systemen nicht ohne weiteres möglich, für umfassende CIM-Lösungen jedoch notwendig ist, bestehen seit einigen Jahren mehrere internationale Projekte zur Normung bzw. zur Definition von standardisierten, systemneutralen Schnittstellen /105,106/ (Bild 5-8). Ziel der Normierung ist ein Datentransfer mit Übertragungsprotokollen und Datenformaten, welche minimale Übertragungszeiten und eine Minimierung von Übertragungsfehlern zulassen.

Gegenwärtig existieren die in /105/ und /106/ beschriebenen Standards. Durch das Kommunikationsmedium Koaxial-Breitbandkabel und das eingesetzte Protokoll (ISO-Refe-

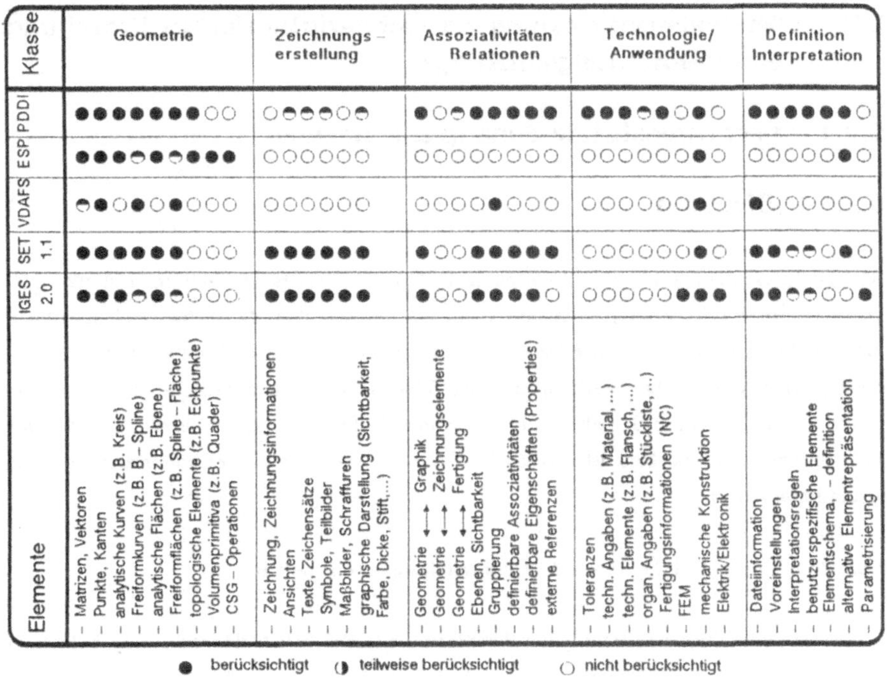

<u>Bild 5- 8:</u> ***Schnittstellen in CAD/CAM-Systemen /105/***

renzmodell) erhält das in Anlehnung an den MAP- Standard (Manufactoring-Automation-Protokoll) /107/ entwickelte TOP- Modell (Technical-Office-Protokoll) hohe Übertragungssicherheit und Systemverfügbarkeit und zählt deshalb zu den am meisten favorisierten Schnittstellen /107,108/. Durch die offene Struktur des verwendeten Netzwerkes und den modularen Aufbau des Kabelbaum- Fertigungssystems wurde der Forderung nach offenen, rechnerintegrierten Systemen Rechnung getragen.

5.2 Methodenentwicklung zur rechnerintegrierten Erstellung von Verdrahtungsunterlagen

5.2.1 Rechnergestützte Schaltplanerstellung

5.2.1.1 Strategie

Rechnerunterstützung bei der Schaltplanerstellung ist bereits vielfach im Einsatz /22/. Dabei diente der Rechner jedoch bisher nur als Zeichenhilfe, d.h. Schaltzeichen können meist in Menütechnik aus einer Datenbasis entnommen werden und im Schaltplan individuell plaziert werden. Die Verknüpfung der Schaltelemente kann dann mit einer Linienfunktion am Bildschirm erstellt werden. Der hohe Anteil an Routinetätigkeit, der für diese Vorgehensweise markant ist, verdeutlicht die Notwendigkeit eines andersartigen Konstruktionsablaufes.

Deshalb wird die Tätigkeit der Schaltplanerstellung zweigeteilt in:

- die routinemäßige Darstellung der Schaltzeichen und Schaltstrukturen bereits bekannter aktiver und passiver Elemente
- die kreative Entwicklung neuer Schaltelemente und Schaltstrukturen.

Ziel ist also nicht, den Konstrukteur einzuschränken, sondern ihm vermehrt Zeit für kreative Tätigkeit zu verschaffen. Der Konstrukteur wählt aus einem in der Datenbank vorhandenen Spektrum aktiver und passiver Schaltelemente die für seine Konstruktionsaufgabe spezifischen Elemente aus. Am Ende der Auswahlphase stellt der Rechner dem Konstrukteur diese Schaltelemente in einer Funktionstabelle dar, wobei alle Schaltzustände des aktiven Elementes den möglichen, funktionsrichtigen Zuständen der passiven Elemente gegenübergestellt werden. Der Konstrukteur kann nun auf einfache Weise die individell zu entscheidende Zuordnung treffen. Aufgrund dieser Angaben und zusätzlich implementierter Zeichnungsregeln ist der Rechner in der Lage, selbstständig den erforderlichen Stromlaufplan darzustellen (Bild 5-9). In dieser Zeichnung ist es dem Konstrukteur möglich, mit einer Editierfunktion nachträglich Änderungen einzubringen. Die dadurch eingesparte Zeit kann darauf verwendet werden, neue elektrische Bauelemente zu entwickeln und in die Datenbank einzugeben. Zur einfachen und vollständigen Eingabe aller Daten ist ein Lernmodul zur Erweiterung des implementierten Regelwerkes erforderlich.

Allgemein formuliert beschreibt der Konstrukteur dem System lediglich die Anforderungen an das Endprodukt und die auferlegten Restriktionen. Da er dies durch verbale Benennung der Elemente und durch verbale Formulierung der Verknüpfungsvorschrift tut, kann diese Struktur auch als Sprachmodell des Stromlaufplanes bezeichnet werden (s. Bild 5–9, oben). Das System schlägt daraufhin, unter Verwendung der ihm bekannten Zusammenhänge (Regeln) geeignete Funktionsprinzipien und Konstruktionszeichnungen vor /109/ (Funktionsmodell). Zu diesem Zweck werden in der Datenbasis den graphischen und geometrischen Fakten, welche sich nur auf den abgegrenzten Bereich der Symboldarstellung beziehen, Regeln zu ihrer Verknüpfung zugeordnet. Die Datenstruktur der Normteile besteht damit aus dem zeichentechnischen, dem logischen und dem physikalischen (s. u. Kap. 5.2.2.3) Informationsinhalt. Damit gelingt es, mit Hilfe eines Schlußfolgerungssystems automatisch den Stromlaufplan als Funktionsmodell des in der Konstruktionsaufgabe definierten Produktes zu generieren /110,111/.

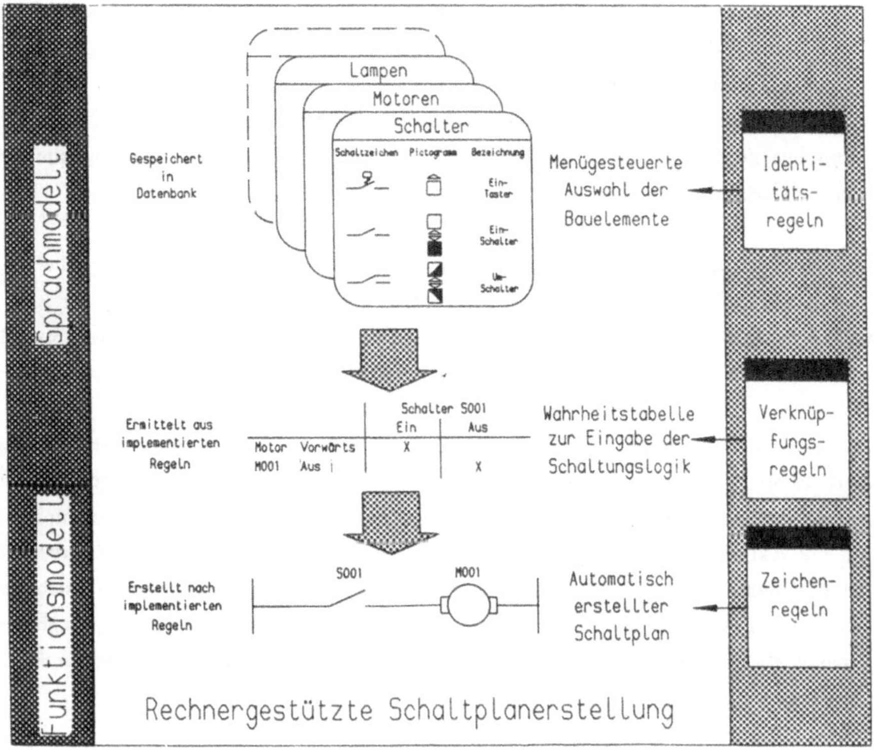

Bild 5– 9: ***Strategie zur rechnergestützten Stromlaufplanentwicklung***

Der Stromlaufplan ist also eines der drei Produktdarstellenden Modelle (PDM), die nach /86/ in Form von Sprach-, Funktions-, oder Gestaltmodell als Hilfsmittel in der Konstruktion dienen. Bisher begann die Rechnerunterstützung in der Konstruktion erst auf der Stufe der Funktionsmodelle. Der Schritt vom Sprach- zum Funktionsmodell wurde rein manuell, bzw. mit einer Zeichenhilfe (CAD) durchgeführt. Während das Sprachmodell für den Menschen die einfachste Möglichkeit darstellt, ein technisches Gebilde zu definieren, ist es für den Rechner solange in der ursprünglichen Form ungeeignet, wie die Zahl der Worte nahezu uneingeschränkt ist und mit dem Sprachmodell aufgrund des naturwissenschaftlich-technischen Wissens vom Menschen zusätzliche, nicht direkt definierte Eigenschaften assoziiert werden. Einen Ausweg aus diesem Dilemma, aus einem vieldeutigen, komprimierten produktdarstellenden Modell eindeutige produktdefinierende Daten (PDD) /86/ zu erzeugen, liefert folgender Ansatz:

- Die Sprachvielfalt wird durch Menütechnik auf das erlaubte Maß an Begriffen, die für den Benutzer transparent sind, eingeschränkt (Rastern der Wortvielfalt). Im Gegensatz zur Kommandoeingabe sind damit die zulässigen Worte für das Sprachmodell auch für den Laien immer präsent.
- Die menschlichen Assoziationen werden von dem System durch das zu den Begriffen abgespeicherte Wissen nachvollzogen. Dies kann nur für fachlich korrekte, logische Zusammenhänge gelten.

Der Deckungsgrad menschlicher und maschineller Assoziation wird durch graphische Unterstützung in der sprachlichen Produktdefinition erhöht. Das Prinzip ist hier: der Rechner fragt und antwortet textuell, evtl. graphisch unterstützt, der Mensch antwortet textuell oder durch Deuten.

Ein wesentlicher Punkt bei der Schaltplanentwicklung ist der Zusammenhang zwischen Aktion und Reaktion der Schaltelemente. Dem System muß bekannt sein oder mitgeteilt werden, welche Bedingung ein aktives Element erfüllen muß (z.B. Schalter geschlossen), um eine Aktion am passiven Bauelement (Lampe leuchtet) auszulösen. Ein häufig verwendetes Hilfsmittel zur Darstellung dieser Zusammenhänge sind Entscheidungstabellen /112,113/. Diese finden auch hier ihre Anwendung, werden jedoch Wahrheitstabellen genannt, da sie den Wahrheitsgehalt einer Bedingungskombination in der logischen Schaltung wiedergeben.

5.2.1.2 Datenstruktur

Eine zur Erfüllung obiger Strategie notwendige Datenstruktur muß aus den zwei folgenden grundsätzlichen Subsystemen bestehen (Bild 5-10):

In der Konstruktionsdatenbasis sind auftragsneutral alle bekannten Schaltungselemente mit ihrem Funktionsverhalten, ihren Bezeichnungen, ihren Schaltzeichen, Anschlußklemmen, der Klemmenbelegung und den Relationen zu ihren technisch-physikalischen Funktionsträgern abgespeichert. Außerdem verfügt die Konstruktionsdatenbasis über Fakten und ein Regelwerk zur Identifikation von elektrotechnischen Bauelementen, zur Bemessung elektrischer Verbindungen und zur Erstellung der einschlägigen Zeichnungen. Die Konstruktionsdatenbasis dient als Datenquelle bei der Erstellung neuer Schaltpläne für ein Produkt. Sie dient als Datensenke - d.h. sie muß mit Information gefüllt werden - bei der Entwicklung eines neuen Schaltelementes. Zur Erhöhung des Komforts kann eine dritte Funktion von der Konstruktionsdatenbasis ausgeübt werden: die Erklärung bestimmter Sachverhalte, falls sie von einem Benutzer abgefragt werden.

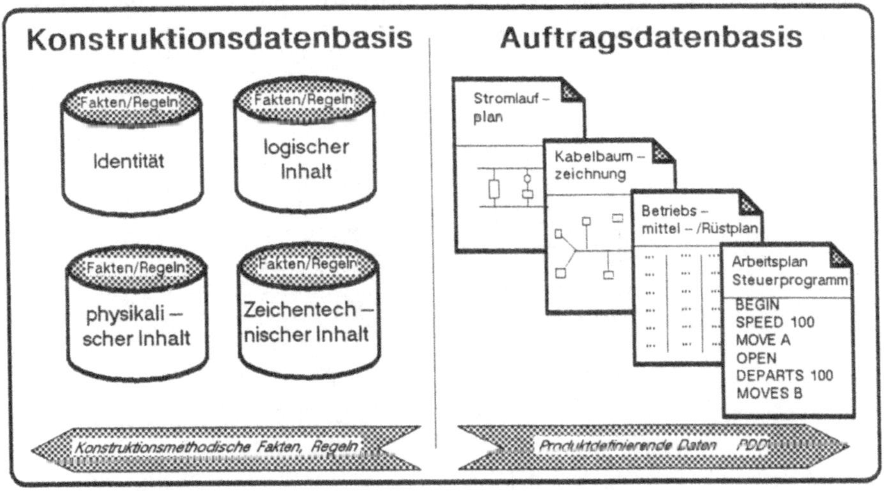

<u>Bild 5-10:</u> Struktur des Datenbestandes für die automatische Kabelbaumherstellung

In der Auftragsdatenbasis werden alle auftragsbezogenen Daten eines Herstellungsvorganges gehalten. Mit der Erteilung des Kundenauftrages wird der Datensatz angelegt und beinhaltet im wesentlichen Stromlaufplan, Stückliste (Leitungsliste), Klemmenplan,

Kabelbaumzeichnung, Stückzahlen, Termine und Steuerprogramm für den Industrieroboter. Darüberhinaus geht aus ihr der aktuelle Bearbeitungsstand des Auftrages hervor. Prüfprotokolle werden nach der Endkontrolle des Kabelbaumes ebenfalls dem Datensatz zugeordnet. Beide Bereiche sollten sinnvoll permanent in einer Datenbank der Datenverarbeitungsanlage verfügbar sein.

5.2.1.3 Konstruktionsdatenbasis

Die Aktionen bei der Erstellung des Stromlaufplanes leiten sich aus einem in der Konstruktionsdatenbasis verankerten Regelwerk her. Dies ist in Bild 5–11 auszugsweise in vereinfachter Form dargestellt. Im Beispiel von Bild 5–11 ist der Funktionsmechanismus für die Plazierung der Bauelemente auf dem Schaltplan zu erkennen. Hierfür sind verschiedene Normen und Regeln vorhanden, welche je nach Anwendungsfall zur Geltung kommen. Darüberhinaus verfügt der Konstrukteur über gewisse Freiheiten bei der Plazierung der Bauelemente. Die heuristischen Entscheidungsprozesse bei der Festlegung der Position müssen daher ebenfalls in Form von Metaregeln formuliert und von dem Konstruktionssystem nachvollzogen werden.

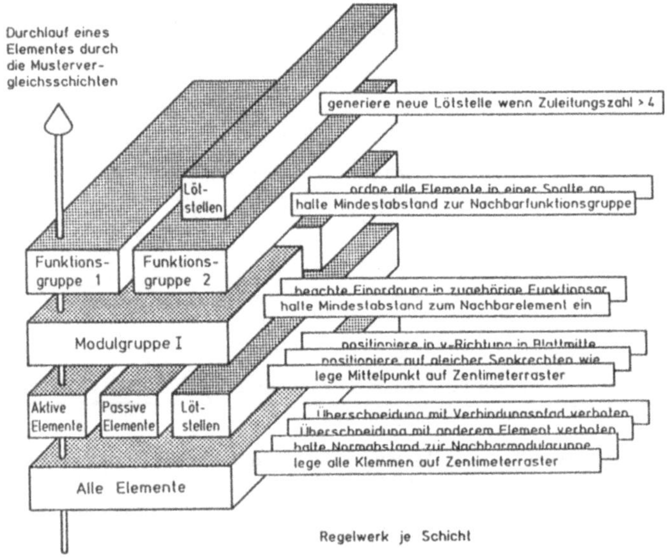

<u>Bild 5–11:</u> Regeln zur Erstellung eines Stromlaufplanes

Für die schnelle Auswahl und Anwendung der zutreffenden Regeln werden diese im Voraus zu Gruppen zusammengefaßt, die für Bauelemente gelten, welche eine oder mehrere Bedingungen gleichermaßen erfüllen. Diese Gruppen lassen sich in parallelen und hierarchischen Schichten darstellen (vgl. Bild 5–11). Jedes Element, welches in der Zeichnung plaziert werden soll, muß einen senkrechten Weg durch diese Schichten finden, auf dem die Merkmale der durchlaufenen Schichten mit seinen spezifischen Merkmalen übereinstimmen. Die Summe der Regeln aus diesen Schichten gelten für den entsprechenden Fall. Im Beispiel nach Bild 5–11 sind in der untersten Schicht die Regeln zusammengefaßt, welche für alle Bauelemente Gültigkeit besitzen, im linken Block der zweiten Schicht sind jene zusammengefaßt, welche darüberhinaus nur für aktive Elemente, z.B. Schalter gelten.

Neben dem Regelwerk sind Aktionen, welche in starrer Form bei der Stromlaufplankonstruktion immer wiederkehren, in algorithmischer Form dargestellt. Von besonderer Bedeutung ist der Algorithmus zur Erstellung der Verbindungslinien zwischen den Klemmen der ausgewählten und plazierten Schaltzeichen. Hier sind aus der Leiterplattenentwicklung bereits sog. Routingverfahren bekannt /114/; da in diesem Fall jedoch – im Gegensatz zu /114/ – Kreuzungen der Kabelwege und innere Hindernisse zulässig sind, wurde hierzu, auch wegen der Kompatibilität des Datensatzes, ein eigenes, einfaches Verfahren entwickelt. Die grundsätzliche Struktur dieses Verfahrens ist in Bild 5–12 (s. S. 96) dargestellt.

In einem ersten Schritt müssen die nach Maßgabe der Wahrheitstabelle (Bild 5–12) zu verbindenden Klemmenpaare zweier Funktionselemente bestimmt werden. Dazu sind zwei prinzipielle Möglichkeiten vorhanden /109/:

- **Vorwärtsverkettung:** Hier wird versucht, systematisch alle Kombinationen zu verifizieren, solange bis die vorgegebene Wahrheitstabelle erfüllt ist. Nach den Gesetzen der Kombinatorik sind bei der Verknüpfung eines Elementes mit n Klemmen mit einem Element mit r Klemmen $n! / (n-r)!$ Variationen möglich. Bei zwei Elementen mit 20 und 10 Klemmen sind dies in der Größenordnung von 10^{10} Variationen. Im schlechtesten Fall müßten alle Kombinationsmöglichkeiten überprüft werden.
- **Rückwärtsverkettung:** Man sucht gezielt ein Klemmenpaar, das von vorne herein eine logische Aussage der Wahrheitstabelle erfüllen kann (Hypothese) und testet anschließend alle anderen Klemmenkombinationen auf alle vorgegebenen Verknüpfungen.

Zur Demonstration des Prinzips ist in Bild 5–12 ein Schalter mit drei Schaltstellungen und fünf Klemmen und ein Motor mit zwei Funktionen und zwei Klemmen dargestellt. Der

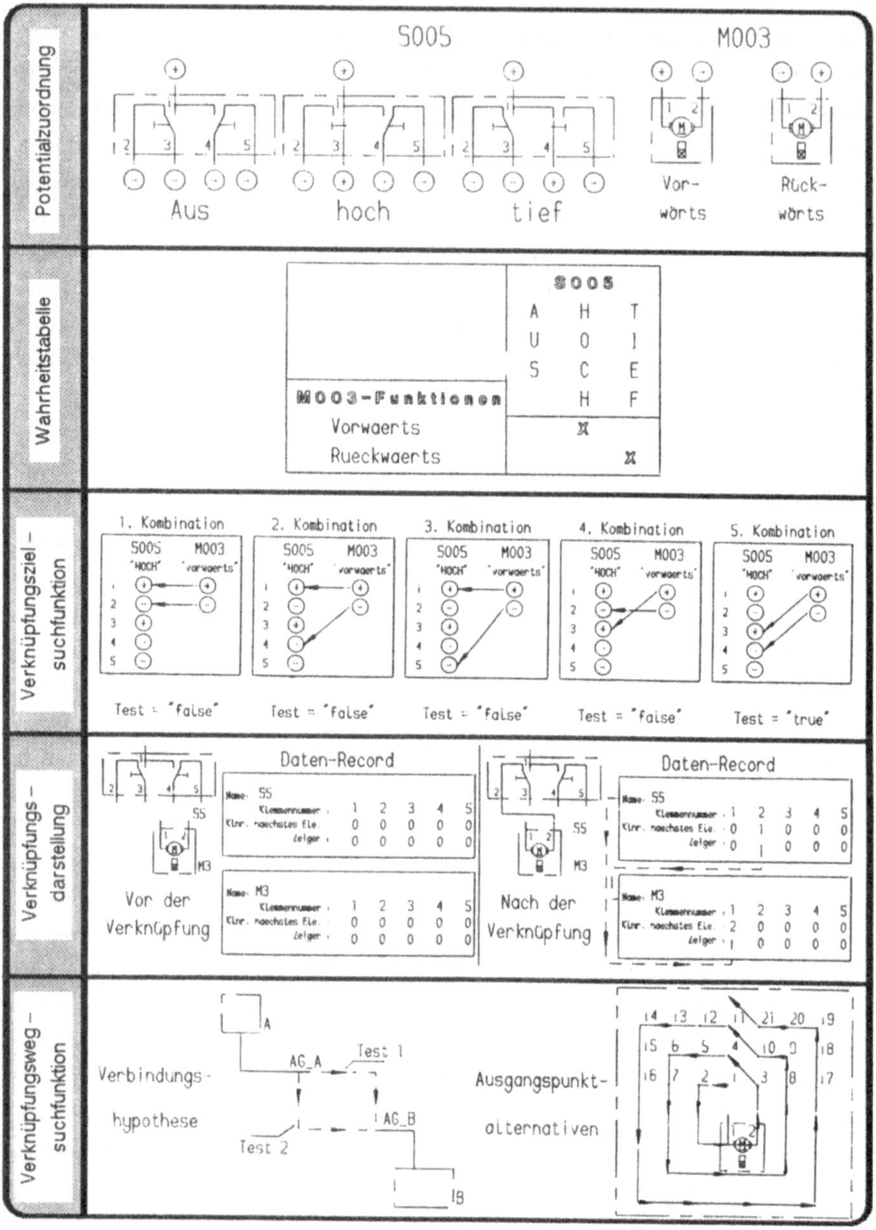

Bild 5-12: ***Verfahren zur automatischen Generierung der Klemmenverbindungen in Stromlaufplänen***

Zusammenhang zwischen Klemmenpotential und Schaltstellung bzw. Funktion ist in der Datenbasis hinterlegt. Wird nun die Wahrheitstabelle hinzugezogen, so sind alle Bedingungen für die richtigen Verbindungen bekannt. Die Suchfunktion belegt nun hypothetisch die Klemme 1 des Schalters mit der Klemme 1 des Motors und Klemme 2 des Schalters mit der Klemme 2 des Motors, da dies das erste gültige Wertepaar für die Schalterfunktion "hoch" ist. Da der Test der anderen Schalterstellungen in dieser Kombination negativ endet, wird nach einer vorgegebenen Strategie umbelegt, bis die richtige Kombination gefunden ist.

Die Informationen über die gefundenen Verknüpfungen müssen nun rechnerintern dargestellt werden. Da sie jedoch fallspezifisch sind, sind sie nicht Bestandteil der permanenten Datenbasis. Sie werden vielmehr später in graphischer Form im Stromlaufplan dargestellt. Bis zu diesem Zeitpunkt werden die Verknüpfungen in Form von Zeigerstrukturen im flüchtigen Speicher der Datenverarbeitungsanlage gehalten, um bei Erstellung des Stromlaufplanes keine Redundanz zu erzeugen (Bild 5-12).

Nachdem die Bauelemente auf dem Stromlaufplan plaziert wurden (gemäß Bild 5-11), kann der Verknüpfungsweg ermittelt werden. Das dazu entwickelte Verfahren ermittelt systematisch alle möglichen Kabelwege und grenzt hieraus den kürzesten Weg mit der geringsten Zahl an Knicken ab. Dabei werden die gefundenen Wege auf ihre Zulässigkeit nach Maßgabe der hinterlegten Konstruktionsregeln überprüft.

Das Verfahren geht aus der Auswertung bestehender Stromlaufpläne heraus von der Hypothese aus, daß die Klemmen zweier Elemente mit maximal sechs Geradenstücken verbunden werden können, weil sonst die Zeichnung überfüllt wird und deshalb eine günstigere Plazierung der Bauelemente erstrebt werden muß. Es werden nun in der Austrittsrichtung der Verbindungspfade aus den Klemmen sog. fliegende Ausgangspunkte "AG" definiert, die danach über zwei Schenkel eines Rechtecks verbunden werden. Daraufhin werden die Geradenstücke zwischen Klemmen und "AG", danach die beiden Rechteckschenkel auf Kompatibilität mit den Konstruktionsregeln hin untersucht. Werden hiervon Konstruktionsverbote berührt, so werden erst die beiden Rechteckschenkel vertauscht und danach die Ausgangspunkte nach dem in Bild 5-12 beschriebenen Verfahren verschoben, solange bis eine Kombination alle Konstruktionsregeln erfüllt.

5.2.1.4 Auftragsdatenbasis

Um den Konstruktionsprozeß bis zur Darstellung des Funktionsmodelles weitgehend automatisieren zu können, wurde eine Formalisierung der Konstruktion in diesem Bereich der elektrotechnischen Entwicklung durchgeführt. Die fünf Grundfunktionen des Systems sind im Bild 5-13 zusammen mit einem Anwendungsbeispiel dargestellt. Die Struktur des Systems zur Stromlaufplankonstruktion ist im interaktiven Bereich in Menütechnik aufgebaut, um dem Benutzer komfortables Arbeiten zu ermöglichen.

Definitions – phase	Spezifikationen des auzuwählen – den Elementes werden detailliert
Identifikations – phase	Bauteil wird aufgrund der Anga – ben in der Datenbasis identifiziert
Verknüpfungs – phase	Bauteile werden über die Wahr – heitstabelle logisch verknüpft
Test – phase	Verknüpfungen werden auf elek – trische Funktionsfähigkeit geprüft
Darstellungs – phase	Bauelemente werden auf der Zeichnung plaziert und verbunden

Bild 5-13: Struktur des Systems zur automatischen Schaltplanerstellung

Das Ergebnis der Schaltplanerstellung, eine Zeichnungsdatei, mit dem vollständigen Schaltplan und einer angegliederten Leitungsliste (Stückliste) - wird unter einem Namen, der vom System auf Eindeutigkeit hin überprüft wird, in der Auftragsdatenbasis abgespeichert. Der Dateiname wird gleichzeitig in dem Auftragsdatensatz-Kopf zusammen mit der Versionsnummer eingetragen. War bisher noch kein Eintrag vorhanden, so ist dies ein neu erstellter Schaltplan und bekommt die Versionsnummer eins. Sonst wird die Versionsnummer um eins erhöht und die Datei nach einer Warnung unter dem Namen abgespeichert, der bereits im Datensatz-Kopf eingetragen war. Ziel dieser Vorgehensweise ist es, eindeutige Daten ohne Redundanz vorliegen zu haben. Mehrdeutigkeiten bei späterem Zugriff im Änderungsdienst werden ausgeschlossen.

5.2.2 Rechnergestützte Erstellung der Kabelbaumzeichnung

Ausgehend von der Datenbasis, die nach der Erstellung des Stromlaufplanes zur Verfügung steht, wird mit Hilfe des CAD-Systems in mehreren Zwischenschritten eine 2D-Zeichnung des auf dem Kabelbrett verlegten Kabelbaumes erzeugt. Die 2-D-Darstellung ist sinnvoll, da die Verlegung des Kabelbaumes auf dem Kabelbrett nur in einer dazu parallelen Ebene erfolgt und die Menge der zwischen den Rechnern zu übertragenden Daten wegen des zeitintensiven Übertragungsprotokolles möglichst klein sein sollte. Bild 5-14 erläutert Ablauf und Datenfluß innerhalb der rechnergestützten Kabelbaum-Konstruktion. Der Grundgedanke ist, die spezifischen Daten auf ein Minimum zu komprimieren um sie nach dem Transfer vom nächsten Datenverarbeitungs-Modul durch geeignete Interpretation auf das notwendige Maß zu erweitern.

5.2.2.1 Ableitung von Basisdaten aus dem relevanten Schaltplan

Aus dem erstellten und ggf. mehrfach geänderten Stromlaufplan werden von dem Konstruktionsmodul je eine Datei VER.DAT und PFAD.DAT erstellt, welche die Zahl der Verbraucher und die Zahl der Klemmen je Verbraucher sowie deren Verbindungsziel beinhalten. Dazu dient eine Routine, welche das entsprechende Schaltplan- Zeichnungsblatt nach charakteristischen Daten absucht und bei Auffinden eines Verbrauchers dessen relevante Daten einträgt. Das Datenformat vom Typ "TEXT" wurde gewählt, da in Textdateien

- für Programme unterschiedlicher Sprachen ein problemloser Zugriff möglich ist
- gemischte Datentypen möglich sind
- die Daten leicht von Menschen lesbar sind
- die Daten im Testfall auch interaktiv mit Hilfe eines Editors zugänglich sind
- die Daten in der ASCII-Darstellung weitgehend unabhängig von dem Rechensystem sind.

Aus dieser Datei erstellt das Programmsystem in einem ersten Schritt einen sog. Normkabelbaum - ein Kabelbaummodell mit der korrekten Topologie, aber den normierten Abmessungen "1". Dieser wird auf MEDUSA- Ebene als Zeichnungsdatei erzeugt und dem Konstrukteur auf dem Bildschirm dargestellt (Bild 5-14, s. S. 101). Die Verbraucher werden mit ihrem Namenskürzel dargestellt, die Schnittstelle des Kabelbaumes zu einem anderen oder zu einem Versorgungsaggregat wird mit Wurzel "WUR" bezeichnet.

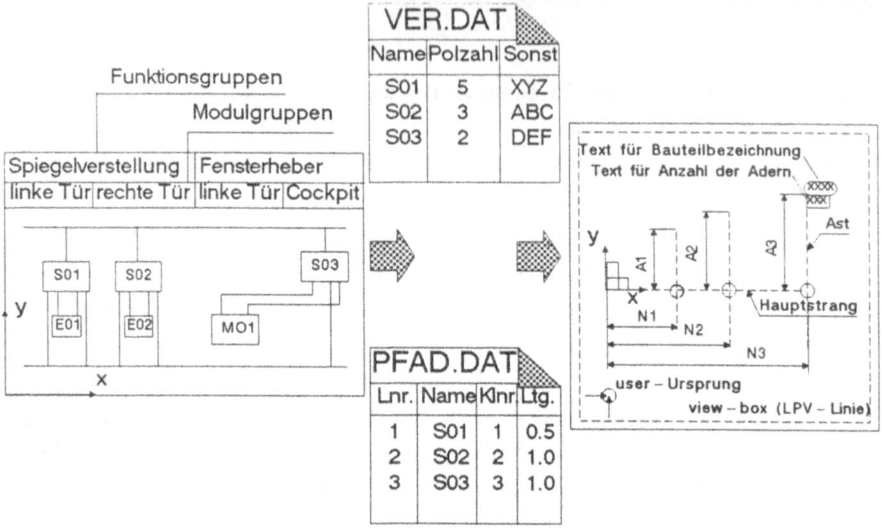

Bild 5–14: Übergabedaten aus der Schaltplankonstruktion und Normkabelbaum

5.2.2.2 Geometrieeingabe

Durch Hinzufügen von Geometriedaten zu der Normkabelbaum-Struktur wird ein Kabelbaum-Modell in realen Abmessungen entwickelt und am CAD-System dargestellt. Für die Eingabe der Geometrie bestehen grundsätzlich zwei Möglichkeiten:

- Interaktive numerische Eingabe :
  Der Konstrukteur kann durch Start einer Programmroutine den Normkabelbaum mit den notwendigen Geometriedaten versehen und damit zum realen Kabelbaum strecken. Das geschieht derart, daß der Konstrukteur den Platzhalter der entsprechenden Maßzahl mit dem Fadenkreuz anwählt und das gewünschte Maß eingibt. Eingabe einer negativen Zahl führt zum Strecken des Astes in die entgegengesetzte Richtung. Ermöglicht wird diese Vorgehensweise durch die parametrisierte Darstellung des Normkabelbaumes (MEDUSA-Parametric-Modul).

- Einbindung des Simulationssystems "USIS" /102/:
  Die interaktive Eingabe kann erst erfolgen, wenn der Konstrukteur von dem genauen Verlegeweg des Kabelbaumes Kenntnis hat. Dazu sind genaue Konstruktionszeichnungen des Produktes und ein hohes räumliches Vorstellungsvermögen oder ein Prototyp des zu verkabelnden Produktes erforderlich. Da beides erst zu einem späten Zeitpunkt

in der endgültigen Form vorhanden ist, bietet es sich an, die dreidimensionale Darstellung des Produktes am graphischen Bildschirm zu benutzen, um die Verlegewege festzulegen und zu vermessen. Ein geeignetes System zur Durchführung dieser Möglichkeit ist das Simulationssystem USIS /101/. Dieses eigentlich zur Roboter- Bewegungssimulation konzipierte System läßt auch das simulative Abfahren der Verlegewege mit einem Roboter zu und bietet die Möglichkeit, die dabei aufgenommenen Bewegungsbahnen als Kabelbaumlängen in das Konstruktionssystem zu übernehmen.

Das Ergebnis dieser Dateneingabe ist eine Zeichnungsdatei mit dem "gestreckten" Kabelbaum (s. Bild 5-16 oben, S.105). Deren Name wird im Auftrags- Datensatz eingetragen.

5.2.2.3 Berücksichtigung von physikalischen Daten

Zusätzlich zu den logischen Daten des Schaltplanes und den Geometriedaten sind Daten zur Sicherstellung der elektrischen Kabelbaumfunktion zu berücksichtigen. Dabei handelt es sich im wesentlichen um drei Informationsgruppen:

- Bemessung der Leitungsquerschnitte
- Auswahl des geeigneten Steckverbinders
- Angabe der benötigten Ummantelung.

Die beiden ersten Punkte können vom Rechner selbsttätig ausgeführt werden. Da durch die Eingabe des Verbrauchers im Schaltplan auch die ihn durchfließende Stromstärke bekannt ist, kann auf die Belastung der einzelnen Strompfade geschlossen werden. Nach der einfachen Faustformel:

$$\text{Stromstärke } /A/ * 0.1 = \text{Querschnitt } /mm^2/ \qquad \text{(Gl 7)}$$

welche allgemein in den Konstruktionsbüros der Industrie angewendet wird, mit dem Ziel, die Leiter für geringe Erwärmung und geringen Spannungsabfall zu bemessen, kann der Querschnitt berechnet werden. Auch genauere Bemessungsverfahren /92/ können rechnerintegriert angewendet werden. Mit der Information über Polzahl des Stranges und Strombelastung der Leitungen kann aus Tabellen der geeignete Steckverbinder (siehe Kap. 4.4.1) ausgewählt werden.

Die Angabe der benötigten Ummantelung geschieht interaktiv, da kein Algorithmus erstellbar ist, der die von den konstruktiven Randbedingungen des Gesamtproduktes abhängigen Schutzmaßnahmen für den Kabelbaum ermitteln kann. Es erscheint jedoch langfristig auch hier sinnvoll, Erfahrung und Heuristik durch Regeln wiederzugeben, welche aufgrund wiederholter Frage nach der Belastung des Gesamtproduktes und durch Vergleich mit der gewählten Ummantelung eine quasialgorithmische Bearbeitung dieses Problemes ermöglichen.

Die mit Hilfe der Datei VER.DAT (s. Bild 5-14, S. 100) aus dem Stromlaufplan übermittelten Verbindungsadern zwischen den Verbrauchern werden nach laufender Nummer als Verbindungsliste zusammen mit Querschnitts- und Codierungsangaben im technischen Schriftfeld des Zeichnungsblattes eingetragen.

5.2.2.3 Erweiterung der Datenbasis

Im vorhergehenden Schritt wurde die Koppelung der Geometriedaten und physikalischen Daten mit den Schaltungsstrukturen des Schaltplanes vollzogen. Die dadurch entstandene Zeichnungsdatei wird als weiterer Datenträger in die Datenbasis eingebunden. Organisatorisch wird dies durch den Eintrag des SHEET-Dateinamens in den Auftragsdatensatz-Kopf zusammen mit einer Versionsnummer durchgeführt. Dabei wird der vergebene Dateiname automatisch auf Eindeutigkeit überprüft. Dieser Eintrag dient zum einen als Hinweis dafür, ob für den entsprechenden Auftrag bereits eine Kabelbaumzeichnung erstellt wurde und zum anderen für einfaches Auffinden der Zeichnung in der Datenbasis zu einem späteren Zeitpunkt.

5.2.3 Automatische Erstellung der Fertigungsunterlagen

5.2.3.1 Berücksichtigung werkzeugspezifischer und peripherieabhängiger Daten

Zur störungsfreien Fertigung des Kabelbaumes mit den vorhandenen Fertigungsmitteln ist die Abstimmung der Zeichnungsvorgaben mit den Gegebenheiten der Fertigung erforderlich. Um bereits in der Planungsphase hohe Kongruenz zwischen Kabelbaumzeichnung und Realität zu erhalten, ist eine zweidimensionale Simulation der Verlegeform nötig.

"Simulation ist die Nachbildung eines dynamischen Prozesses in einem Modell, um zu Erkenntnissen zu gelangen, die auf die Wirklichkeit übertragbar sind."/115/

In diesem Fall sollen Kenntnisse zu zwei Fragen gewonnen werden:

- Wie groß ist der Platzbedarf zum Verlegen des Kabelbaumes (Kabelbrettbemessung)
- In welcher Reihenfolge müssen die Adern verlegt werden (Legezeitminimierung)

Durch geeignete Übertragung der Kabelbaum- und Peripherie- Komponenten auf ein rechnerinternes Modell der Fertigungsumgebung kann automatisch, ohne interaktiven Eingriff, ausgehend von der Datenstruktur des gestreckten Kabelbaumes, die Simulation der Kabelbaumverlegung auf einem Kabelbrett mit vorgegebenen, begrenzten Abmessungen durchgeführt werden. Das physikalische Verhalten des Kabelbaumes an den Knickstellen muß dazu mathematisch beschrieben und berücksichtigt werden.

Das Kabelverlegebrett besteht in Anlehnung an die konventionelle Kabelbaumfertigung aus einer Platte, welche mit Bohrungen im versetzten Rastermaß versehen ist. Auf diesem Verlegebrett sind die Legehilfen entsprechend dem Rastermaß konfigurierbar. (Bild 5-15)

Bild 5-15: CAD-Darstellung, rechnerinternes Modell und Verlegebrett eines Kabelbaumes

Im Modell wird dieses Brett dargestellt durch die Beschreibung der Brettgrenzen, des Rastermaßes und des Koordinatenursprungs. Parallel dazu existiert in der rechnerinternen Darstellung der Brettbelegung durch Legehilfen und Kabelstränge eine zweidimensionale Matrix, die im Ausgangszustand mit "1" für vorhandene Bohrungen und "0" für – durch die Versetzung entstehende Zwischenpositionen vorbelegt ist. Die Plazierung der Elemente auf dem Brett wird mit einer elementspezifischen Kennzahl simuliert (siehe Bild 5-15).

Der Kabelstrang, das Bündel einzelner Adern, wird in einen Hauptstrang und in die Verzweigungen, im Folgenden Äste genannt, aufgeteilt. Der Hauptstrang beginnt an der Kabelbaumwurzel (Schnittstelle zu anderen Leitungssatz-Teilstücken) und endet am weitest entfernten Verzweigungspunkt. Im verwendeten Modell erfolgt die Darstellung des Kabelbaumes als zweidimensionales Feld, wobei die Zeilen der Matrix jeweils einem Strang mit den in den Spalten definierten Merkmalen entsprechen. Zeile eins steht für den Hauptstrang, die weiteren Zeilen für die Äste.

Optimierungsziel ist die Verlegung des Kabelbaumes auf eine vorgegebene Brettgröße mit möglichst wenigen Knickstellen. Das Kabelbrett wird aus der Zahl der vorhandenen Größen nach einer Überschlagsrechnung der benötigten Fläche gemäß folgender, aus der Situation des Versuchsaufbaus abgeleiteten Formel ausgewählt:

$$F_{KBr} = e * \sum_{i=1}^{n} (L_i * b_i); \qquad \text{(Gl 8)}$$

F_{KBr} : Fläche des Kabelbrettes; L_i : Länge eines Stranges;
b_i : Strangbreite unter Berücksichtigung eines kollisionsfreien Werkzeugraumes;
e : Einflußfaktor für die Kabelbaumkomplexität, >> 1 (in Versuchen ermittelt).

Die Kabelverlegesimulation erfolgt nach folgender, automatisch am Rechner ablaufender Strategie: Der Hauptstrang und jeder Ast benötigen zur Verlegung eine bestimmte projizierte Fläche, die abhängig ist von der Kabellänge, der Zahl der Adern, den verwendeten Peripheriekomponenten und Werkzeugen. Der Regelfall ist, daß der Kabelbaum in ursprünglicher gestreckter Form nicht auf dem Brett verlegt werden kann (vgl. Bild 5-16, s. S. 105). Deshalb werden Äste und Hauptstrang in Schleifen gelegt. Um die zur Verfügung stehende Fläche optimal auszunutzen, sollten die in der oberen bzw. unteren Halbebene liegenden Verlegeflächen etwa gleiche Höhe aufweisen, was durch flächenproportionale Verschiebung der Rechtecksgrenzen – auch Blockgrenzen genannt – mit befriedigender Näherung erreicht wird.

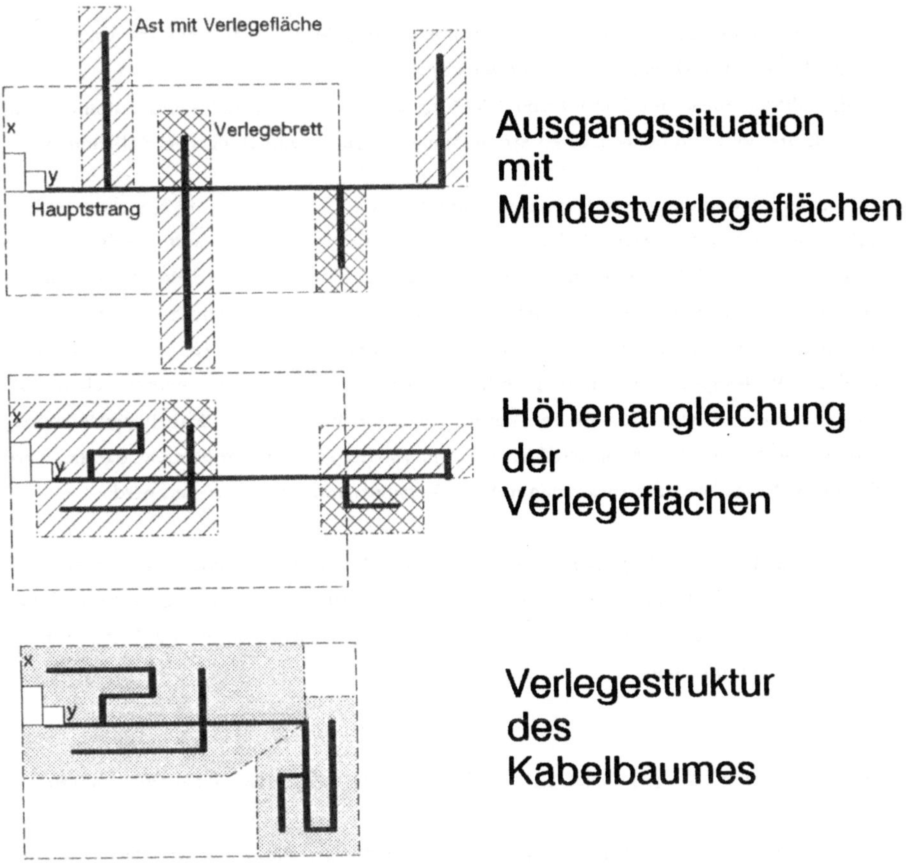

Bild 5–16: ***Verlegesimulation des Kabelbaumes***

Der Kabelbaum wird nun in Abhängigkeit von der Flächenbelegung der oberen bzw. unteren Bretthalbebene und der durchschnittlichen Höhe der Verlegeflächen vertikal verschoben, um den überstehenden Rest des Baumes auf der dazugewonnenen Fläche verlegen zu können. Der überstehende Teil des Kabelbaumes wird in Richtung der frei gewordenen Fläche abgeknickt.

Die Optimierung der Astverlegung wird nach folgenden Kriterien durchgeführt:

- Kreuzungsfreiheit untereinander und Kollisionsfreiheit mit anderen Kabelbaum-/Peripheriekomponenten
- Beachtung der Brettgrenzen

- Einhaltung eines Abstandes von ca. 25 mm bei parallel verlaufenden Strangsegmenten für den kollisionsfreien Einsatz der Werkzeuge
- Einhaltung eines von Polzahl und Richtung abhängigen Abstandes des Astendes vom Brettrand und von benachbarten Strangsegmenten zur Vermeidung von Kollisionen.

Bei der Simulation der Astverlegung wird durch einen Testprozessor die Kollisionsfreiheit mit Hilfe der Modellmatrix (Bild 5-15, mitte) geprüft. Nach Abschluß der Verlegesimulation steht rechnerintern eine Kabelbaumstruktur zur Verfügung, welche die Geometrie des verlegten Baumes (Bild 5-16) beinhaltet. Mit Hilfe der abgespeicherten Symbole für die Legehilfen und Steckverbinder sowie einiger Zeichenroutinen für die Kabelstränge wird der Verlegeplan für den spezifischen Kabelbaum dargestellt (Kabelbrettzeichnung). Das technische Schriftfeld mit der Verbindungsliste wird aus der Kabelbaumzeichnung übernommen. Die Zeichnung wird als Zeichnungsdatei unter einem Namen abgespeichert, der im Auftragsdatensatz zusammen mit der Versionsnummer eingetragen wird.

Diese Datei kann am Graphikbildschirm des CAD-Arbeitsplatzes dargestellt werden. Der Konstrukteur hat dadurch die Möglichkeit, unter Verwendung des MEDUSA-interaktiv Zeichenbefehlssatzes das Ergebnis der Verlegesimulation zu prüfen und ggf. Änderungen am Layout vorzunehmen.

5.2.3.2 Einbindung roboter- bzw. steuerungsspezifischer Daten

Der abgespeicherte Verlegeplan steht als Basis für die Erstellung des Roboterprogrammes zur Kabelbaumfertigung zur Verfügung. Hierzu müssen die fertigungsspezifischen Daten eingebunden werden. Grundgedanke ist, über geeignete Routinen die MEDUSA-FORTRAN-Schnittstelle anzusprechen um die dargestellten Elemente in der SHEET-DATEI zu lokalisieren, deren Attribute auszulesen und in Übergabedateien vom Typ "TEXT" einzutragen. Diese Dateien bilden die Schnittstelle zwischen Konstruktion und flexibel automatisierter Fertigung des Kabelbaumes. Die Formate der Schnittstellendateien sind in Bild 5-17 dargestellt. Alle Positionsangaben in REAL-Zahlen werden hierbei umgerechnet auf INTEGER- Rasterindizes der Kabelbrettmatrix. Die Dateien **PIN.DAT** und **SOCK.DAT** enthalten die Koordinaten der Legehilfen (Stifte zum Halten der Kabelstränge an Verzweigungen = PIN und Sockel zur Aufnahme der Steckverbinder am Strangende = SOCK) relativ zum Koordinatenursprung des Legebrettes. In den Dateien **PFAD.DAT** und **BIND.DAT** sind die Daten der zu verlegenden Kabelpfade und die Punkte zum Ab-

PIN. DAT			
4X	13	4X	13
	Spalte		Reihe
	...		...
	...		...
	...		...

Datei PIN. DAT

SOCK. DAT					
4X	13	4X	13	4X	F5.1
	Spalte		Reihe		Winkel
	...		...		...
	...		...		...
	...		...		...

Datei SOCK. DAT

PFAD. DAT		
213	213	513
1 1	4 6	2 3 5 7 8
...	...	...
...	...	...
...	...	...

Datei PFAD. DAT

BIND. DAT	
F8.1	F8.1
X	Y
...	...
...	...
...	...

Datei BIND. DAT

<u>Bild 5-17:</u> Schnittstellendateien zum Roboterprogramm

binden des Kabelbaumes mit Kabelbindern entsprechend strukturiert enthalten.

Die Umsetzung der in den Schnittstellendateien niedergelegten Daten wird im folgenden exemplarisch anhand des entwickelten MEDUSA-VAL II-Postprozessors für einen Unimation- Industrieroboter der PUMA-Familie dargestellt. Prinzipiell ist diese Methode ebenso anwendbar für Industrieroboter mit anderen Steuerungen, welche über folgende Optionen verfügen:

- Relativprogrammierung von Punkten mit Orientierung (FRAME)
- Transformationen des Werkzeugursprunges (TOOL-CENTER-POINT)
- Verarbeitung von INTEGER- und REAL- Variablen
- Komposition von POSITIONS- Variablen aus einzelnen REAL- Daten.

Grundlage des Postprozessors ist eine modulare, parametrisierte Roboterprogrammierung. Alle Verrichtungen des Industrieroboters zur Erzielung eines Fertigungsfortschrittes werden in kleinste, arbeitsplanerisch nicht sinnvoll weiter teilbare Sequenzen zerlegt und allgemeingültig (durch die Integration von Parametern) in Form von Programmsegmenten dargestellt (modulare Programmierung). Nach diesem Modell werden alle theoretisch möglichen Teilfunktionen für die Kabelbaumfertigung bereits allgemeingültig vorgesehen und in Listen abgelegt. Jede dieser Teilfunktion entspricht einer Anweisung oder einer Anweisungssequenz, welche zusammen mit den spezifischen Werten für die Integer-, Real- oder Positionsvariablen in die Routinen des Roboterprogrammes transformiert werden. Bei Festlegung auf die konkrete Fertigungsaufgabe sind zwei Möglichkeiten zu unterscheiden:

- Das aktuelle Steuerungsprogramm unterscheidet sich in seiner Sequenz nicht vom vorhergehenden, es sind lediglich andere geometrische Daten zu berücksichtigen (Länge oder Polzahl eines Stranges verändert sich). Hier werden nur die der spezifischen Variante entsprechenden Parameter festgelegt (parametrisierte Programmierung). Dies ist jedoch nicht immer ausreichend.
- Es ist ein anderer Ablauf erforderlich, da beispielsweise ein zusätzlicher Arbeitsgang berücksichtigt werden muß (Kabelbaum wird zusätzlich mit Kabelbindern abgebunden). Hier ist die Synthese eines Steuerprogrammes aus den abgelegten Modulen erforderlich (Bild 5-18).

In diesem zweiten Fall wird wieder auf das Hilfsmittel Entscheidungstabelle zurückgegriffen. Da jedoch bei der Synthese von Programmen nicht nur einfache Bedingungen, sondern zum Teil hierarchisch gegliederte Bedingungsbäume zu durchlaufen sind, werden hier geschachtelte Entscheidungstabellen angewendet (Bild 5-18). D. h. daß eine aus einer Bedingung resultierende Aktion auch ein Zeiger auf eine weitere, hierarchisch tiefer angesiedelte Entscheidungstabelle sein kann. Die globale Programmfolge wird durch die Programmschale, eine Entscheidungstabelle in der höchsten Hierarchieebene vorgegeben. Diese Tabelle kann durch die Verwendung der Zeigerstrategie verändert werden, ohne daß es für die darunter liegenden Schichten schädlich ist.

In Bild 5-18 ist die Methode am Beispiel einer Programmsequenz für das Abbinden des Kabelbaumes dargestellt. In der linken Spalte sind die Bedingungen aufgelistet, welche erfüllt sein müssen, um eine oder mehrere Aktionen in den Programmablauf des Roboters einzufügen. Die möglichen Aktionen sind in der unteren Zeile der Matrix eingetragen, handelt es sich um eine ganze Sequenz an Aktionen, welche zum Teil zusätzlichen Bedingungen unterliegen, ist nur der Verweis auf eine weitere Entscheidungstabelle eingetragen. Im genannten Beispiel sind fünf Bedingungen angeführt, welche erfüllt sein müssen, um einen Abbindevorgang auszulösen. Sind diese Bedingungen durch geeignete Aktionen im vorhergehenden Programmablauf bereits erfüllt, so entspricht dies dem 'Bitmuster' der ersten Spalte und es kann abgebunden werden. Wurden alle anderen Bedingungen erfüllt, jedoch der Bindeautomat noch nicht eingeschaltet, so entspricht das Bitmuster der letzten Spalte. Ein entsprechender Befehl zum Einschalten wird in das Ablaufprogramm eingetragen. Befindet sich jedoch das Bindewerkzeug nicht am Roboter, so ist ein komplexer Ablauf zum Wechsel des richtigen Werkzeuges in das Programm einzutragen. Zur Ausführung dieser Aufgabe steht eine weiter Tabelle "E3" zur Verfügung, auf die der Zeiger in Spalte 3 von E2 verweist.

Voraussetzung für die Anwendung dieser Methode ist die Verwendung standardisierter Werkzeuge und Legehilfen, deren Merkmale einmal bei Erstellung des Gesamtsystems in der Datenbasis hinterlegt wurden.

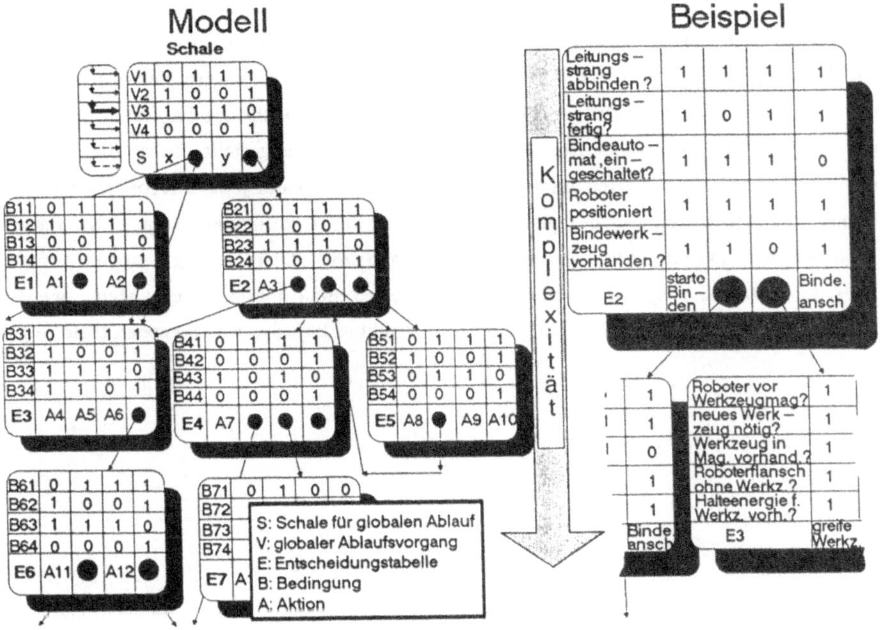

<u>Bild 5-18:</u> Verzweigte Entscheidungstabelle zur automatischen Generierung der spezifischen Ablaufprogramme für einen Roboter in der Kabelbaumfertigung

Für die Fertigung eines Kabelbaumes werden prinzipiell zwei Programmpakete benötigt:

1. zum Rüsten des Legebrettes (Bestücken mit Legehilfen)
2. zum Fertigen des Kabelbaumes (Steckverbinder, Kabel, Ummantelung fügen).

Zur Erstellung des Rüstprogrammes sind die Daten aus den Dateien **PIN.DAT** und **SOCK.DAT** erforderlich (s. Bild 5–17, S. 107). Zusätzlich sind folgende Informationen notwendig:

- Lage und Orientierung des Kabelbrett- Koordinatensystemes relativ zum Ursprung des Roboter- Koordinatensystems (BRETT- FRAME)
- Lage und Orientierung des Stift- und Sockel- Magazines relativ zum Ursprung des Roboter- Koordinatensystemes (MAGAZIN- FRAME)
- Lage und Orientierung der Legehilfen innerhalb des Magazines
- Lage und Orientierung der Werkzeuge im Werkzeugmagazin (WZ1...n- FRAME)
- Lage und Volumen der peripheren Einrichtungen, welche im Kollisionsraum des Roboters liegen und während des Bewegungsprogrammes ggf. umfahren werden müssen. Dazu wird eine Beschreibung in Form von Hüllquadern vorgenommen.

Diese Daten sind anlagenspezifisch und deshalb in der Datenbasis als Randbedingungen für die entsprechende im Fertigungsfall ausgewählte Anlage verankert. Nach Durchlaufen des Entscheidungssystems (Bild 5–18) sind alle für die Durchführung des Rüstprogrammes notwendigen Programmsequenzen für den Roboter zusammengestellt. Durch die Methode der überlagerten Koordinatensysteme (FRAME–Konzept) kann jede Zielposition des Roboters anwendungsneutral, bezogen auf ein geeignetes Koordinatensystem (KS), dargestellt werden. Durch Aktualisierung der KS–Lage und –Orientierung bezogen auf das übergeordnete KS – nach Maßgabe der vom CAD–System übermittelten Daten – werden abhängig vom spezifischen Fertigungsfall die korrekten Positionen vorgegeben (Bild 5–19).

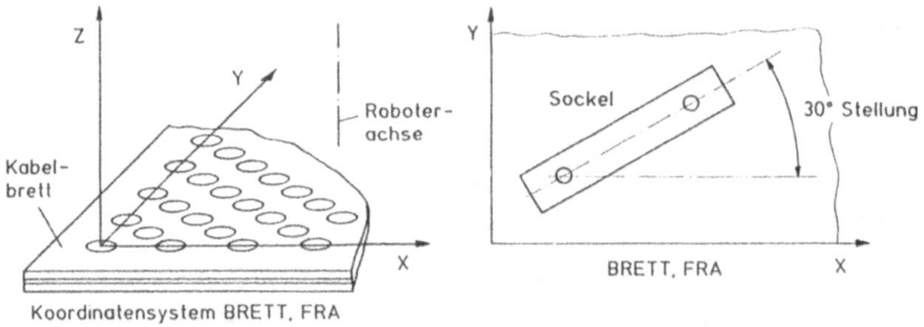

Bild 5–19: Plazierung der Legehilfen auf dem Kabelbrett und Berechnung der betreffenden Bezugskoordinatensysteme (FRAMES)

Die Zahl der zu rüstenden Elemente ergibt sich aus der Zeilenzahl von **PIN.DAT** und **SOCK.DAT** da jede Zeile den Koordinatensatz einer Legehilfe (X-, Y-Translation sowie Rotation um die Z-Achse) bezogen auf den Koordinatenursprung des Kabelbrettes enthält (Bild 5-17, S. 107). Sind die Koordinaten des Kabelbrettes bekannt, können durch Superposition die Koordinaten der Legehilfe ermittelt werden (Bild 5-19). Das gleiche gilt für die Koordinaten der Kontakte eines Steckverbinders. Hierbei sind lediglich einige zusätzliche Koordinatentransformationen erforderlich. Damit sind alle zur Erstellung des Roboterprogrammes notwendigen Integer- und Positionsvariablen belegt.

Zur Erstellung des Fertigungsprogrammes sind über die bereits diskutierten Daten hinaus die Dateien **PFAD.DAT** und **BIND.DAT** (s. Bild 5-17) erforderlich. Außerdem müssen Informationen über die Positionen der Magazine für Steckverbinder, Kabel- Verlegedüsen und die entsprechenden Werkzeuge in der Datenbasis abgelegt sein. Die Planung der Bewegungsbahnen erfolgt mit Hilfe geeigneter Koordinatentransformationen und trigonometrischer Operationen.

Neben der Planung von Arbeits- und Zwischenpunkten zur kollisionsfreien Abarbeitung der Fertigungsaufgabe ist für das Verlegen des Kabels die Planung der gesamten Bahn erforderlich. Dabei sind zwei Planungskriterien zu berücksichtigen:

- Planung einer Legebahn ohne Kollision mit Verlegehilfen oder bereits verlegten Kabelsträngen
- Planung einer Legereihenfolge mit dem Ziel minimaler Leerwege

In der Datei PFAD.DAT sind die Verlegewege in zufääliger Reihenfolge so abgespeichert, wie sie das Ausleseprogramm aus der Verlegezeichnung extrahiert hat. Eine optimale Verlegereihenfolge war dabei ohne Bedeutung. Zur Erreichung optiomaler Legereihenfolge wird die Datei so umsortiert, daß gleiche Kabelsorten nach Möglichkeit ohne Unterbrechung verlegt werden können. Bild 5-20 stellt die Problematik, die Randbedingungen und die Lösungsstrategie dar.

Dieses Problem gleicht im weiteren Sinne der klassischen Rundreiseproblematik im Operations Research /116/. Die Auswertung vorhandener Zeichnungen ergab, daß bei kleineren Kabelbäumen, für die dieses System angewendet werden soll, die Zahl der Wege meist zwischen 20 und 80 liegt. Nach /116/ eignet sich hierfür eine Strategie, welche "Branch-and-Bound"-Methoden enthält. Das heißt, daß aus der Menge der möglichen Lösungen durch geeignete Abgrenzungen (bounds) sukzessive die Klassen (branches) eliminiert werden, welche keine optimalen Lösungen enthalten (/116/, S. 333ff.). Alle vorgegebenen Verbindungspfade werden in eine Adjazenzmatrix (Matrix, welche alle Verbindungen zwischen den Knoten eines Netzplanes darstellt) eingetragen und so manipuliert, daß die folgende Zielfunktion (Gl 9) erfüllt wird:

$$Z = \sum_{i=1}^{m} \sum_{j=1}^{2} \sum_{k=1}^{n} d(i,j,k) * x_{i,j,k} = \text{MIN}; \qquad x_{i,j,k} = 1,0; \qquad \text{(Gl 9)}$$

Z = Zielfunktion
i = Laufvariable für Verbindungswege
j = 1: Hinweg
n = Zahl der Adern
k = Laufvariable für Adern
j = 2: Rückweg
d = Länge der Adern bzw. Verbindungswege
x = Binärzahl, kennzeichnet Zulässigkeit des Verbindungsweges
m = Anzahl der Verbindungswege

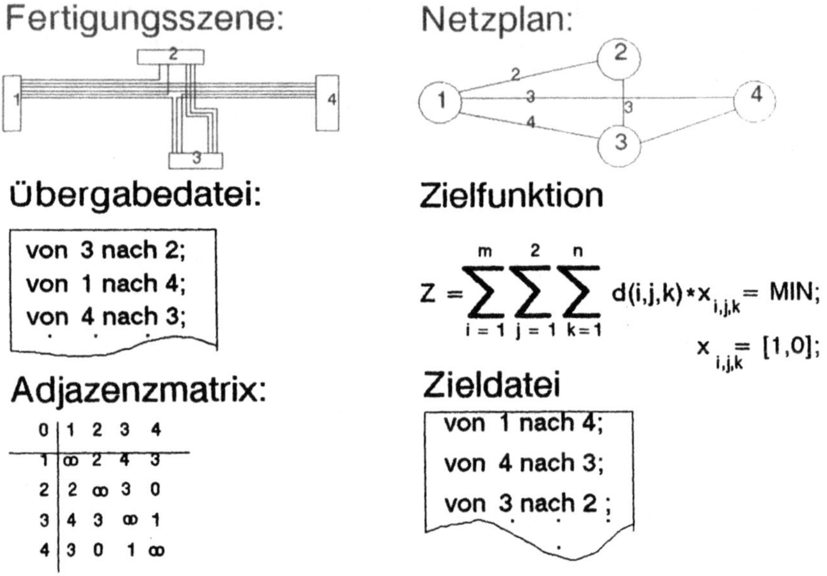

Bild 5-20: Verfahren zur Optimierung der Verlegereihenfolge der Kabeladern

In Bild 5-20 ist ein Beispiel zur Verfahrensweise wiedergegeben. Die Form des Kabelbaumes, wie er auf dem Kabelbrett angeordnet ist, wird in der Übergabedatei PFAD.DAT nur als Aneinanderreihung der Verbindungen im Format von "A" nach "B" abgebildet, wobei "A" und "B" Platzhalter für die Kennzeichnung der Steckverbinder bzw. der Legehilfen sind. Diese sind bereits durch die Datei SOCK.DAT in ihrer Position definiert. Die Situation läßt sich auch in einem Netzplan bzw. einer Adjazenzmatrix darstellen (Bild 5-20), wobei die Matrixelemente jeweils die Zahl der Verbindungsadern wiedergeben.

Durch geeignete Manipulation der Matrix kann die optimale Reihenfolge ermittelt und in der Zieldatei abgelegt werden.

Bei der Planung der Verlegebahn zwischen den Steckverbindern wird von geradliniger Verfahrbewegung zwischen den Stützpunkten ausgegangen. Zur kollisionsfreien Verlegung des Kabelstranges auf dem Kabelbrett muß vor allem die Umfahrung der Verlegehilfen zur Bündelung des Stranges an Verzweigungen berücksichtigt werden. Innerhalb der Umlenkhilfen kreuzen sich naturgemäß die Kabelstränge. Es muß daher zur Z–Koordinate des Verlegeniveaus die maximale Strangdicke addiert werden, um kollisionsfreies Überkreuzen zu gewährleisten.

5.2.3.3 Vollständiges Produktmodell für die Fertigung eines Kabelbaumes

Produktdefinierende Daten				
Identifikation	Funktion	Geometrie	Topologie	Technologie
o Bezeichnung	o Funktion der Einzelelemente	o Polzahl der Steckverbinder	o Halbzeuge	o Werkzeuge
o Ident. – Nr.	o funktional zusammengehörige Elemente	o Länge der Adern	o Baugruppen	o Legehilfen
o Stückzahl		o Querschnitte der Adern	o Anordnung im Basisobjekt	o Konfiguration d. Kabelbrettes
o Material – Nr.	o Gesamtfunktion	o Form des Kabelbaumes	o Legeplan	o notwendige Verfahren
o Zuweisung des Montageplatzes	o Klasse der Ummantelung	o Lage der Bündelungs–elemente	o gleiche Adern	o Steuer–programme für Roboter

__Bild 5–21:__ Bestandteile des Produktmodelles für die Kabelbaumfertigung

Der Datensatz welcher für die Herstellung eines Kabelsatzes an die Fertigungssteuerung weitergegeben werden muß, besteht aus den fünf in Bild 5–21 dargestellten Gruppen. Diese Daten wurden in der bisher beschriebenen Art erzeugt und in komprimierter Form abgespeichert, sodaß sie mit Hilfe der Datenbank und geeigneteten Transformationsprogrammen jederzeit für die Fertigungsaufgabe zur Verfügung stehen.

5.3 Datenbasis für die Kabelbaumfertigung

Zur Archivierung aller Fertigungsunterlagen für die Kabelbaumfertigung sowie zur Hinterlegung aller Regeln zur Erstellung der Fertigungsunterlagen ist eine umfangreiche Datenbasis erforderlich. Diese ist in Konstruktionsdatenbasis und Auftragsdatenbasis zu unterteilen (Bild 5-22).

In der Konstruktionsdatenbasis sind alle im System existenten grundsätzlichen Kenntnisse und Regeln zur Erstellung von Stromlaufplänen, Kabelbaumzeichnungen, Rüstplänen und Verlegeplänen vorhanden. Ebenso sind die Strukturen zur Generierung der Roboterprogramme dort abgelegt. Diese Informationen lassen sich untergliedern in logische Daten, geometrische Daten, physikalische Daten und technologische Daten.

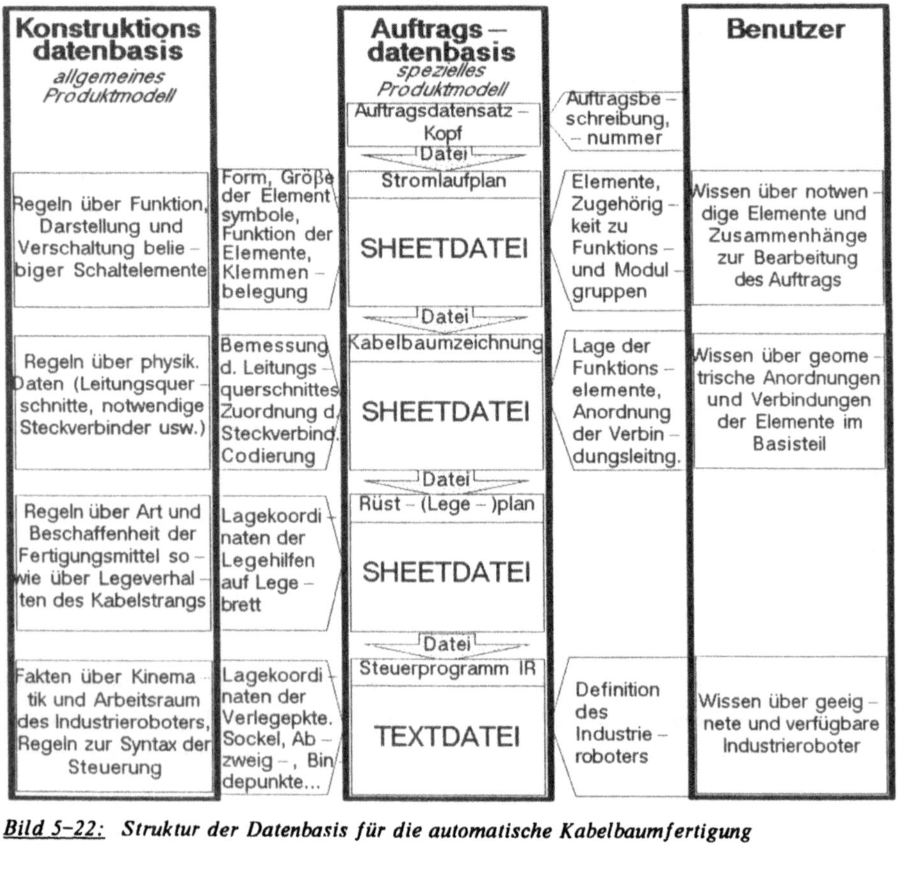

__Bild 5-22:__ Struktur der Datenbasis für die automatische Kabelbaumfertigung

In der Auftragsdatenbasis sind alle für einen konkreten Anwendungsfall der Kabelbaumfertigung relevanten Daten gespeichert. Für die Abspeicherung der Auftragsdaten sind folgende Konfigurationen vorgesehen:

- **Auftragsdatensatz-Kopf** (= TEXTFILE): Dieser Datensatz enthält die Auftragsspezifikation, Ident-Nummer, Stückzahl, Fertigungszeit usw. und Querverweise (Existenz, Version, Speicherplatz) auf die anderen notwendigen Datensätze.
- **Stromlaufplan** (= CAD- SHEETFILE): Dieser Datensatz enthält alle notwendigen Informationen über den Stromlaufplan. Da dieses File am CAD-Arbeitsplatz graphisch dargestellt werden kann, besitzt es einen hohen Animationsgrad. Die für die Weiterbearbeitung relevanten Daten werden im Bedarfsfall durch ein spezielles Ausgabeprogramm ausgelesen und in Form eines (momentanenen) TEXTFILES weitergegeben.
- **Kabelbaumzeichnung** (= CAD- SHEETFILE): Dieser Datensatz enthält alle notwendigen Informationen über den Kabelbaum, zusammen mit der Leitungsliste. Dieses File kann ebenfalls am CAD-Arbeitsplatz graphisch dargestellt werden. Die für die Weiterbearbeitung relevanten Daten werden im Bedarfsfall durch ein spezielles Ausgabeprogramm ausgelesen.
- **Steuerprogramm** (= TEXTFILE): Dieser Datensatz enthält die Roboterprogramme zum Rüsten des Kabelbrettes und zum Fertigen des Kabelbaumes. Es ist speziell auf den Industrieroboter, der den Auftrag ausführt, abgestimmt.

Durch diesen Aufbau der Datenstuktur ist eine Modularität gegeben, welche jederzeit die Erweiterung der Datensätze durch weitere Einträge in den Auftragsdatensatz-Kopf zuläßt. Zur Sicherstellung der Eindeutigkeit wurde auf Vermeidung von Informationsredundanzen geachtet. Daher sind die Schnittstellendateien, welche durch Ausgabeprogramme aus den Datensätzen für die Weiterbearbeitung erzeugt werden, nicht permanent und werden nach Abschluß der Bearbeitung wieder gelöscht. Da durch die heutige Kostensituation für Speichermedien nicht mehr der Minimierung des Speicherplatzes der höchste Stellenwert zugeordnet werden muß, wurde mit der CAD-ZEICHNUNGSDATEI eine Archivierungsart gewählt, welche bei hohem Animationsgrad geringe Zugriffszeiten ermöglicht.

6. Verfahren und Anlagenkonzept für einen automatischen Fertigungsprozeß

Zur Untersuchung des Zusammenhanges zwischen Produktgestaltung, Prozeßverhalten und Geräteauswahl wurde der in Bild 6-1 dargestellte Pilotaufbau realisiert.

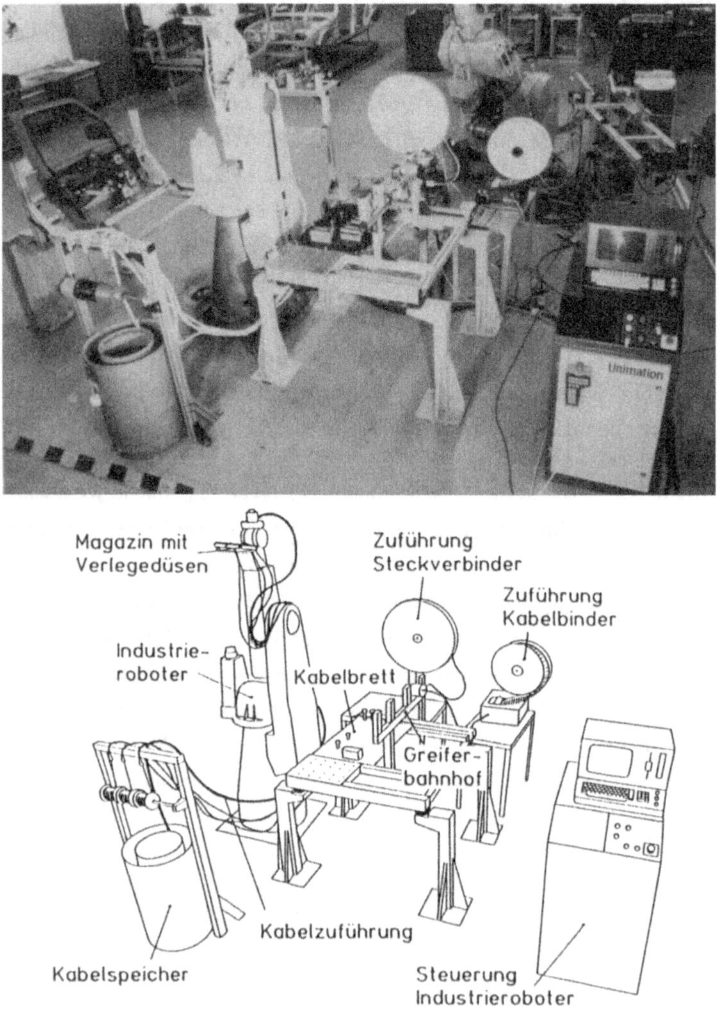

<u>Bild 6- 1:</u> *Aufbau des Pilotarbeitsplatzes für die Kabelbaumfertigung*

Die Versuche wurden mit einem Industrieroboter PUMA 762 (Fa. Unimation) durchgeführt. Das sechsachsige Gerät verfügt über eine Positioniergenauigkeit von +/- 0,2 mm, eine Handhabungskraft von 150 N und ist mit einer Steuerung ausgerüstet, die auf dem LSI 11-Prozessor (Fa. Digital) basiert. Mit diesem Gelenkarmroboter wurde es möglich, das Rüsten des Kabelbrettes und die flexibel automatisierte Fertigung bzw. Montage von Kabelbäumen zu erproben.

6.1 Anforderungen an den Handhabungsautomaten

Zur Einsatzplanung von Industrierobotern in der Kabelbaumfertigung müssen grundsätzlich folgende Kriterien berücksichtigt werden:

- Gerätekonstellation (Portal-, Standgerät) und Zahl der Bewegungsachsen
- Arbeitsraum
- Handhabungskraft
- Bewegungsgeschwindigkeiten und -beschleunigungen
- Positioniergenauigkeit und Wiederholgenauigkeit
- Leistungsfähigkeit und Konfiguration der Steuerung.

Angewendet auf eine Anlage zur automatischen Kabelbaumfertigung sind diese von unterschiedlicher Bedeutung.

Die notwendige Zahl der frei programmierbaren Bewegungsachsen ist aus einer Bewegungsanalyse abzuleiten. Dabei kann zu ihrer Ermittlung von Positionier- und Orientierungsaufgaben ausgegangen werden, wobei evtl. notwendige, gleichmäßig repetierende Fügebewegungen durch das Werkzeug selbst vollzogen werden. In Bild 6-2 sind die Ergebnisse der Bewegungsanalyse dargestellt. Demnach genügt ein Industrieroboter mit einer kinematischen Kette aus drei Bewegungsachsen zur Positionierung der Werkzeuge im Raum und einer Rotationsachse senkrecht zur Kabelbrettebene den Anforderungen des Fertigungsprozesses. Dabei wird von einigen in die Werkzeuge integrierten Zusatzbewegungen ausgegangen, welche zu einer deutlichen Erhöhung des Bauaufwandes führen.

Nachteilig wirkt sich jedoch die reduzierte Beweglichkeit auf die Installation und den Betrieb der Anlage aus. Im Vergleich zum sechsachsigen Aufbau muß hier die Orientierung der Füge- und Legewerkzeuge exakt auf die Legebrettebene durch mechanische Justierung eingestellt werden. Bei Störungen, welche möglicherweise von geeigneter Sensorik erkannt werden, ist keine automatische Nachjustierung und nur begrenzt die selbstständige Korrektur der Fügebewegung möglich. Ein sechsachsiger Aufbau ist daher zur Umgehung der beschriebenen Einschränkungen zu empfehlen (vgl. Bild 6–2, untere Zeile).

Hand–habungs–aufgabe	Frei programmierbare Roboterbewegung zur					ODER	Werkzeugbewegung als	
	Positio–nierung in der Ebene	Positio–nierung im Raum	Rotation um eine vertikale Achse	Rotation um eine horizontale Achse	Rotation um zwei horizontale Achsen		vertikale Hub–bewegung gegen Anschlag	Dreh–bewegung um horizontale Achse
Legebrett rüsten	X	A1	X	0	0		A1	0
Steckverbinder einsetzen	X	A1	X	0	0		A1	0
Kabel legen	X	X	0	0	0		0	0
Kabel anschlagen	X	A1	X	0	0		A1	0
Kabelstrang abbinden	X	X	X	A2	0		0	A2
Kabelbaum entnehmen	X	A1	X	A2	0		A1	A2
Werkzeuge wechseln	X	A1	0	0	0		A1	0
Adaption an Veränderungen	X	X	X	X	X		0	0

X = erforderlich; 0 = nicht erforderlich; A1 (Hubbewegung) bzw A2 (Drehbewegung) = alternativ erforderlich;

***<u>Bild 6– 2:</u>* Bewegungsanalyse bei der Kabelbaumfertigung zur Ermittlung der notwendigen Bewegungsachsen**

Die wesentlichen Merkmale im Vergleich von Portal– und Standgeräten sind in /117/ dargestellt. Für die Kabelbaumfertigung ist der zu überstreichende Arbeitsraum von besonderer Bedeutung. Je nach Kabelbaum kann bei Legebrettern von einer Fläche zwischen ca. 800 x 1500 mm^2 und 2000 x 4000 mm^2 ausgegangen werden. Ein Standgerät muß zur Erfüllung der Fertigungsaufgabe über einen extremen Arbeitsradius bei starker Auskragung des Armes verfügen. Die einfachere Realisierung des geforderten Arbeitsraumes und die geringere Auskragung stehen zugunsten des Portalgerätes.

An die Bewegungsgeschwindigkeit bei Positionierung der Werkzeuge werden zur Minimierung der Nebenzeiten hohe Ansprüche gestellt. Da die mittlere Geschwindigkeit des Industrieroboters bei der Verlegung der Kabel hauptzeitbestimmend ist, sind sowohl hohe Bewegungsgeschwindigkeit als auch hohe Beschleunigung bei Richtungsveränderung oder –umkehr zu fordern. Technologische Grenzen kann auch die Abzugsgeschwindigkeit und –beschleunigung des Kabels aus dem Magazin setzen. Messungen ergaben, daß Geschwindigkeiten bis zu fünf m/s problemlos möglich sind. Die Abzugsgeschwindigkeiten konven–

tioneller Kabelkonfektioniermaschinen betragen ebenfalls bis zu 6 m/s /25/. Die Kabelbeschleunigung wird wesentlich durch das Trägheitverhalten des Vorschubantriebes bestimmt. Durch geeignete Auslegung des Drehmomentes und des Ansprechverhaltens sind Beschleunigungen bei der Kabelzuführung bis zu 8 m/s^2 möglich. Die Grenzen werden also momentan durch die Werte der am Markt verfügbaren Handhabungsgeräte gesteckt.

Absolute Genauigkeit und Wiederholgenauigkeit besitzen bei der hier behandelten Aufgabe den selben Stellenwert. Da Bewegungsprogramme und Raumpunkte offline erstellt werden, ist zumindest im Bereich des Verlegebrettes eine hohe absolute Genauigkeit erforderlich. Versuche an der Pilotanlage ergaben, daß eine Positioniergenauigkeit von +/- 0,2 mm ausreichend ist. Im Hinblick auf das gesamte Toleranzfeld ist jedoch ein gröberer Wert zu vermeiden, da Fügehilfen an Werkstücken und Werkzeugen nicht beliebige Größe erreichen können. In Bild 6-3 sind die wesentlichen Toleranzketten im Wirkkreis

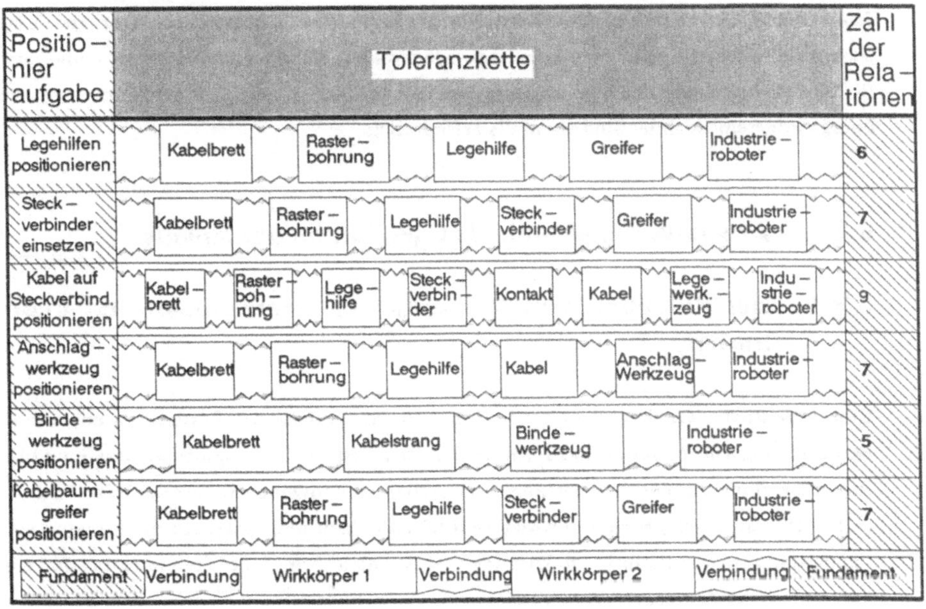

<u>Bild 6-3:</u> Toleranzketten im Wirkkreis des Kabelbaum-Fertigungsprozesses

des Prozesses dargestellt. Nimmt man beispielsweise bei dem Arbeitsgang "Kabel auf Stecker positionieren" eine relative Abweichung der in Reihe geschalteten Elemente von jeweils +/-0,1 mm an, so ist hier bereits eine Fügehilfe für einen Fangbereich von 1,8 mm Kantenlänge am Steckverbinder notwendig. Da dieser jedoch selbst oftmals kaum 5 mm Kantenlänge überschreitet, läßt sich die Forderung schwer erfüllen. Es ist deshalb auf hohe Positioniergenauigkeit des Gerätes Wert zu legen.

Der Tragfähigkeit bzw. der Handhabungskraft kommt bei der Kabelbaumfertigung eine untergeordnete Rolle zu. Durch geeignete Gestaltung der Fügewerkzeuge und Zuführungen sind lediglich die Gewichtskräfte der Werkzeuge aufzunehmen. Die Einzelteile des Kabelbaumes selbst sind in ihrem Gewicht vernachlässigbar, das Gesamtgewicht des Kabelbaumes beträgt je nach Größe zwischen einigen hundert Gramm und zehn kg. Es ist jedoch nur von Bedeutung, wenn der Kabelbaum von dem Brett entnommen werden soll.

Die wesentlichen Anforderungen an die Steuerung des Industrieroboters wurden bereits in Kapitel 5.2.3.2 diskutiert. Sie sollte darüberhinaus über lineare und zirkulare Interpolationsmöglichkeiten zur Planung der Kabelverlegebahn sowie über ausreichende binäre Schnittstellen zur Steuerung und Kontrolle der peripheren Einrichtungen verfügen. Eine analoge Schnittstelle zur Steuerung des synchronen Kabelvorschubs (s. u.) und eine RS232–C Schnittstelle mit Übertragungsprotokoll zur Verbindung zwischen Steuerung und übergeordnetem Rechner sind ebenfalls erforderlich.

6.2 Arbeitsvorbereitende Tätigkeiten an der Anlage

6.2.1 Bereitstellung von Werkstücken, Werkzeugen und Information

Eine wesentliche arbeitsvorbereitende Tätigkeit im Umfeld der Fertigungsszene ist die Bereitstellung von Material und Information. Dabei ist die Stellung des Material- und Informationsflusses in der automatisierten Umgebung hervorzuheben /118/. Wie in Bild 6-4 (s. S. 121) dargestellt, besitzt der Materialfluß außerhalb und innerhalb der direkten Fertigungsumgebung verknüpfende Wirkung und ist damit zwingende Voraussetzung für eine kontinuierliche Automatisierung /10/.

Bezogen auf die Kabelbaumfertigung sind die Komponenten

- Halbzeuge des Kabelbaumes,
- Werkzeuge für die Fertigung,
- Hilfs- und Betriebsstoffe und
- Fertigungsinformationen von Bedeutung.

Die Bereitstellung der Steckverbinder erfolgt in der Regel gegurtet für verschiedene Polzahlen an jeweils einer Entnahmestation. Es empfiehlt sich, die Gurtung bereits während des Spritzgießens der Steckergehäuse vorzunehmen, um den dort erhaltenen Ordnungszustand im inner- und zwischenbetrieblichen Transport nicht mehr aufgeben zu müssen.

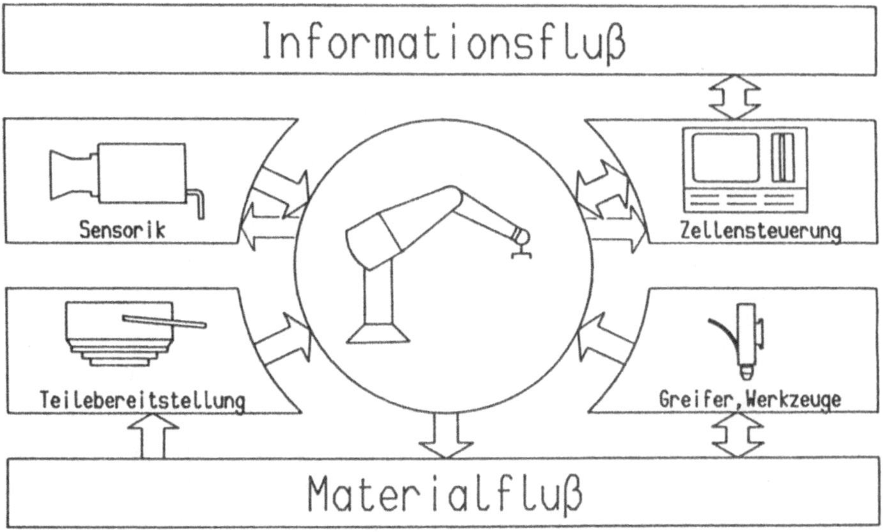

Bild 6- 4: Material- und Informationsfluß in der automatisierten Fertigung

Kabel werden vom Hersteller auf Trommeln oder in Fässern angeliefert. Während bei Kabeltrommeln die diskontinuierliche Abzugsbewegung zu wiederholtem Beschleunigen und Abbremsen der rotationsträgen Trommel führt, ist die schlagfreie Bereitstellung der Kabel in Fässern besser geeignet. Kabelbinder sind gegurtet auf Rollen lieferbar, ebenso wie Selbstklebebänder als Endlosmaterial aufgerollt für die Ummantelung bereitstehen.

Während der Kabelbaumfertigung wirken, wie bei jedem Fertigungsprozeß mit größeren Arbeitsinhalten, mehrere Organe im Fertigungsprozeß. Um den Wechsel der Wirkpartner Werkzeug - Werkstück zu vollziehen, stehen folgende Alternativen zur Auswahl:

- Wechsel des Werkstückes in einen anderen Anlagenabschnitt,
- Wechsel der Werkzeuge,
- Umschalten der Werkzeuge oder
- Umbau der Werkzeuge.

Diese lassen sich weiter in Untergruppen strukturieren. Bild 6–5 gibt einen Überblick über prinzipielle Möglichkeiten des Wirkorganwechsels zusammen mit Kriterien zur fallspezifischen Auswahl. Für den Versuchsaufbau wurde von einem Werkzeugwechsel mit feststehendem Werkzeugmagazin bzw. einem Werkzeugumbau (Legedüsen) ausgegangen.

Alternativen \ Kriterien		Genauigkeit	Geschwindigkeit	Flexibilität	Verfügbarkeit	Automatisierbarkeit	Kosten	Gewicht	Kollisionssicherheit
Wechsel des Werkzeuges	stationäres Magazin	◑	◑	●	●	●	●	◑	●
	bewegliches Magazin	◑	◑	●	◑	●	○	◑	●
	Magazin am Roboterarm	◑	●	●	◑	●	◑	○	◑
Umschalten des Werkzeuges	Scheibenrevolver	●	●	◑	●	●	◑	○	○
	Linearrevolver	●	●	◑	●	●	◑	○	○
	ausfahrbare Werkzeuge	●	●	◑	◑	●	○	○	○
Umbau des Werkzeuges	Werkzeugkopfwechsel	●	○	◑	◑	◑	◑	◑	●
	manuelle Verstellung	○	○	◑	○	○	◑	◑	●
	automatische Verstellung	◑	○	○	◑	◑	○	◑	◑
Wechsel des Anlagen–abschnittes	bewegtes Werkstück	◑	●	●	◑	●	◑	◑	●
	bewegte Anlage	◑	○	●	◑	●	○	○	●
	Werkst. u. Anlage bewegt	○	○	●	○	●	○	○	◑

● gut ◑ mittel ○ ungünstig

Bild 6– 5: ***Alternativen und Auswahlkriterien zum Werkzeugwechsel***

Fertigungsinformationen liegen in Form von Arbeitsplänen und Steuerprogrammen in der Datenbasis vor und können im Bedarfsfall über die Schnittstelle vom übergeordneten Rechner zu der Anlagensteuerung transferiert werden. Lösungskonzepte zur schnellen und zuverlässigen Bereitstellung der Informationen an der Fertigungszelle sind in /120/ beschrieben.

6.2.2 Rüsten der Fertigungsmittel

Wie in der manuellen Fertigung ist auch bei vollautomatischer Fertigung zur Sicherung ausreichender Flexibilität ein Umrüsten der Anlage erforderlich, da die Anlagenkomponenten selbst nur begrenzt über ausreichende Flexibilität verfügen. Analog zur Normierung der Werkzeugschnittstellen bei numerisch gesteuerten Werkzeugmaschinen wird mit dem Ziel, den Umrüstvorgang zu automatisieren, auch in der Montage die Normung der Schnittstellen zwischen den Montagevorrichtungen bzw. zwischen deren Komponenten erforderlich.

Angewendet auf die Gegebenheiten der Kabelbaumfertigung bedeutet dies, daß die Legehilfen auf dem Legebrett automatisch verstellbar sein müssen. Für diese Funktion kann entweder eine aufwendige mechanische Verstelleinrichtung oder der flexible Handhabungsautomat selbst eingesetzt werden. Der Vorteil höherer Flexibilität und deutlich geringerer Kosten bei allerdings höherer Rüstzeit führt hier zu der Vertiefung des Ansatzes, den Umrüstvorgang durch einen Industrieroboter ausführen zu lassen.

Dazu ist die Schnittstelle zwischen Legebrett und Legehilfen zu definieren. Ihre Aufgaben sind:

- mechanische Haltefunktion zwischen den Partnern
- Positionierung der Legehilfen mit hoher Präzision

Darüberhinaus sind an die Schnittstelle folgende Forderungen zu stellen:

- einfache Herstellung der Verbindung
- niedrige Kosten des Systems
- sichere Verbindung
- keine dauernde externe Energieversorgung an den Legehilfen
- Verbindung durch Industrieroboter schaltbar

In Bild 6-6 (s. S. 124) sind Lösungsalternativen für die Verbindungsaufgabe zusammen mit dem Grad der Funktionserfüllung dargestellt. Für den Versuchsaufbau wurden zwei Alternativen aus der Gruppe der formschlüssigen Verbindungen dargestellt. Beiden liegt der Gedanke eines Kabelbretts mit Bohrungsraster zugrunde. Der wesentliche Unterschied liegt in der Zuordnung der Wirkbewegung zur Herstellung der Verbindung.

Fall 1: Wirkbewegung durch das Kabelbrett:

Die Legehilfen besitzen zwei einfache zapfenförmige Füße. Das Kabelbrett besteht aus drei geschichteten Lochblechen, das mittlere kann zwischen den äußeren verschoben werden und wirkt als Riegel auf die eingesteckten Füße der Legehilfen. Alle eingesteckten Legehilfen werden mit einem Verriegelungsvorgang festgelegt. Da bei diesem Prinzip nur eine formschlüssige Verbindung erfolgen kann, ist keine eindeutig definierte, spielfreie Position der Legehilfe realisierbar.

Fall 2: Wirkbewegung durch die Legehilfe:

Die Legehilfen besitzen neben zwei Paßelementen je einen Verriegelungsmechanismus, der vom Industrieroboter nach dem Einsetzen geschlossen werden kann. Durch selbsthemmenden Effekt öffnet sich die Verriegelung nicht bei Entfernen des Roboters. Die Legehilfen werden durch den integrierten Verriegelungsmechanismus aufwendiger, das Legebrett vereinfacht sich zu einer einfachen Lochplatte. Die erreichbare Positioniergenauigkeit der Legehilfen ist höher.

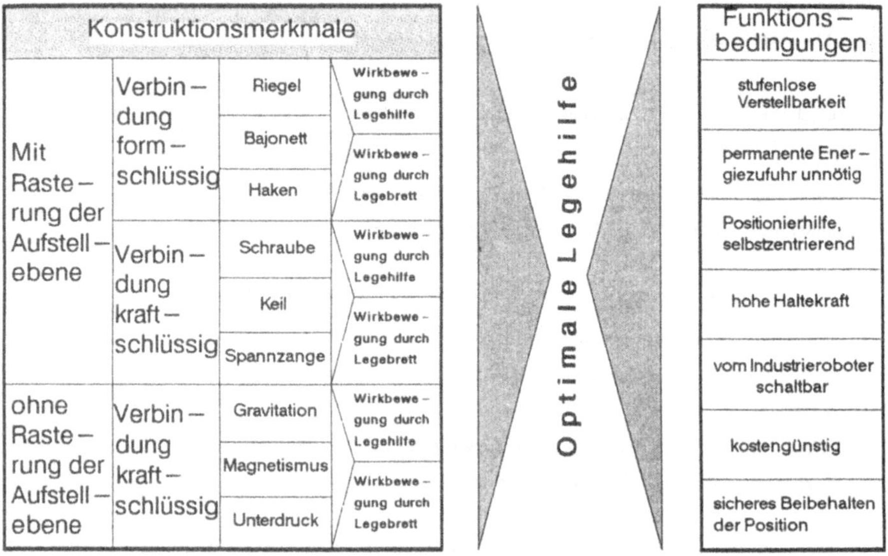

Bild 6-6: Alternativen für die Schnittstellen umrüstbarer Legehilfen

Beide Methoden bieten die Möglichkeit, das Legebrett durch den Industrieroboter automatisch umzurüsten. Grundsätzlich sind folgende Fälle zu unterscheiden:

- Neuaufrüsten: Alle Legehilfen befinden sich in einer Magazinposition und werden vom Industrieroboter auf dem Kabelbrett plaziert.
- Umrüsten: Die Legehilfen des vorhergehenden Auftrages befinden sich noch auf dem Legebrett. Hier ergeben sich drei alternative Situationen:

1. Die Veränderung der Brettkonfiguration gegenüber dem Vorauftrag ist gering, die Legehilfen können problemlos ohne Kollision umgesteckt werden.

2. Die Veränderung der Brettkonfiguration ist so groß, daß bei dem Umstecken der Legehilfen Kollisionen auftreten. Sie entstehen dann, wenn eine Legehilfe dort positioniert werden soll, wo sich durch den vorhergehenden Auftrag bereits eine befindet. Diese müssen dann zuerst in das Magazin oder in Hilfspositionen gesteckt werden.

3. Das Kabelbrett war durch den vorhergehenden Auftrag vollständig belegt und die Konfiguration ist gänzlich zu ändern. Hierzu wird das Legebrett vollständig abgerüstet und die Legehilfen werden in das Magazin gebracht.

Die Entscheidung, welche der beiden letzten Möglichkeiten günstiger ist, kann nach folgender Gleichung getroffen werden:

$$\begin{aligned} K = \; & Z_{HGneu} * t_H + Z_{HGalt} * t_R - \\ & - (Z_{HK} * (t_R + t_H) + (Z_{HGneu} - Z_{HK}) * t_u + \\ & + (Z_{HGneu} - Z_{HK}) * t_H + (Z_{HGneu} - Z_{HK}) * t_R) \end{aligned} \qquad \text{(Gl 10)}$$

Es sind:

K	Entscheidungszahl, für K größer 0 gilt Fall 2, sonst Fall 3
Z_{HGneu}	Gesamtzahl der Legehilfen des neuen Auftrages
Z_{HGalt}	Gesamtzahl der Legehilfen des alten Auftrages
Z_{HK}	Zahl der kollidierenden Legehilfen
t_u	Zeit zum Umsetzen der Legehilfen
t_R	Zeit zum Zurücksetzen der Legehilfen in das Magazin
t_H	Zeit zum Holen der Legehilfen aus dem Magazin

Eine Verlegesimulation am Rechner ermöglicht die Entdeckung der Kollisionspositionen. Bei geeigneter Reihenfolge des Umsetzens können die Kollisionspunkte minimiert werden.

6.3 Die Prozeßgestaltung bei der Kabelbaumfertigung

Eine effektive Gestaltung des Verkabelungsprozesses kann nicht entkoppelt von der Produktgestalt durchgeführt werden. Zwar sollten bereits in der Vorphase der Produktentwicklung Produktionskonzepte und -methoden entworfen werden, ohne sich an dem konkreten Produkt orientieren zu können; jedoch nur, um dem Produktentwickler ein fundiertes, konstruktives Pflichtenheft aushändigen zu können. Dazu ist die Orientierung an bisherigen Produkten und Produktionsmethoden zulässig. Im folgenden wird der Gesamtprozeß des Kabelbaumformens in Teilprozesse zerlegt und isoliert diskutiert. Daraus ergeben sich Anforderungen an vor- und nachgeschaltete Prozesse sowie an das Produkt.

6.3.1 Bestückung mit Steckverbindern

In die auf dem Legebrett positionierten Legehilfen werden Steckverbinder eingesetzt. Wie Versuche ergaben, sind die Wirkflächen zur Aufnahme der Steckergehäuse so zu gestalten, daß diese mit einer Positionsabweichung von maximal +/– 0,5mm eingesetzt werden können. Weiterhin ist eine Anlagefläche vorzusehen, welche als Referenzfläche zwischen Steckverbinder und Kabelbrett dient. Der Steckverbinder sollte form- und kraftschlüssig, also spielfrei aufgenommen werden.

Kriterien	Alternativen	
Greif–fläche	Formschluß	●
	Kraftschluß	
Greif–kinematik	translatorisch	
	rotatorisch	●
Mehrfach–anordnung	linear	
	revolverartig	●
Greifkraft–einleitung	aktiv	
	passiv	●
Kollisions–raum	zylinderförmig	●
	quaderförmig	

Anwendungsbeispiel

Bild 6–7: Alternativen und Lösungsvorschlag bei der Gestaltung von Kabelbaumgreifern

Die Steckverbinder sind von einem Bereitstellungsort zu den Legehilfen (Sockeln) zu transportieren und dort einzusetzen. Ein Greifer zur Erfüllung dieser Aufgaben unterliegt folgenden Anforderungen:

- Unabhängigkeit gegenüber allen vorhandenen Steckervarianten (Polzahl, Kontaktgröße, Rastermaß)
- gleichzeitiges Greifen mehrerer Stecker zur Erhöhung der Mengenleistung
- schnelles, sicheres und zentrierendes Greifen der Bauteile
- Kollisionsfreiheit an den Legehilfen

Zur Entwicklung eines Greifers gemäß obigem Pflichtenheft sind die:

- Untersuchung möglicher Greifflächen,
- Untersuchung der geeigneten Greifkinematik,
- Darstellung alternativer Mehrfachanordnungen,
- Untersuchung der notwendigen Greifkräfte und die
- Untersuchung des Kollisionsraumes (Störkanten) zweckmäßig.

Die für den Versuchsaufbau relevanten Ergebnisse sind in Bild 6-7 dargestellt.

6.3.2 Formen der Kabelstränge

Der Prozeß des Kabelbaumformens berührt zwei Problemkreise, die Zuführung und Codierung der Litzen und das Verlegen der Litzen.

Die Problematik des Zuführens der Kabel selbst ist wiederum aufzuteilen in

- die Speicherung im Bunker (siehe Kap. 6.2.1)
- den Transport vom Bunker zum Wirkort des Legeprozesses.

Der Prozeß des Kabelbaumformens ist durch einen dynamischen Wirkort gekennzeichnet. Deshalb muß der Transport auf die Belange eines derartigen Wirkortes abgestimmt werden. Die Flexibilität des Kabels – im Sinne mangelnder Formsteifigkeit – wirkt sich sowohl positiv als auch negativ auf die Erfüllbarkeit dieser Anforderung aus:

- Das Kabel ist ausreichend flexibel, um dem beweglichen Wirkort mitgeführt werden zu können,
- Das Kabel ist so flexibel, daß es vor allem bei gleichzeitiger Bereitstellung mehrerer Kabel ein Wirrteil darstellt.

Zur Lösung dieses Problemes sind Verfahren zur sicheren Führung des formlabilen Kabels erforderlich. Lösungsalternativen sind in Bild 6-8 zusammen mit ihren wichtigsten Merkmalen dargestellt. Bei Berücksichtigung aller Merkmale erscheint die Führung durch Schläuche vorteilhaft. Diese kostengünstigen Bauelemente umschließen das Kabel auf dem gesamten Zuführweg vollständig, verhindern auf der gesamten Förderstrecke die Berührung mehrerer Kabel untereinander und können durch ihre Flexibilität dem Industrieroboter bzw. dem beweglichen Wirkort folgen.

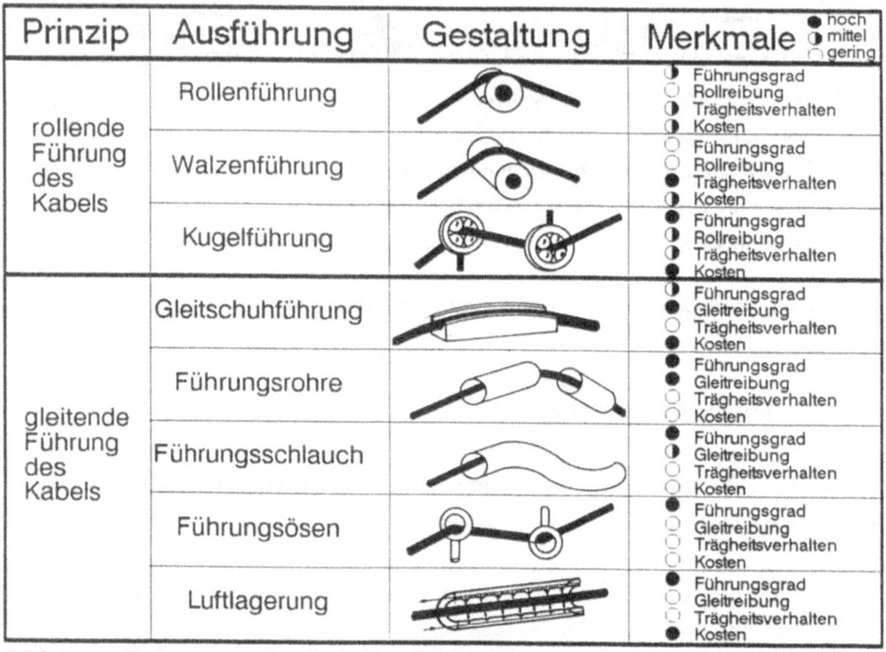

Bild 6- 8: Varianten zur Gestaltung der Kabelzuführung

Nachteilig ist die erhöhte Reibung durch die Gleitbewegung. Die Ausstattung der Schläuche mit Rollen- oder Luftlagerelementen würde jedoch den Kostenvorteil eliminieren. Durch geeignete Wahl der Werkstoffe und Anordnung der Schlauchführung (siehe Bild 6-9, S. 129) bekommt die Reibung untergeordnete Bedeutung. Messungen der Durchzugskräfte bei unterschiedlichen Umschlingungswinkeln und Oberflächenhärten bewiesen die Gültigkeit der Euler-Eytelweingleichung (Gl 11, S. 130) und ergaben, daß geringste Reibungskräfte mit harten Oberflächen bei Zuführschlauch und Kabel zu erzielen sind (Bild 6-10, S. 129). Da sich bei dem Abziehen des Kabels aus dem Faß durch überlappende Schleifen Kraftschwankungen ergeben, welche sich auf dem Weg durch den Schlauch exponentiell erhöhen (Gl 11), sind zur Erzielung einer möglichst kleinen, konstanten Zugkraft am Kabelaustritt Maßnahmen zu treffen, um den Prozeß von Störkräften zu entlasten. Dazu bietet sich die Möglichkeit, das Kabel am Eintritt in den, oder am Austritt aus dem Zuführschlauch anzutreiben.

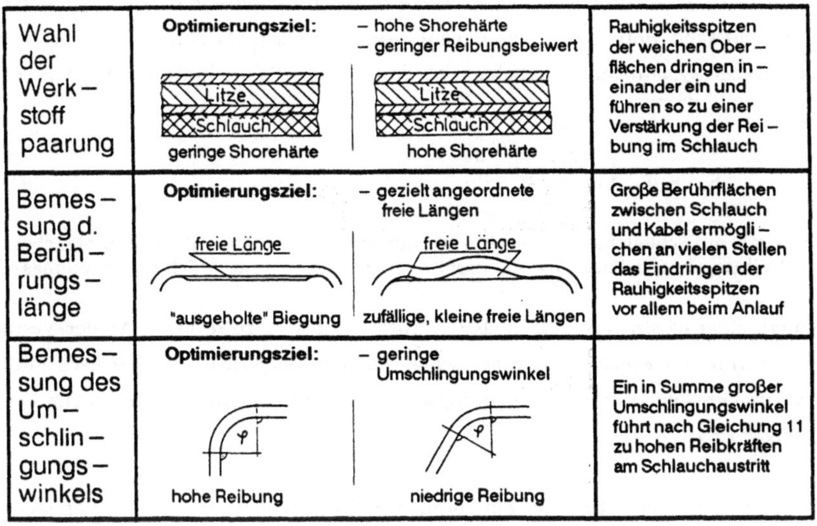

Bild 6– 9: ***Maßnahmen zur Reduzierung der Reibung im Zuführschlauch***

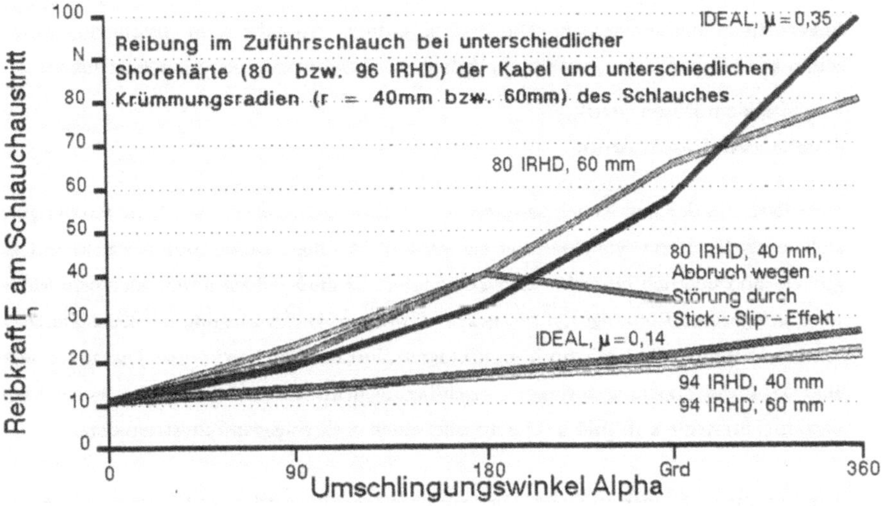

Bild 6– 10: ***Ergebnisse der Reibkraftmessung bei Durchzug von Kabeln durch Schläuche***

Die Ziele niedrige Austrittskraft und minimale Kraftschwankung sprechen für eine Anordnung des Antriebes am Kabelaustritt. Beengte Platzverhältnisse am Kabelaustritt im Legewerkzeug des Roboters, die Pufferwirkung des elastischen Zuführschlauches zwischen Antrieb am Kabeleintritt und Wirkort des Legeprozesses und daraus folgend geringerer Bauaufwand führen zu einem einlaufseitigen Antrieb. Da durch einen zur Legegeschwindigkeit synchronen Vorschubantrieb die Zugkraft F_0 am Eintritt gegen Null geht, ist nach:

$$F_n = F_0 * e^{\sum_{i=1}^{n_s} u * \alpha_{ui}} \qquad \text{(Gl 11)}$$

F_n = Kraft am Schlauchaustritt nach n Windungen F_0 = Kraft a. Schlaucheintritt
u = Reibungskoeffizient α_i = Umschlingungswinkel n = Schlauchwindungszahl

auch mit einer nahezu vernachlässigbaren Austrittskraft F_n zu rechnen. An der Versuchsanlage wurde ein Kabelvorschub am Schlaucheintritt dargestellt, welcher nach Maßgabe eines zur Geschwindigkeit analogen Signals der Robotersteuerung synchron zur Legebewegung fördert.

Da es sich bei den Litzen um ein formlabiles Teil handelt, ist bei der Verlegung der Adern darauf zu achten, daß das Element – trotz kontinuierlicher Zuführung – solange ausreichend genau geführt wird, bis es mit dem Fügepartner (Steckverbinder, Legehilfe) eine Verbindung eingeht. Von diesem Zeitpunkt an wird die Formerhaltungsaufgabe vom Fügepartner übernommen. Für die Erfüllung dieser Aufgabe kann ausschließlich ein düsenartiges Werkzeug zur Anwendung gelangen. Dabei ist zu unterscheiden zwischen

- gleitendem Düsenaustritt,
- rollendem Düsenaustritt.

Eine Düse, in der das Kabel beispielsweise auf Kugeln geführt wird, ist aufwendig und stellt eine definierte Kabelposition am Austritt in Frage. Düsen, durch welche das Kabel gleitet, sind deutlich einfacher und kompakter. Es muß jedoch durch geeignete Maßnahmen auf geringe Reibungsverluste geachtet werden. Die Auslegung der Düse am trompetenartigen Mundstück mit hoch gleitfähigen Kunststoffen sowie eine Legestrategie nach Bild 6-11 zur Erzielung geringer Umschlingungswinkel haben sich in der Versuchsanlage bewährt. Strategie a in Bild 6-11 erfordert einen sechsachsigen Industrieroboter.

Die Legedüsen können in einem Magazin bereitgestellt werden. Dabei ist es bei begrenzter Kabelvariantenzahl möglich, die Düsen so an dem Roboterarm zu positionieren, daß die-

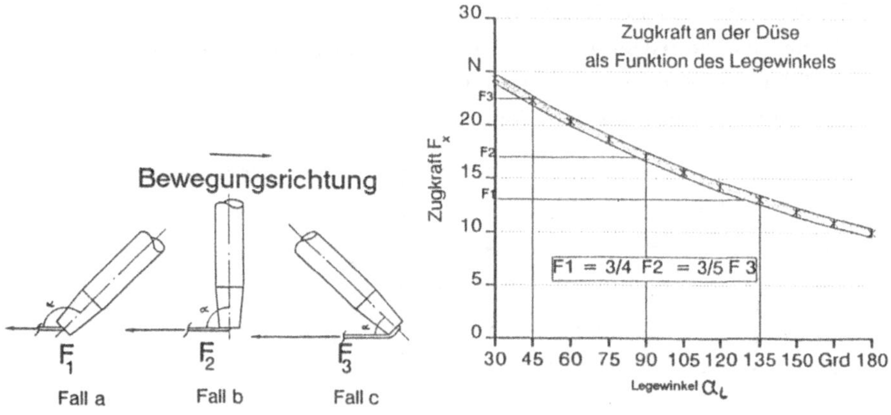

Bild 6–11: ***Abhängigkeit der Reibungsverluste am Düsenaustritt vom Abzugswinkel***

ser den Wechsel durch geeignete Konfiguration der Handgelenkachsen vornehmen kann (Bild 6–12, s. S. 132). Die Wechselzeit läßt sich hierdurch auf ein Minimum reduzieren, durch die Anbringung der Zuführschläuche am Roboterarm ist dieser in seiner Beweglichkeit kaum eingeschränkt. Andernfalls ist die Bereitstellung der Düsen in der Nähe des Legebrettes oder direkt am Legebrett möglich. In beiden Fällen benötigt der Roboter ein geeignetes Werkzeug zum Greifen der Düsen. Eine weitere Alternative stellt ein revolverartiger Greifer mit mehreren Düsen dar. Für die abgelegten Düsen ist allenfalls eine Kabelklemmung vorzusehen, damit dieses nicht unzulässig in den Schlauch zurückrutscht.

Da in Kabelbäumen i.d.R. mehrere gleiche Adern in einem Strang verlegt werden, und bei Codierung der Adern durch Bedrucken während des Legens die Variantenvielfalt sinkt, sind folgende grundsätzlichen Legestrategien zu unterscheiden:

- Ablängen der Einzelader und anschließendes Verlegen
- kontinuierliches Legen der Kabel in Schleifen bis alle gleichartigen Adern verlegt sind, anschließend Ablängen während des Anschlagens (vgl. Kap. 6.3.3)

Im ersten Fall müssen nach dem Ablängen beide Enden der Ader wegen ihrer Formlabilität durch geeignete Hilfen fixiert werden. Lösungen zur Realisierung dieser Funktion sind möglich, jedoch zeitaufwendig oder unflexibel. Für eine flexibel automatisierte Kabelbaumfertigung ist daher nur die zweite Version sinnvoll. Dazu müssen folgende Problemlösungen gefunden werden:

- Fixierung des Leitungsanfanges bei Legebeginn
- Führung und Vorfixierung der Leitungen an den Steckern vor dem Anschlag
- Festlegung der Kabelbaumform durch Legehilfen
- Fixierung des Kabelendes nach dem Schneiden.

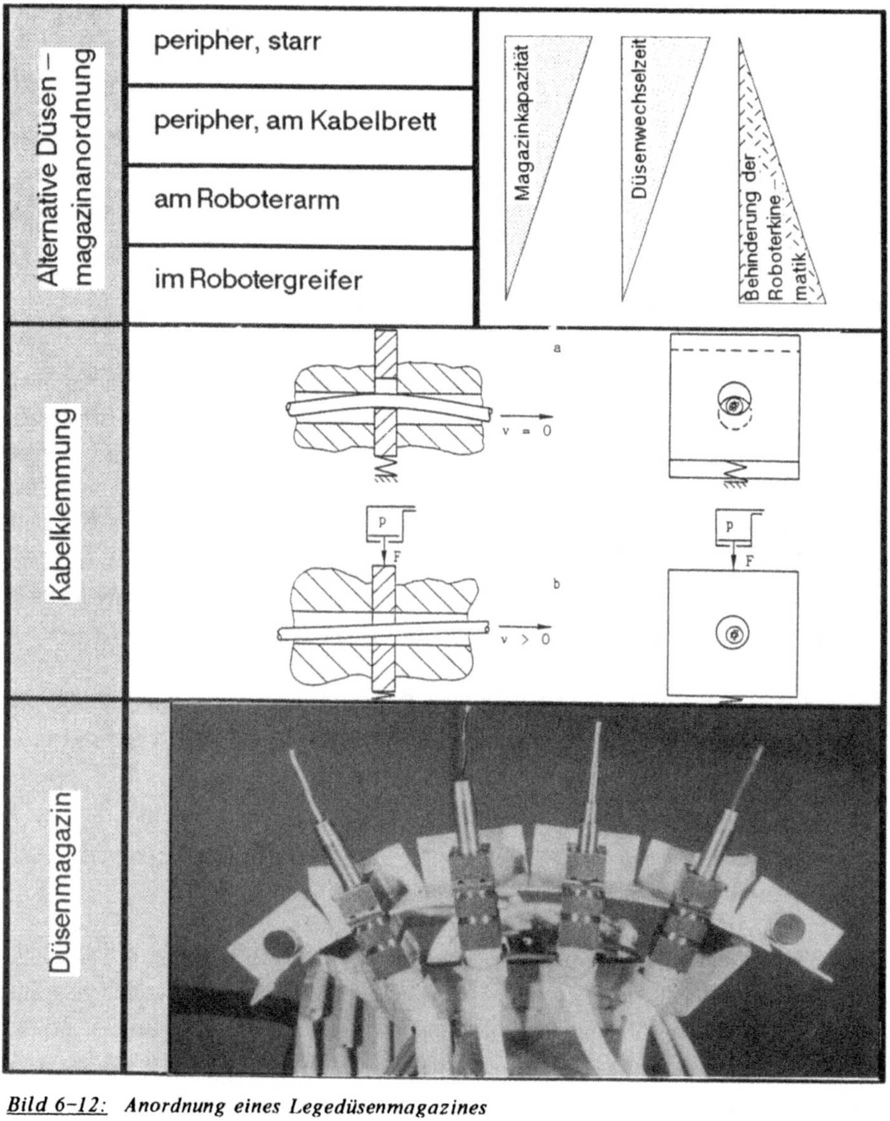

Bild 6-12: Anordnung eines Legedüsenmagazines

Zur Fixierung des Leitungsanfanges ist eine Haltevorrichtung vorzusehen, welche folgende Anforderungen erfüllt:

- Klemmung unabhängig von stetiger Energiezufuhr (Energiespeicher notwendig)
- Möglichkeit der Mehrfachbelegung einer Klemmung
- vom Leitungsdurchmesser unabhängige Klemmung
- zuverlässige Leitungsfixierung
- Entsorgung der geklemmten Kabelstücke nach Abschluß des Fertigungsprozesses
- Kompaktheit der Vorrichtung
- kostengünstige Vorrichtung.

Bei der Klemmvorrichtung der Versuchsanlage dienen Federn als Energiespeicher, die Legedüse wird durch eine V-förmige Aussparung zwischen zwei bewegliche Klemmbacken geführt und senkrecht nach oben abgezogen. Nach dem Auftauchen der Düse aus den Backen wird das überstehende Kabelende durch Klemmung fixiert. Versuche, den Kabelanfang analog zur üblichen manuellen Methode nur um einen Dorn zu schlingen, haben sich als unzureichend in ihrer Zuverlässigkeit erwiesen.

Während des Verlegens der Leitungsadern über die Steckverbinder werden die Kabel noch nicht von den Kontaktschneiden gehalten. Da die Kupferlitze vor allem bei vieladrigem Aufbau nur über geringe Eigensteifigkeit verfügt, ist zur Vermeidung unzulässiger Verschiebungen der Litze auf dem Steckverbinder eine Möglichkeit zur Vorrastung der Litze vorzusehen (Bild 6-13 oben, s. S. 133). Darüberhinaus ist eine Vorführung der Leiter vor und hinter der Kontaktzone zu ermöglichen, damit sie in jeder Situation senkrecht zur Kontaktschneide liegen. Ohne Führung würde sich die Litze von der vorgesehenen Kontaktzone wegschieben. In Bild 6-13 (unten) ist der Verlegeprozeß ohne ausreichende Vorführung am Stecker dargestellt, so daß diese Funktion aufwendig von den Aufnahmesockeln übernommen werden muß. Daneben sind Methoden zum Eindrücken der Litze in die Raststellen dargestellt. Methode b ist durch geringsten Zeitaufwand und minimaler Kollisionsgefahr bei Positionierfehlern gekennzeichnet.

An Abzweigungen und zur Vorbündelung breiter Stränge werden Legehilfen verwendet, durch welche der Industrieroboter die Düse führt. Dabei ist bei der Bahnplanung auf eine Hubbewegung aus der Kabelbaumebene heraus zu achten, um nicht mit kreuzenden Strängen zu kollidieren (vgl. Kap. 5.2.3.1). Ist an einem Steckverbinder das Ende einer Leitungsschleife erreicht, wird sie abschließend fixiert und abgelängt. Die Ablängvorrichtung läßt sich in den Greifer für die Düsen integrieren und durch einen geeigneten Mechanismus an die Wirkstelle bewegen.

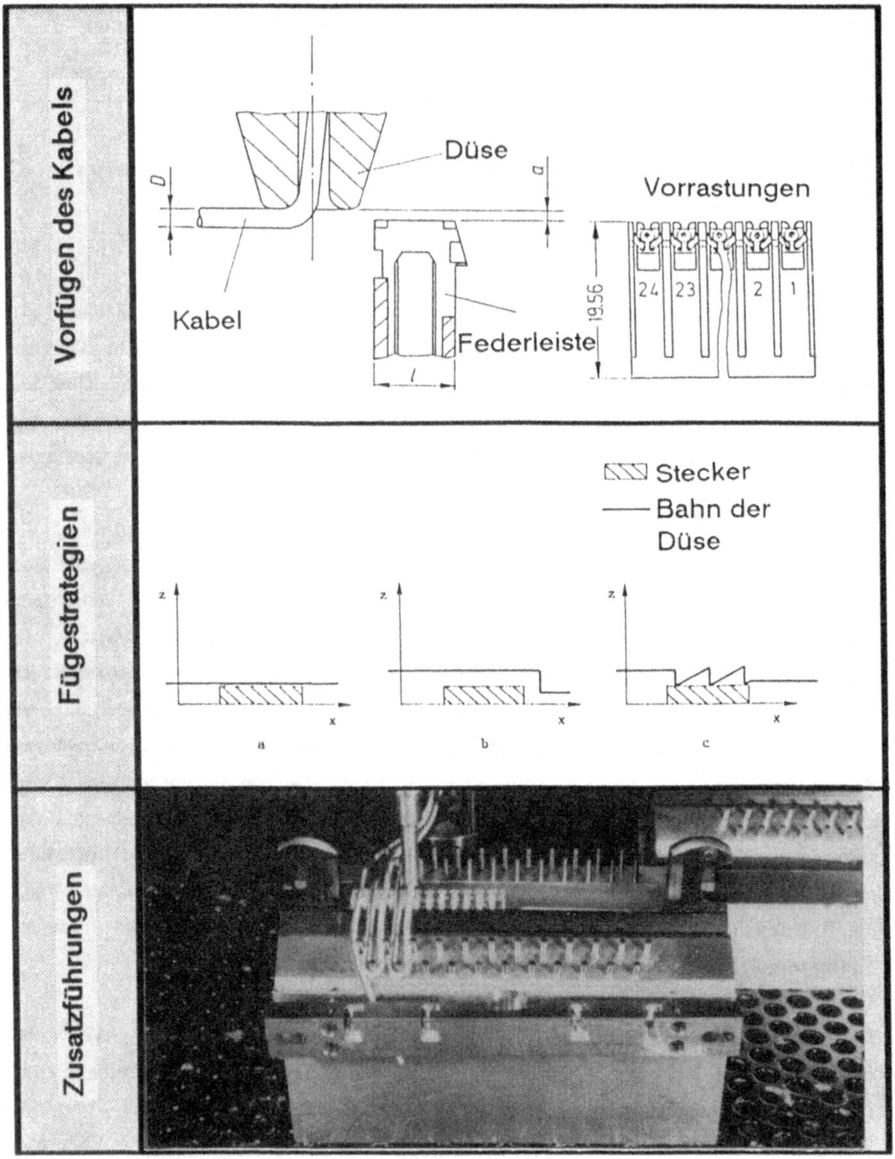

Bild 6-13: Verlegeprozeß an der Versuchsstation und alternative Legemethoden

6.3.3 Anschlagtechnik

Nachdem die Leitungen durch den Legeprozeß über die Kontaktschneide gebracht wurden, ist das Anschlagen und Ablängen erforderlich. Dabei wird in diesem Fall von der Anwendung der Schneidklemmtechnik ausgegangen, da nur hierdurch eine rationelle automatische Fertigung möglich wird. Dazu kann der Anschlag durch das radiale Eindrücken des isolierten Leiters in die U-förmige Kontaktöffnung hergestellt werden. Es bestehen folgende grundsätzliche Möglichkeiten:

- Ablängen vor dem Anschlag
- Ablängen zeitgleich mit dem Anschlag
- Ablängen nach dem Anschlag

Da sich das Kabel durch die Vorrastung in den Steckverbindern und durch die Legehilfen in einem leicht gespannten Zustand befindet, der zu der Erhaltung der Linienform dient, ist es zu vermeiden, bereits vor dem Anschlag die überstehenden Schleifen abzulängen.

Zum Durchtrennen der Kupferlitze ist ein Untermesser unerläßlich. Dies führt beim Ablängen nach dem Anschlag zu einer komplizierten Steckergeometrie. Es ist daher sinnvoll, Anschlag und Ablängung zeitgleich auszuführen. Dabei ist darauf zu achten, daß zum Zeitpunkt des Trennens die Litze bereits großenteils (ca 50%) in die Kontaktzone eingedrückt worden ist und dadurch ausreichend fixiert wird. Andererseits dürfen die Scherkräfte beim Durchtrennen der Leitungen keine Beeinflussung der Kontaktzone darstellen, um die Qualität des Kontaktes nicht zu reduzieren.

Die prozeßbedingten Einpreßkräfte variieren je nach Kontaktschneidengeometrie, Leitungsquerschnitt und Härte der Ummantelung. Man kann bei 1,0 mm^2 Leiterquerschnitt und 94 IRHD Shorehärte der Ummantelung von etwa 70 N Fügekraft je Kontakt ausgehen, so daß bei einem 25-poligen Steckverbinder bereits eine Fügekraft von 1,75 kN entsteht. Zur Abstützung dieser Reaktionskraft dient im einfachsten Fall der Roboterarm. Durch kurzzeitig formschlüssige Verbindung des Anschlagwerkzeuges mit dem Aufnahmesockel für Steckverbinder wird ein interner Kraftfluß gewährleistet. Dadurch entsteht auch bei diesem Teilprozeß eine nur geringe Anforderung an die Handhabungskraft des Industrieroboters. Auf eine einfache, schnell ver- und entriegelbare Vorrichtung ist im Hinblick auf die Erzielung hoher Mengenleistung zu achten. Zur Sicherung der Anlagenverfügbarkeit muß der Öffnungszustand der Verriegelung von der Robotersteuerung durch geeignete Sensorik überwacht werden.

Die Güte des Kontaktes zwischen Leiter und Verbinder ist neben geometrischer und stofflicher Abhängigkeit auch von der Exaktheit und Wiederholgenauigkeit des Anschlages abhängig. Da hierbei eine genaue Positionierung des Werkzeuges über der Kontaktzone von ausschlaggebender Bedeutung ist, kommt dem Verriegelungsmechanismus zusätzlich eine Zentrierfunktion zu.

Zur Untersuchung der Qualität des flexibel automatisierten Kontaktanschlages wurden Versuchsreihen mit Prüflingen unterschiedlicher Polzahl durchgeführt. Dabei traten in 2% der Fälle Störungen in der Anlage auf (Verriegelung), die anschließende Messung der Übergangswiderstände zeigte eine nur geringe Streuung. Die Ergebnisse sind in Bild 6-14 dargestellt.

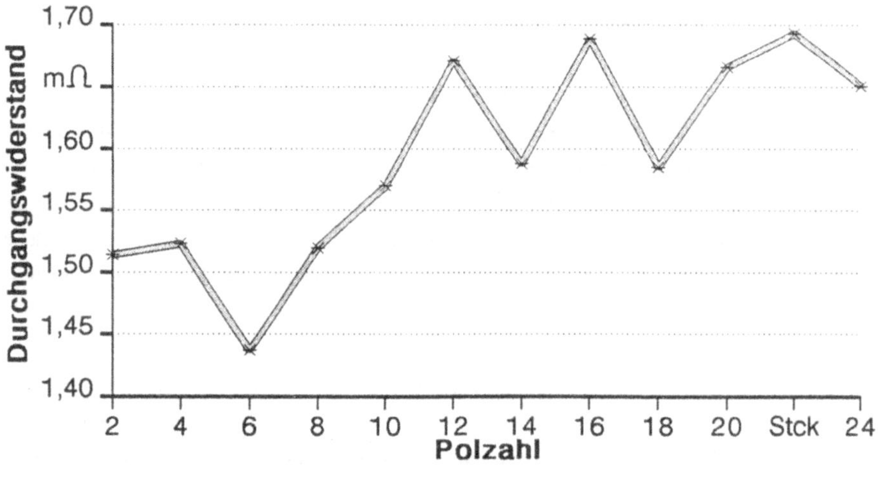

<u>Bild 6-14:</u> Ergebnisse des Dauerversuches zur Ermittlung von Fügesicherheit und Fügequalität beim automatischen Anschlagen von Steckverbindern

Ein deutliches Ansteigen des Übergangswiderstandes bei zunehmender Polzahl ist zu erkennen. Es ist dadurch zu erklären, daß Spiel und Luft innerhalb des Verriegelungsmechanismus bis zu einer Polzahl von zwölf abnehmen und das Werkzeug gegen die Verriegelung aus der Position, in die es der Roboter gebracht hat, gedrückt wird. Vom zwölfpoligen Steckverbinder an ist vollständiger Formschluß im Werkzeug erreicht und damit kein weiteres Herausdrängen des Werkzeuges aus der Halterung gegeben.

Zum Schutz der Kontaktstelle ist das Aufbringen einer Abdeckung erforderlich. Räumliche Verhältnisse und Kostenaspekte favorisieren eine aufgeschnappte Kunststoffabdeckung. Die Schnappverbindung kann grundsätzlich zeitgleich oder in Abfolge mit dem Anschlagprozeß stattfinden. Das Verformungsverhalten des Deckels und die hohen Anforderungen an die Gleichmäßigkeit des Anschlages lassen gleichzeitiges Fügen nicht sinnvoll erscheinen. Damit reduzieren sich die Alternativen wie folgt:

- Umklappen und Aufdrücken eines an das Basisgehäuse angespritzen Deckels
- Abholen des Deckels von der Zuführeinrichtung und Aufschnappen mit einem eigenen Werkzeug
- Abholen des Deckels von der Zuführeinrichtung und Aufschnappen mit dem Einpreßwerkzeug in einem zweiten Hub
- Zuführung des Deckels durch einen geeigneten Förderschlauch an die Wirkstelle vor dem Werkzeug (Bild 6–15).

	– einpressen – umklappen – aufdrücken	– einpressen – holen – aufdrücken	– holen – einpressen und aufdrücken	– einpressen – zuführen – aufdrücken
Wirkprinzip	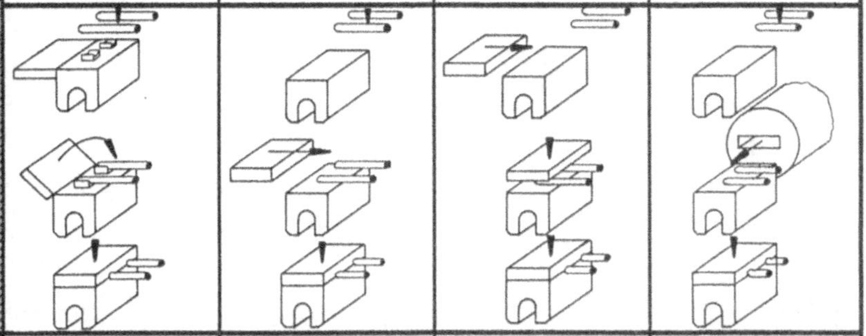			
Merkmale	o geringer Zeitaufwand o hohe Bauteilkosten o mittlere Werkzeugkosten o komplexe Fügebewegung o kein Zuführaufwand	o hoher Zeitaufwand o mittlere Bauteilkosten o hohe Werkzeugkosten o einfache Fügebewegung o mittlerer Zuführaufwand	o hoher Zeitaufwand o mittlere Bauteilkosten o mittlere Werkzeugkosten o einfache Fügebewegung o mittlerer Zuführaufwand	o geringer Zeitaufwand o mittlere Bauteilkosten o mittlere Werkzeugkosten o einfache Fügebewegung o hoher Zuführaufwand

Bild 6–15: ***Grundsätzliche Möglichkeiten zum Aufsetzen eines Schutzdeckels über die Kontaktstelle***

Nach Abwägung der Merkmale (Bild 6-15) ist es vorteilhaft, die Abdeckungen über einen Zuführschlauch an die Wirkstelle zu fördern und mit dem Anschlagwerkzeug in einem zweiten Hub aufzupressen.

6.3.4 Bündelungs- und Ummantelungstechnik

Durch geeignetete Maßnahmen muß vor dem Entnehmen die Fixierung der auf dem Legebrett vorgegebenen Form des Kabelbaumes vollzogen werden. Ist die Bündelungsmaßnahme ausreichend, so kann das automatische Abbinden mit Kabelbindern durchgeführt werden. Sind jedoch darüberhinaus Maßnahmen zum Schutz des Kabelbaumes zu treffen, ist eine geeignete Ummantelung unumgänglich. In Kapitel 4.1.3 wurde bereits auf Möglichkeiten zur automatischen Ummantelung hingewiesen. In Bild 6-16 sind zwei prinzipielle, automatische Verfahren zum Bündeln und Ummanteln von Kabelbäumen dargestellt.

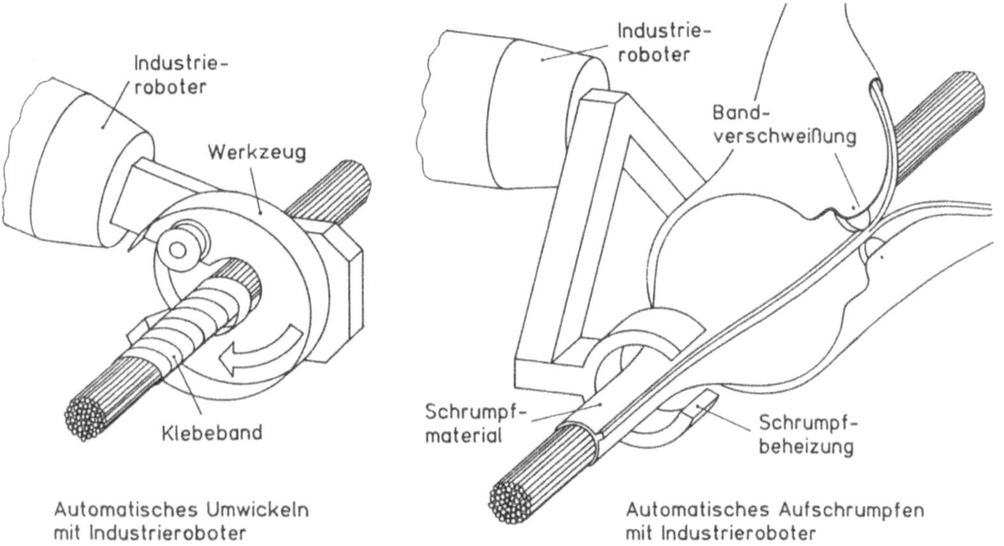

<u>Bild 6-16:</u> Pinzipielle automatische Verfahren zum Ummanteln von Kabelbäumen

Das Abbinden mit Kabelbindern ist durch die Integration bereits am Markt verfügbarer

Kabelbindeautomaten mit automatischer Werkstückzuführung in die Gesamtanlage möglich. In Bild 6–17 ist die Auswertung eines Dauertests an der Versuchsanlage zur Erprobung der Zuverlässigkeit dargestellt.

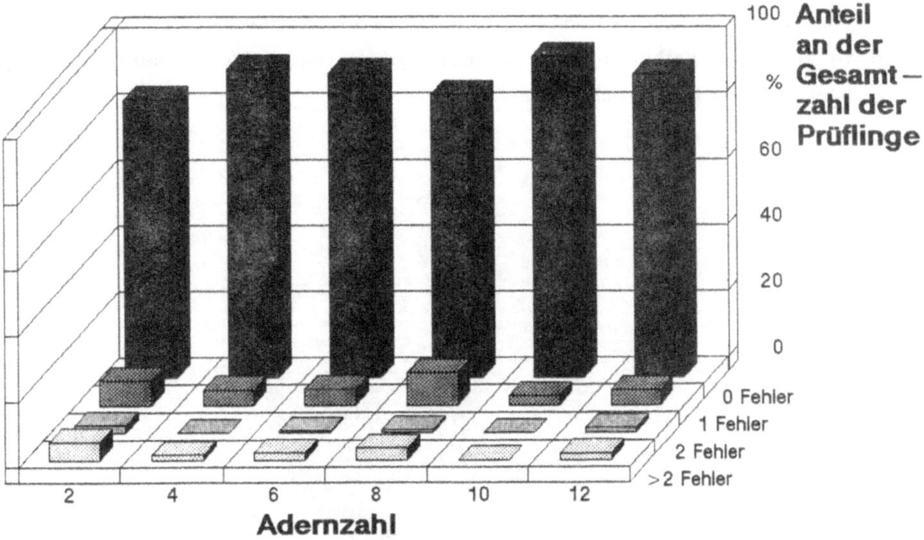

Bild 6–17: Fehlerhäufigkeit beim Abbinden des Kabelstranges mit Kabelbindern (Basis: 1200 Bindeversuche)

Maßgeblich für eine hohe Verfügbarkeit des Abbindegerätes ist die exakte Rechtwinkligkeit zwischen Achse des abzubindenden Kabelstranges und der Umschlingungsebene des Kabelbinders. Da der Kabelbaum sich darüberhinaus immer exakt in der Mitte der Werkzeugklaue befinden sollte, hat sich eine einfache Lichtschrankensensorik zur Nachregelung der Klauenposition als sinnvoll erwiesen. Durch die Überwachung des Bindeerfolges im Werkzeug und die Möglichkeit zweier Wiederholversuche wurde die Zuverlässigkeit des Systems von vorher 90% auf 97% gesteigert.

6.3.5 Prüfen des vorgefertigten Kabelbaumes

Auf eine Funktionsprüfung der Kabelbäume kann auch in der automatischen Fertigung nicht verzichtet werden. Die Häufigkeit von Fehlfunktionen des Kabelbaumes im Vergleich zu anderen elektrischen Fehlfunktionen sind in Bild 6–18 dargestellt /120/.

Während in der manuellen Fertigung der Kabelbaum ausschließlich vom Legebrett entnommen wird und auf einem Prüftisch an die Testeinrichtung angeschlossen wird, sind in der automatischen Anlage verschiedene Konfigurationen denkbar:

1. Entnehmen vom Legebrett und Einsetzen in die Prüfvorrichtung
2. Umstecken der Verbinder in eine auf dem Legebrett angebrachte Prüfeinrichtung
3. Integration der Prüfvorrichtung in das Legebrett

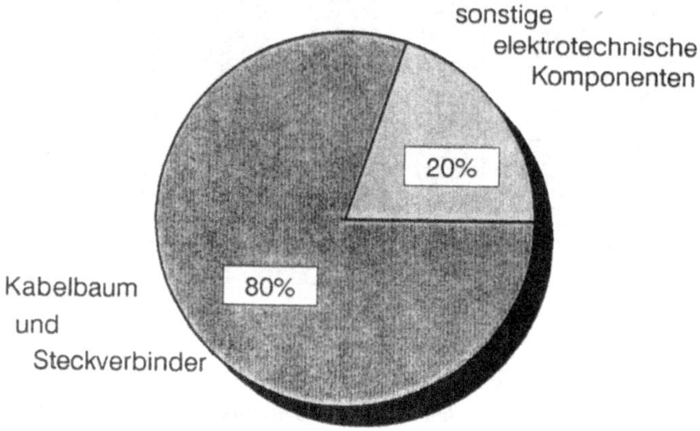

<u>Bild 6-18:</u> Verteilung elektrischer Fehlfunktionen im Kfz, nach /120/

Die ersten beiden Alternativen sind aus der Situation manueller Montage ableitbar. Die letzte Möglichkeit erfordert zwei technische Voraussetzungen an den Legebrettern und Legehilfen:

- Die Steckverbinder können im Aufnahmesockel zuverlässig und ohne Gefahr der Zerstörung während des Kabelanschlages mit Prüfstiften kontaktiert werden,
- die Aufnahmesockel können über eine einfache, schnell lösbare Kontaktierung ohne Beeinträchtigung der Umrüstbarkeit an die Prüfmaschine angeschlossen werden.

Beide Anforderungen können durch geeignete Gestaltung der Aufnahmesockel und eine matrixförmige Anschlußplatte zwischen Prüfmaschine und Kabelbrett technisch realisiert werden. Die Entscheidung zwischen Alternative eins und drei - Möglichkeit zwei scheidet wegen Unwirtschaftlichkeit aus - kann nur unter Kostengesichtspunkten erfolgen. Dem Zeitaufwand zum Ein- und Ausstecken an der Prüfmaschine sowie zum Transport zu dieser Einrichtung bei Lösung eins steht der konstruktive Mehraufwand je Montagesockel durch die Integration der Anschlußstellen zur Prüfmaschine nach Lösung zwei gegenüber. Die Entscheidung läßt sich mit Hilfe der Gleichung 12 treffen:

$$K_{S,diff} = (((t_{ein} + t_{aus}) * N_{Stv} + t_{Tr}) * 0{,}0083 \text{ DM})/N_{Stv} * t_N/t_Z \qquad \text{(Gl 12)}$$

dabei sind:

dabei sind:	$K_{S,diff}$	= mögliche Differenzkosten je Aufnahmesockel
	t_{ein}	= Zeit zum Einstecken eines Steckers in Prüfmaschine
	t_{aus}	= Zeit zum Entnehmen eines Steckers aus Prüfmaschine
	N_{Stv}	= Zahl der Steckverbinder je Kabelbaum
	t_{Tr}	= Transportzeit (Zeiten jeweils in Sek.)
	0,0083	= Lohnkosten je sek. Verrichtungszeit
	t_N	= Nutzungszeit eines Aufnahmesockels
	t_Z	= durchschnittliche Belegzeit für einen Sockel

$K_{S,diff}$ sind die Grenzkosten an der Schwelle zur Wirtschaftlichkeit integrierter Prüfung, also der Betrag, den ein Sockel mit integrierter Prüfeinrichtung maximal mehr kosten darf.

6.4 Verknüpfung von Vorfertigung und Montage

In einem geschlossenen System zur automatisierten Montage von Kabelbäumen ist nach der Herstellung des Kabelbaumes dessen Einbau in das Basisprodukt erforderlich. Um den auf dem Kabelbrett befindlichen Leitungssatz zum Endmontageort zu bringen, sind folgende Teilaufgaben zu lösen:

- Entnehmen vom Kabelbrett
- Zwischenspeichern
- Transportieren zum Einbauort und
- Bereitstellung am Einbauort.

Grundsätzlich stehen hinter diesen Aufgaben Handhabungsprobleme, organisatorische und topografische Aufgabenstellungen. Die Fragen des Kabelbaumhandlings werden zusammen mit der Endmontageaufgabe diskutiert (Kap. 6.5).

Setzt man ein stark variantenbehaftetes Produktspektrum voraus, und nur das kann der Einsatzbereich einer flexibel automatisierten Anlage sein, so bewegt sich die organisatorische Anbindung der Endmontage an die Vormontage zwischen den beiden extremen Möglichkeiten:

- synchrone Vorfertigung der spezifischen Leitungssatzvariante zum zeitlichen Ablauf der Endmontage und
- Fertigung der Kabelbäume in großer Stückzahl auf Lager, wobei die Verteilung der Varianten auf das durchschnittliche Fertigungsprogramm der Endmontage abgestimmt wird.

Dazu sind Zwischenlösungen möglich. Als Entscheidungskriterien für eine der möglichen Alternativen dienen folgende Punkte:

- Fertigungssicherheit in der Vorfertigung
- räumliche Verhältnisse
- Störungsrisiko auf der Transportstrecke (Inner- und zwischenbetrieblicher Transport)
- kostenoptimale Lagergröße
- Aufwand für Transport- und Lagereinrichtungen.

Das Ziel der vollautomatischen Fertigung mit der daran angeknüpften Forderung nach kontinuierlicher Fixierung der naturgemäß formlabilen Baugruppe läßt die lagerorientierte Organisationsform ausscheiden. Hierzu müßte im Lagerbereich ein unvertretbar hoher Investitionsaufwand für die Bereitstellung der Werkstückträger oder die Positionierung des Kabelbaumes, falls der Ordnungszustand aufgegeben wird, stattfinden.

Der organisatorische Zusammenhang zwischen Fertigung und Endmontage der Kabelbäume spiegelt sich zum Teil in ihrer räumlichen Anordnung wieder. Während bei der Just-In-Time-Fertigung die Förderstrecke zwischen Fertigung und Montage als Puffer und Sortierspeicher dienen muß, ist bei der Fertigung auf Lager die Förderstrecke von geringer Bedeutung. Es sind die drei Zielgrößen

- Mengenleistung
- Investitionskosten und
- Gesamtverfügbarkeit,

welche zum Teil im Konflikt stehen, als Bewertungsgrundlage für die Auswahl des spezifisch optimalen Layouts heranzuziehen. In den Bildern 8-2 bis 8-5 (Kap 8) werden einige Alternativen dargestellt und in ihrer Auswirkung auf das Kostengefüge verglichen.

6.5 Endmontage

6.5.1 Verfahren

In der Endmontage wird der bereitgestellte Leitungssatz in die Basisbaugruppe gefügt. Dabei muß sowohl die mechanische als auch die elektrische Verbindung zwischen Kabelbaum und Basisprodukt, bzw. einigen seiner Komponenten, hergestellt werden. Während zu der Verbindung der Steckergehäuse meist Schnappverbindungen verwendet werden (federnd einspreizen), ist das Aufschieben der Steckhülse auf den Stecker dem "Fügen durch Einpressen" zuzuordnen.

Dabei sind im Bereich eines Steckverbinders mehrere mechanische und elektrische Verbindungen während einer Fügeoperation herzustellen. Allgemein gilt für diese Gruppe, daß die Kontaktflächen im Verlauf des Fügeprozesses nicht gleichzeitig bzw. in zufälliger, sondern in programmierter Reihenfolge zur Berührung kommen sollen. Die Programmierung kann mechanisch durch gezielte Gestaltung der Fügepartner erfolgen (Bild 6-19). Da Montagefehler wie zurückgeschobene Kontakte oder übermäßig aufgeweitete Kontakte

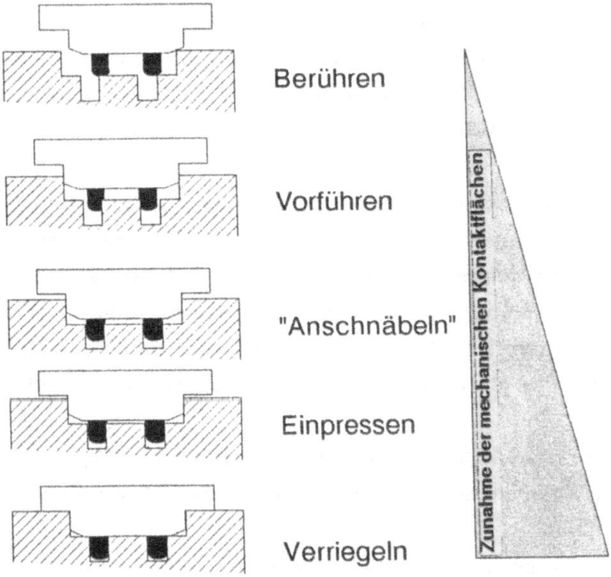

Bild 6-19: Fügeablauf bei der Montage eines Steckverbinders

zur Sicherung der elektrischen Funktion vermieden werden müssen, ist der Grundsatz der Reihenschaltung bei Steckverbindern besonders zu beachten. Hier müssen vor der ersten Berührung der elektrischen Kontakte untereinander Stecker- und Buchsengehäuse bereits soweit vorgeführt sein, daß nur noch ein Freiheitsgrad in Einschubrichtung der Kontakte vorhanden ist. Die Kontakte sind innerhalb des Toleranzbereiches im Gehäuse schwimmend zu lagern, um statische Überbestimmtheit und daraus resultierend Verspannungen zu vermeiden. Diese Methode führt dazu, daß die ursprüngliche Parallelschaltung von Fügevorgängen in eine Reihenschaltung mit eindeutiger, kinematisch teilentkoppelter Berührung der Wirkflächen übergeht.

6.5.2 Werkzeuggestaltung

Das Greif- und Handhabungswerkzeug für die Montage des Kabelbaumes ist so zu gestalten, daß der formlabile Zusammenhalt der Baugruppe durch eine geeignete Werkstückträgerfunktion unterstützt wird. Zusätzlich fordert der Fügeprozeß während der Endmontage die Aufbringung der Fügekraft für die vorhandene Schnappverbindung und die elektrische Kontaktierung. Die Steckverbinder müssen deshalb von dem Werkzeug unterstützt werden und sind sinnvoll als Greifstellen zu verwenden. Die Wahl der Greifflächen an den Steckverbindern läßt sich auf die Greifproblematik der Einzelstecker zurückführen (vgl. Kap. 6.2.1). Es ist jedoch zu beachten, daß sich die möglichen Greifflächen in diesem Fall auf die Außenkonturen der Stecker beschränken.

Eine wesentliche Problemstellung liefert die Tatsache, daß der Leitungssatz in eine Basisbaugruppe eingesetzt werden muß, die aus weiteren toleranzbehafteten Untergruppen besteht. Diese Betrachtungsweise demonstriert die Problemhaftigkeit, alle Steckverbinder des Kabelbaumes gleichzeitig einzustecken. Zur Gewährleistung eines sicheren Fügeprozesses ist auch hier die zeitliche oder räumliche Entkoppelung der Teilprozesse zusammen mit Maßnahmen zum aktiven und passiven Toleranzausgleich erforderlich.

Der passive Toleranzausgleich kann durch kinematisch unabhängige, elastische Lagerung der Einzelgreifer senkrecht zur Fügeachse erzielt werden (Bild 6-20, s. S. 145).

Der aktive Toleranzausgleich wird beispielsweise durch den Einsatz eines Kraft-Momenten-Sensors im Werkzeugflansch ermöglicht. Durch Rückführung der Sensordaten an den Roboter läßt sich ein Regelkreis zur individuellen Anpassung der Fügeachse an die momentanen Gegebenheiten aufbauen. Die Entkoppelung der Einzelprozesse ist dabei besonders relevant. Dies wird möglich durch:

- zeitliche Reihenschaltung der Fügeoperationen oder
- Aufbau eines separaten Regelkreises je Fügestelle mit eigenem zweiachsigen Servoantrieb und dezentraler Sensorik.

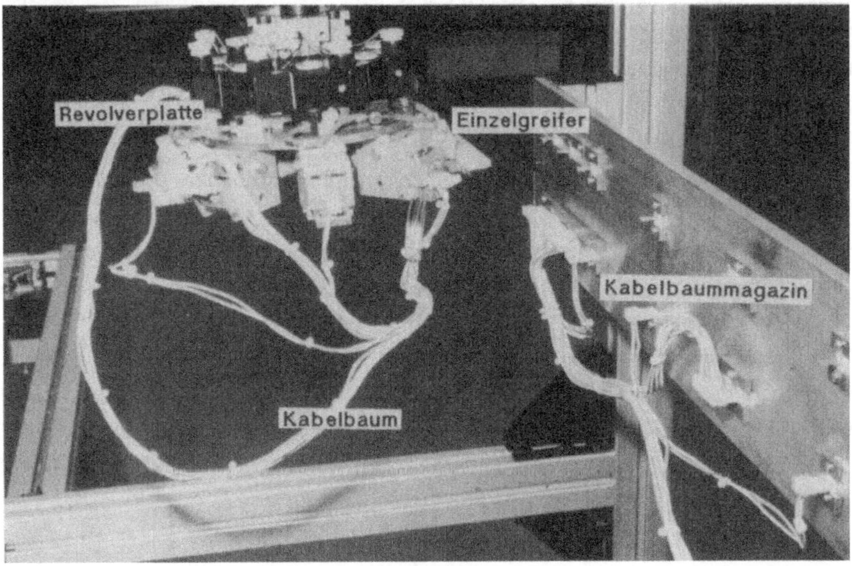

<u>Bild 6-20:</u> Aufbau des Greifers der Versuchsanlage

Der hohe Investitionsaufwand läßt die zweite Möglichkeit nur in Ausnahmefällen sinnvoll erscheinen. In Bild 6-20 ist eine Greiferstruktur dargestellt, welche die bei der ersten Variante gestellten Anforderungen erfüllt. Die Form des Kabelbaumes wird durch stetige, geringe Zugbelastung der Leitungsstränge aufrechterhalten bzw. durch gezieltes Aufbringen der Zugbelastung wieder hergestellt.

6.5.3 Elektrische Kontaktierung, Sicherstellung der Funktion

Zur Sicherstellung der elektrischen Verbindung im Dauerbetrieb ist die Überwachung des Fügevorganges während des Einsteckens erforderlich. Durch entsprechende konstruktive Gestaltung des Steckergehäuses kann ein Umkehrpunkt der Reaktionskraft in Fügerichtung während des Fügens von Druck auf Zug erreicht werden, welcher durch geeignet angeordnete Sensorik meßbar ist (Kap. 7.2.2).

6.5.4 Mechanische Haltefunktion bei Dauerbeanspruchung

Neben der Verbindung über das Steckergehäuse sind zwischen Kabelbaum und Basisbaugruppe weitere Verbindungen zur Erfüllung der mechanischen Haltefunktion erforderlich. Aufgaben dieser Fügestellen sind:

- mechanische Entlastung der Steckverbinder
- Verkürzung der freien Leitungslänge zur Reduzierung dynamischer Belastungen in der Kontaktzone
- Vermeidung von Relativbewegungen zwischen Kabelbaum und Basisteil(Geräusch)
- Vermeidung unzulässiger Kabelanordnungen durch zufällige Verlagerung des Stranges.

Die bisher in der manuellen Montage durchgeführte Halfterung des Kabelbaumes mit Kabelbindern scheidet wegen der Unsicherheit des Verfahrens bei ungenügend fixiertem Kabelstrang aus. In Bild 6–21 sind automatisierungsgerechte Alternativen dargestellt. Es

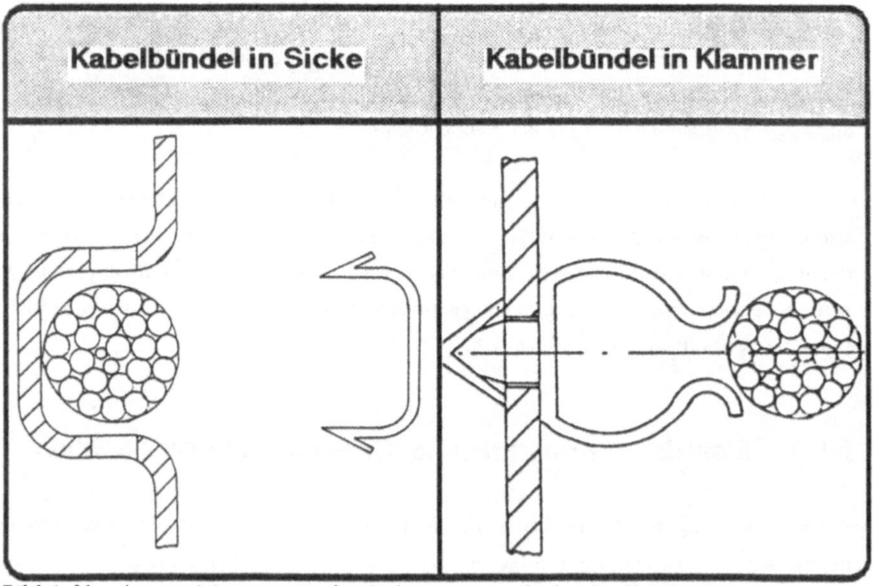

Bild 6–21: Automatisierungsgerechte Befestigungsmethoden für Kabelstränge

ist zu beachten, daß bei der Gestaltung des Endmontageprozesses die Fixierung der Kabelstränge integraler Bestandteil des Montageablaufes sind. Ein erneutes Nachfassen der Stränge nach dem Einstecken aller Verbinder führt zu:

- hohem Zeitaufwand bei der Montage
- geringer Prozeßsicherheit
- bedeutendem Sensoraufwand.

Neben den oben aufgeführten Verbindungselementen ist eine formschlüssige Führung der Leitungsstränge unerläßlich, um sicheres Verlegen zu gewährleisten. Außer dem Einbringen des Kabelbaumes in aufgeschnappte Kabelkanäle aus Kunststoff ist die Verlegung in integrierten Vertiefungen (Sicken) des Basisteiles eine kostengünstige Methode.

6.6 Erkenntnisse aus der Versuchsanlage für die flexibel automatisierte Kabelsatzfertigung

Bei der automatisierten Fertigung und Montage von Kabelbäumen werden folgende Problemkreise der Montageautomatisierung berührt:

- Handhabung formlabiler, linienförmiger Teile
- Fügen von Mehrfachverbindungen mit paralleler Wirkflächenberührung
- Fügen mit großer Toleranzbreite
- Fügen an bewegter Wirkstelle
- prozeßbegleitende Überwachung des Fügeergebnisses.

Bei der Handhabung formlabiler Teile ist grundsätzlich auf die kontinuierliche Unterstützung des Werkstückes durch Vorrichtungen und Greifer zu achten. Greifpunkte mit sicheren, selbstzentrierenden Greifflächen sind vorzusehen. Die Anordnung von Greifstellen an beiden Seiten der formlabilen Strecke ermöglicht die Herstellung einer geradlinigen Form des Bauteiles durch Zugbelastung, auch nach zwischenzeitlicher Aufgabe des Ordnungszustandes bzw. der Montageform.

Allgemein gilt für das gleichzeitige Fügen mehrerer Wirkflächen, daß die Kontaktflächen im Verlauf des Fügeprozesses nicht gleichzeitig und in zufälliger Reihenfolge, sondern in programmierter Reihenfolge zur Berührung kommen sollen. Die Programmierung erfolgt dabei mechanisch durch gezielte Gestaltung der Fügepartner, also durch eine Reihenschaltung im Produktbereich.

Zur Gewährleistung eines sicheren Fügeprozesses bei großem Toleranzfeld ist die zeitliche und lokale Entkoppelung von Teilprozessen für den wirkungsvollen Einsatz von Maßnahmen zum aktiven und passiven Toleranzausgleich erforderlich. Hier kann von einer Reihenschaltung im Prozeßbereich gesprochen werden.

Fügen an beweglicher Wirkstelle trifft dann zu, wenn das Fügeteil während des Fügevorganges nicht fest mit dem Werkzeug verbunden ist, sondern eine Relativbewegung dazu ausführt. Das zu dieser Relativbewegung meist notwendige Spiel wirkt sich negativ auf das Toleranzgefüge der gesamten Wirkkette aus und bedarf deshalb bei der Auslegung von Produkt und Prozeß besonderer Beachtung. Darüberhinaus ist eine geeignete, wirrfreie Produktnachführung erforderlich.

Die Überwachung des Fügeergebnisses ist bei elektrischen Verbindungen von besonderer Bedeutung. Durch geeignete Gestaltung der an der Herstellung der mechanischen Haltefunktion beteiligten Wirkkörper können Effekte genutzt werden, welche auf die Korrektheit der elektrischen Verbindung schließen lassen. Die Aufabe nachträglicher Prüfung des Fügeerfolgs ist dagegen einfach durch eine Widerstandsmessung zu lösen.

7. Maßnahmen zur Erhöhung der Mengenleistung

Die Mengenleistung von Produktionsanlagen wird wesentlich durch die Betriebsmittelbelegungszeit für den Fertigungs- bzw. Montageprozeß und durch die Verfügbarkeit der Anlage bestimmt. Maßnahmen zur Verbesserung der Mengenleistung beinhalten daher das Ziel, diese Kenngrößen zu optimieren.

7.1 Verkürzung der Grundzeit

7.1.1 Erkenntnisse aus den Versuchen an der Laboranlage

Die Betriebsmittelbelegungszeit in der automatischen Kabelbaumfertigung setzt sich aus Rüstzeit, Zuführzeit für Steckverbinder, Verlegezeit, Anschlagzeit, Abbindezeit, Entnahmezeit und Nachbereitungszeit zur Entsorgung des Kabelbrettes zusammen (vgl. Bild 7-1).

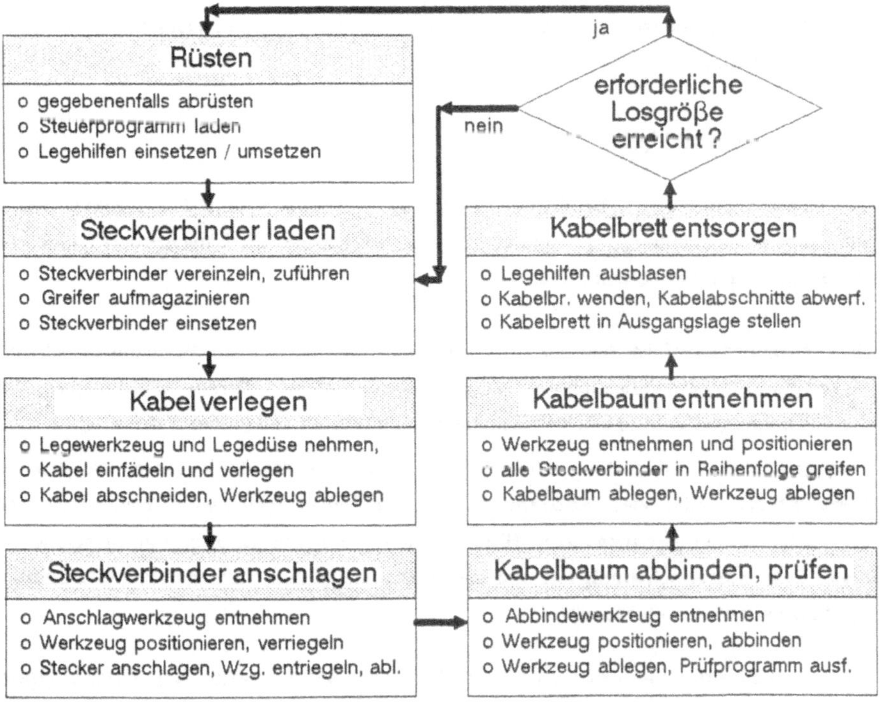

<u>Bild 7-1:</u> Gliederung des Fertigungsablaufes bei der Kabelbaumherstellung

Auch in der Kabelbaumfertigung ist es sinnvoll, die Belegungszeit in Haupt-, Neben- und Rüstzeit zu gliedern. Unmittelbar zum Fertigungsfortschritt tragen lediglich das Verlegen der Leitungen sowie das Anschlagen und Abbinden des Kabels bei. Diese Arbeitsgänge sind daher auch der Hauptzeit zuzuordnen. Nebenzeitanteile sind demnach Nachladevorgänge, Leerwege und der Werkzeugwechsel. Die Rüstzeit ist für die Belegungszeit von untergeordneter Bedeutung, weil sie bei der flexibel automatisierten Fertigung im Vergleich zur Grundzeit einen geringen Anteil einnimmt. Die Grundzeit kann durch die zwei folgenden, prinzipiellen Ansätze verkürzt werden:

- Verkürzung der Haupt- und Nebenzeiten
- Parallelschaltung von Hauptzeiten oder von Haupt- und Nebenzeiten.

Mit dem Ziel, die Hauptzeit zu verkürzen, ist für jeden Zeitanteil eine Minimierung anzustreben. Analysen an der Versuchsanlage führten jedoch zu der Erkenntnis, daß das Legen der Leitungen den stärksten Einfluß auf die Hauptzeit in der Kabelbaumfertigung ausübt, da es den Hauptanteil des Fertigungsprozesses einnimmt. Der Anteil wird mit zunehmender Komplexität des Kabelbaumes größer. Diese Tätigkeit soll deshalb im folgenden näher betrachtet werden. Die Legezeit pro Leitung $t_{leg/leit}$ berechnet sich nach folgender Gleichung:

$$t_{leg/leit} = t_{const} + t_{prop\_l} + t_{prop\_k} \qquad \text{(Gl 13)}$$

Der Konstantanteil t_{const} beinhaltet das Vorfügen des Kabels auf dem Steckverbinder. Die Proportionalanteile t_{prop_l} und t_{prop_k} berücksichtigen die Längen- und Knickzahlabhängigkeit der Verlegezeit.

Der Fertigungsablauf ist dadurch gekennzeichnet, daß vielfach die Bewegungsgeschwindigkeit und die Bewegungsrichtung verändert werden müssen. Daraus ist zu folgern, daß die Positioniergeschwindigkeit des Handhabungsautomaten von großer Bedeutung ist.

Eine Analyse des Verlegeablaufes im v-s-Diagramm zeigt, daß der Weganteil, bei dem der Roboter beschleunigt oder verzögert, ebenso große Bedeutung hat wie der mit konstanter, maximaler Verfahrgeschwindigkeit (Bild 7-2, s. S. 151). Ziel ist also, eine Maschine mit hoher Bewegungsgeschwindigkeit und hohem Beschleunigungsvermögen zur Minimierung der Positionierzeiten einzusetzen.

Kurze Nebenzeiten lassen sich grundsätzlich durch kurze Leerwege und wenig Orientierungsänderungen /10/ erzielen. Dazu sind folgende Regeln zu berücksichtigen:

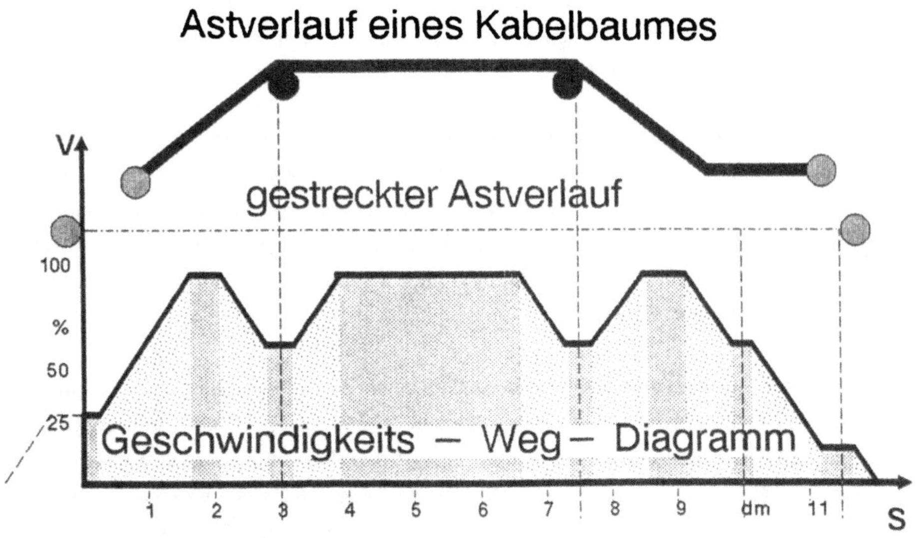

Bild 7- 2: Geschwindigkeits – Weg – Diagramm bei der Kabelbaumverlegung

- Anordnung des Greiferbahnhofes am Kabelbrett
- Anordnung des Düsenbahnhofes am Roboterarm oder am Kabelbrett
- Verwendung von Multifunktionsgreifern, Revolvergreifern, Mehrfachgreifern
- Einfache Greiferwechselmechanismen (einachsige Bewegung zum Ankoppeln)
- Einfache Verschlußmechanismen beim Verbinden der Werkzeuge und Montagehilfen
- Minimierter Greiferhub bzw. Greifen ohne Sekundärbewegung z. B. durch Sauggreifer.

Wichtig sind schnelle Sekundärbewegungen der Werkzeuge (Bewegungen z. B. durch pneumatischen Antrieb), kurze Verriegelungszeiten und erfolggesteuerte Vorgangsfolgen. Bei erfolggesteuerten Abläufen wird sofort nach Quittierung der aktuellen Aufgabe der nächste Vorgang eingeleitet, bei zeitgesteuerten ist regelmäßig der längste auftretende Zeitraum für die sichere Abarbeitung des Teilprozesses abzuwarten.

Die Methode, Hauptzeiten parallel zu schalten, wird in der spanenden Fertigung schon seit geraumer Zeit angewendet /119/. Bei der Übertragung dieses Prinzips auf die Montage sind folgende Randbedingungen zu beachten:

- Verschiedene hauptzeitbestimmende Prozesse bauen funktional aufeinander auf, sie können daher nicht gleichzeitig ablaufen

- Bei der Parallelschaltung von Hauptzeiten ist man bestrebt, Bewegungen, welche für beide Teilprozesse gleichermaßen notwendig sind, nur einmal durch die Integration der Teilprozesse auszuführen.

Bei der vierachsigen Drehbearbeitung wird die Schnittbewegung der Spindel von den beiden zweiachsigen Werkzeugträgern zeitgleich benutzt. Dieses Prinzip ist auf die Verlegung von Kabeln übertragbar. Grundsätzlich ist beim Verlegen der Leitungen eine 2,5-dimensionale Bewegung notwendig. Während die Längsbewegung aller parallel arbeitenden Legedüsen zusammengefaßt wird, sind diese in Quer- und Hubrichtung kinematisch entkoppelt (s. Kapitel 7.1.2).

Häufig wird ein Industrieroboter in der Montage nur für die Ausführung von Positioniertätigkeiten eingesetzt. Um diese Nebentätigkeit zu minimieren, sind Transporttätigkeiten durch einfache, kostengünstigere Strukturen zu übernehmen und können dadurch zeitlich parallel zu Haupttätigkeiten ablaufen (Parallelschaltung von Haupt- und Nebenzeiten). Hier bieten sich folgende Beispiele im Bereich der Kabelbaumfertigung an:

- Nachladen der Stecker und Abdeckungen mit Druckluft durch Schläuche
- Entsorgen eines Kabelbrettes, während z. B. am zweiten gefertigt wird.

7.1.2. Übertragung der Erkenntnisse auf eine optimierte Anlage

Die Umsetzung der vorher dargestellten Methoden zur Belegungszeitverkürzung ist anhand eines Groblayouts in Bild 7-3 dargestellt. An einer balkenförmigen, sich über die gesamte Kabelbrettbreite erstreckenden Lineareinheit sind mehrere quer fahrende Legedüsen angeordnet, welche zeitgleich unterschiedliche Leitungen verlegen (Parallelschaltung von Hauptzeiten). Dabei werden hohe Anforderungen an die Steuerung zur Synchronisierung der Teilprozesse gestellt. Durch freie Programmierbarkeit der Verfahrachsen ist weiterhin ausreichende Flexibilität zur Fertigung aller auftretenden Kabelbaumvarianten gewährleistet. In /29,121/ wird dies als strukturelle Flexibilität bezeichnet. Verzichtet wurde hier auf die technologische Flexibilität. Durch den kartesischen Grundaufbau des Gerätes sind hohe Lineargeschwindigkeiten bei der Verlegung möglich. Durch Anordnung des Düsenmagazines direkt neben dem Kabelbrett sind minimale Nebenzeiten erreichbar. Es ist zu beachten, daß in der dargestellten Anlage nur das Legen des Leitungssatzes ausgeführt wird. Alle anderen Arbeitsgänge können von einem in Reihe angeordneten Universalgerät übernommen werden (Parallelschaltung von Haupt-, Neben- und Rüstzeit).

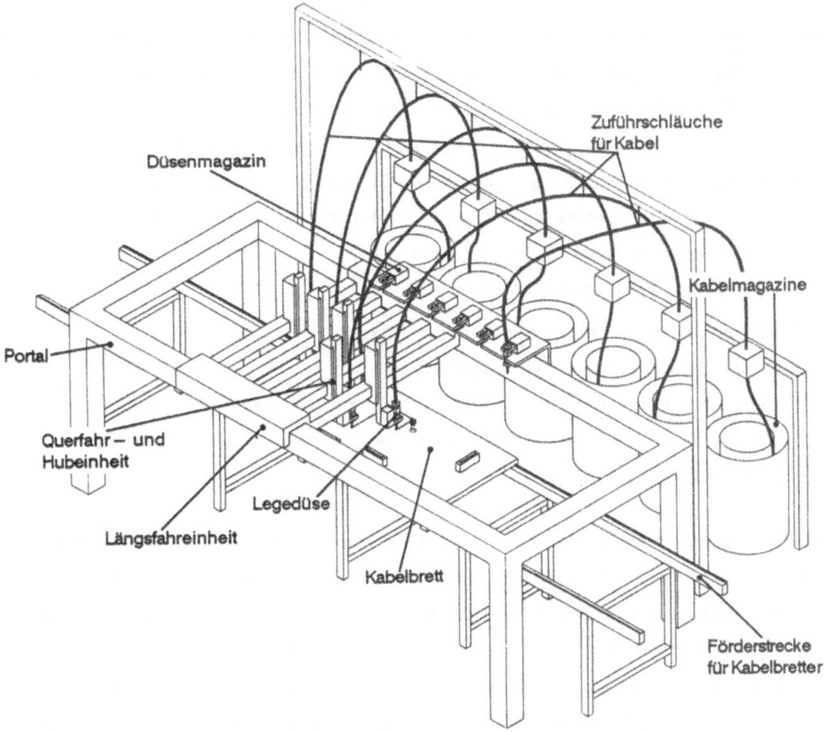

Bild 7–3: *Anlage für die Kabelbaumfertigung mit hoher Mengenleistung*

7.2 Erhöhung der Verfügbarkeit

Die Nutzungszeit einer Maschine wird durch technische und organisatorische Stillstandszeiten beeinflußt. Die organisatorische Stillstandszeit ist hier nicht Gegenstand der Betrachtung. Technische Stillstandszeiten sind von der Gestaltung des Fertigungsprozesses und der Anlagenauslegung abhängig. Ihre Reduzierung ist im folgenden Zielgröße.

7.2.1 Störstellenanalyse

Wesentliche Voraussetzung für Maßnahmen zur Erhöhung der Verfügbarkeit ist die Kenntnis der Schwachstellen einer Produktionsanlage. Hilfsmittel dazu ist eine Störstellenanalyse, welche bereits in der Planungsphase einer Anlage intensiv durchgeführt werden sollte. In diesem Zusammenhang ist besonders zu beachten, daß die Komponenten einer Anlage zwar häufig zeitlich parallel arbeiten, für die Gesamtverfügbarkeit jedoch eine logische Reihenschaltung darstellen /122/. Nach bekannten Verfügbarkeitstheorien kann also bei zunehmender Zahl an Anlagenkomponenten von einer sinkenden technischen Verfügbarkeit ausgegangen werden /123/. Durch zwischengeschaltete Puffer können zwar die Folgen geringer Verfügbarkeit komplexer Anlagen reduziert werden, die Ursachen bleiben jedoch weiterhin bestehen /124/. Die Fehlfunktionen eines Gerätes lassen sich in folgende Gruppen einteilen:

- Zerstörung einer mechanischen Komponente
- Zerstörung einer elektrischen Komponente
- Unterbrechung einer mechanischen oder elektrischen Verbindung
- unzureichende Erfüllung der Leistungsanforderungen an das Gerät
- unzureichende Prozeßsicherheit.

Dabei ist zwischen systematischen und zufälligen Fehlern zu unterscheiden. Systematische Fehler werden durch konstruktive Mängel am Produkt oder durch konzeptionelle Schwächen der Anlage ausgelöst und sind deshalb durch entsprechende Gestaltung vermeidbar. Zufällige Fehler treten als unvorhersehbare Zwischenfälle auf und können nur bei ihrer Erscheinung durch rechtzeitige Reaktion in ihrer Auswirkung minimiert werden. Die Zerstörung einer mechanischen oder elektrischen Komponente wird durch mangelhafte Auslegung, Verschleiß, Verschmutzung oder Fehlbedienung verursacht. Sie wird vom Gerätehersteller bzw. vom Ausbildungsstand des Personals bestimmt.

Für die Montage sind vor allem Positioniersicherheit bei unterschiedlichen Belastungen und die Bewegungsgenauigkeit Leistungsmerkmale der Handhabungsautomaten. Numerisch gesteuerte Maschinen sind diesbezüglich wesentlich von dem Verhalten des Lageregelkreises abhängig. Hohe Geschwindigkeiten und Beschleunigungen führen zum Teil zu Überschreitung der Leistungsgrenze der Lageregelung und damit zu Positionierfehlern. In Bild 7-4 sind Auszüge aus Ergebnissen von Messungen dargestellt, die an der in Kapitel 6 beschriebenen Laboranlage durchgeführt wurden. Gegenstand der Untersuchung war die Bahngenauigkeit eines Industrieroboters bei steigender Bahngeschwindigkeit. Gut zu erkennen ist die unterschiedliche Ausprägung der Eckabrundungen ("Überschleifen") beim Abfahren eines Rechteckes mit unterschiedlichen Geschwindigkeiten. Dabei fällt auf, daß bei einer Bewegungsgeschwindigkeit von 60% der Maximalgeschwindigkeit eine Ecke wieder exakt angefahren wird. Grund ist, daß der Interpolator zeitlich überfordert ist, um die gewünschte Abrundung der Ecke rechtzeitig vorherzubestimmen. Dieser Fehler tritt zufällig auf und muß vor allem bei offline erstellten Programmen berücksichtigt werden.

Zusätzlich ist eine unterschiedliche Ausprägung dieser Fehler, je nach Lage im Arbeitsraum des Industrieroboters, zu beobachten. Diese Auswirkungen von Regelkreisverhalten und Feder-Masse-Eigenschaften des Industrieroboters sind bei der Auslegung einer leistungsfähigen, flexibel automatisierten Anlage zu beachten, da Veränderungen von Geschwindigkeit oder Wirkraumanordnung im Roboterarbeitsbereich nachweislich zu Veränderungen des Bewegungsverhaltens führen (Bild 7-4).

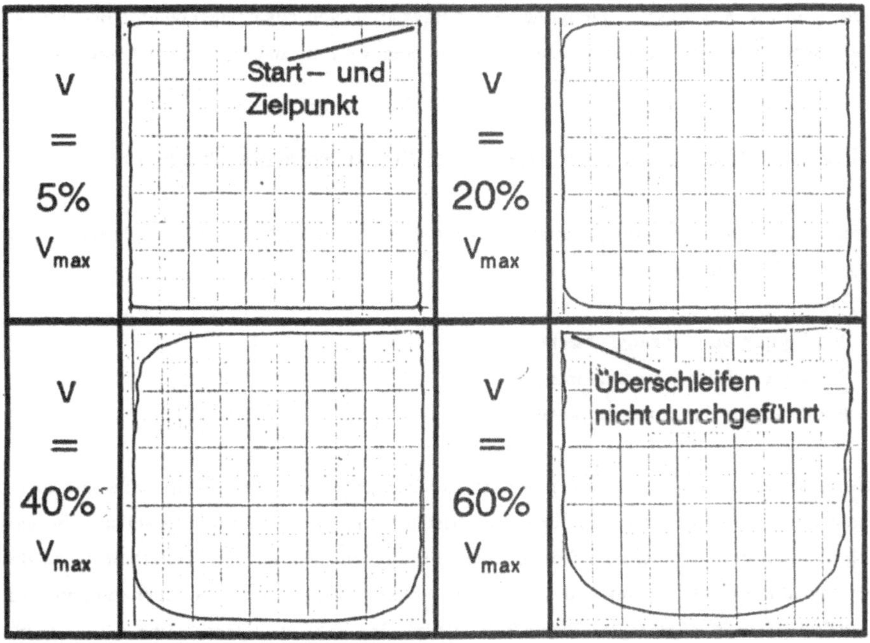

Bild 7-4: Bahngenauigkeit eines Industrieroboters bei unterschiedlicher Bewegungsgeschwindigkeit

Umfassende Kenntnis über das Verhalten des Bewegungsautomaten bei den geforderten Arbeitsbedingungen im Vergleich mit der Fehlertoleranz des aktuellen Fertigungsprozesses ist wesentliche Voraussetzung für eine störungsfreie Anlagenfunktion. Erforderliches Hilfsmittel hierfür ist die exakte Nachbildung des physikalischen Verhaltens von Industrierobotern mit einem Simulationsmodell. Darüberhinaus resultiert aus den Messungen der Bahngenauigkeit die Erkenntnis, daß der Industrieroboter nicht an der Leistungsgrenze arbeiten sollte, um die notwendige Verfügbarkeit der Gesamtanlage zu gewährleisten.

Die Sicherheit des Montageprozesses selbst stellt ein wesentliches Kriterium für die Ausfallwahrscheinlichkeit einer Anlage dar. Diese Prozeßsicherheit wird bestimmt durch

- die Fehlerhaftigkeit der Montageobjekte (Fügepartner) und
- die Auswirkung von Störkräften auf die Wirkkräfte des Montageprozesses.

Geeignete, fehlertolerante Gestaltung der Prozeßpartner und die Erkennung nicht tolerierbarer Fehler bereits vor Beginn des Montageprozesses reduziert die Prozeßunsicherheit. Da die Hauptaufgabe der Montage, das Fügen, stets durch eine Bewegung bewirkt wird, sind die Kräfte zur Erzeugung dieser Bewegung von ausschlaggebender Bedeutung. Die Auswirkung von Störkräften auf die Fügeoperation muß daher minimiert werden.

7.2.2 Maßnahmen zur Erhöhung der Anlagenverfügbarkeit

Geeignete Maßnahmen, die zu einer erhöhten Anlagenverfügbarkeit führen, lassen sich in folgende Gruppen einteilen:

- Beseitigung von Störungsursachen
- Reduzierung der Störerscheinungen
- Minimierung der Störungsfolgen

Störungsursachen sind also Fehler der Anlagenkomponenten, fehlerhafte Teile und unsichere Prozesse. Ein Hilfsmittel zur systematischen Analyse des Fertigungsablaufes bezüglich Störungsursachen ist eine Störstellentabelle. Hierbei werden alle Teilarbeitsgänge des Montageablaufes aufgelistet und die Aktionen bzw. Reaktionen der Anlagenkomponenten und Fügepartner eingetragen. Daraufhin erfolgt eine genaue Untersuchung aller Zusammenhänge auf Störungsursachen hin, unter Zuhilfenahme von Checklisten.

Störungen in einer Montageanlage erscheinen in der Regel in der Form, daß

- die Montage nicht oder unvollständig ausgeführt wurde,
- die Montageoperation fehlerhaft ausgeführt wurde oder
- Anlagenkomponenten bzw. die gesamte Anlage zerstört wurden.

Ist die Beseitigung der Störungsursache nicht vollständig möglich, muß die fehlerbehaftete Prozeßkomponente bei ihrem Auftreten erkannt und korrigiert werden. Dazu sind folgende Möglichkeiten vorhanden:

- Kontrolle der Eingangsgrößen in die Montage
- Überwachung von Kenngrößen des Montageprozesses
- Überwachung des Montageergebnisses
- Entkoppelung der Teilprozesse.

Möglichkeiten zur Kontrolle der in die Montage eingehenden Elemente und Stoffe durch geeignete Sensorik auf vorher bekannte Fehlerhaftigkeit sind bekannt. Der Aufwand für die Werkstückidentifikation ist je nach zulässiger Gestaltvariation unterschiedlich hoch. Hier werden einfache mechanische Verfahren neben komplexen Bildverarbeitungssystemen erprobt. Zur Überwachung des ablaufenden Fügeprozesses (Prozeßbegleitende Messung) eignen sich verschiedene Sensoren. Die in der Regel auftretenden Fügekräfte bei der Montage können gemessen werden; es wird damit eine Rückmeldung über den Erfolg der Montageoperation erzeugt /125/ (s. Beispiel in Bild 7-5).

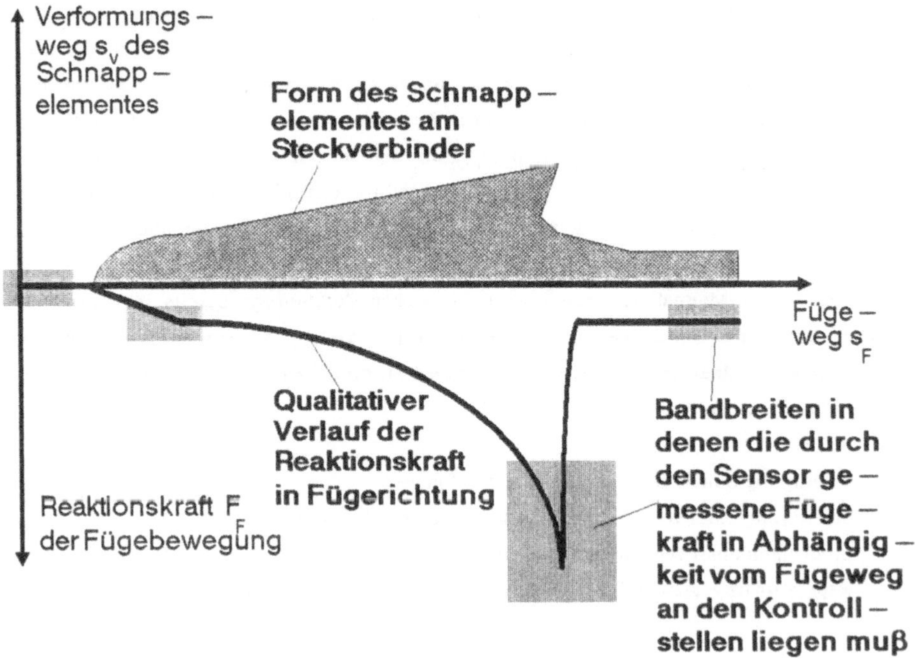

Bild 7-5: Fügekraft bei der Steckverbindermontage

Bei der Montage von Kabelbäumen ist die Steckkraft beim Einstecken in die Steckhülse eine besonders wichtige Kenngröße, um eine Erfolgsmeldung über die korrekte elektrische Kontaktierung zu erlangen. Dazu wird beispielsweise der Steuerung innerhalb einer Bandbreite der Kraftverlauf über dem Fügeweg vorgegeben (Bild 7–5); eine Überschreitung dieser Grenzen verursacht eine Fehlermeldung. Das durch geeignete Gestaltung des Schnapphakens meßbare Maximum der Fügekraft kann der Steuerung als Erfolgskriterium für eine einwandfreie Verbindung vorgegeben werden. Neben der Überwachung des Montageergebnisses wird dadurch die Gefahr der Anlagenzerstörung gemindert. Unzulässig hohe Reaktionskräfte können Korrekturbewegungen und Notstrategien des Roboters auslösen. Wurde keine der Meßschwellen über- oder unterschritten, kann von einem einwandfreien Montageergebnis ausgegangen werden.

Wichtige Maßnahme zur Minimierung der Störerscheinungen ist die Entkoppelung der Teilsysteme. Dadurch treten zwar weiterhin Störungen auf, jedoch ihre Wirkung auf das Gesamtsystem ist eingeschränkt. Bekannte Methoden sind die Pufferung und Parallelschaltung von Anlagenteilen /123,124/. Durch entkoppelten Produktaufbau kann die Auswirkung von Störungen an einer Teilstation auf die Gesamtanlage reduziert werden. Liegt eine entkoppelte Baugruppenstruktur vor, so können Montageabläufe parallel und unbeeinflußt von einem Anlagenstillstand an einer anderen Station fortgeführt, und die Komplettierung des Gesamtproduktes nach Beseitigung der Störung durchgeführt werden. Eine Aufbaustruktur läßt dies nicht zu. Diese Entkoppelung ermöglicht in der Regel auch eine verstärkte Verlagerung von Arbeitsgängen aus der Endmontage in Vormontagen.

Wurden bisher Maßnahmen beschrieben, Ursachen der Störung bereits im Vorfeld zu vermeiden, bzw. erscheinende Störgrößen zu korrigieren, so werden hier Methoden beschrieben, Folgen einer bereits aufgetretenen Störung zu reduzieren. Anlagenstillstand ist erforderlich zur

- Beseitigung eines Fremdkörpers aus der Anlage
- Beseitigung eines fehlerhaften Montageteiles aus der Anlage
- Einbringen eines fehlenden Teiles in die Anlage
- Reparatur bzw. Austausch einer oder mehrerer zerstörter Anlagenkomponenten

und wird direkt verursacht durch Detektion eines Fehlers oder Zerstörung der Anlage. Erkannte Fehler an Montageobjekten und Fremdkörper sollten zunehmend durch selbsttätig ausgeführte Notstrategien des Montageautomaten beseitigt werden.

Im vorliegenden Fall wird beispielsweise bei einem Fehlversuch der zum Binden des Kabelbaumes vorgesehene Kabelbinder in einen Behälter ausgeblasen und ein zweiter Versuch begonnen. Der Abbindeerfolg wird duch Messung der Anzugskraft beim Straffen des Binders erkannt. Erst nach drei erfolglosen Versuchen kommt es zum Anlagenstillstand.

Verursacht ein Fehlverhalten im Gesamtsystem die Zerstörung einiger seiner Komponenten, so kann die Reparatur dieser Elemente lange Stillstandszeiten hervorrufen. Um diese Reparaturen nicht in der Anlage selbst vornehmen zu müssen, ist es sinnvoll, durch genormte Schnittstellen mit integrierten Paßflächen innerhalb der Anlage, deren Komponenten austauschbar zu gestalten. Es läßt sich damit das automatische Auswechseln des defekten Bauteiles gegen das Ersatzteil realisieren; die Reparatur kann dann zeitunkritisch außerhalb der Anlage stattfinden. Durch Modularisierung der Anlage mit Hilfe oben genannter Schnittstellen werden folgende austauschbare Baugruppen definiert (Bild 7-6): Greifer und Werkzeuge, Vorrichtungen, Zuführeinrichtungen, Sensorik und Industrieroboter.

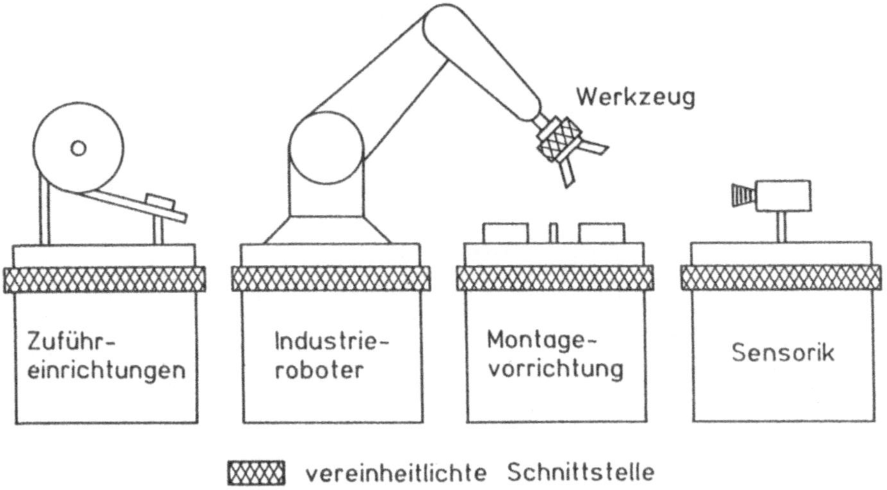

Bild 7- 6: ***Modulbauweise einer Montageanlage***

Der Gedanke, defekte Hardware auszutauschen, beinhaltet also auch den Industrieroboter selbst. Durch die transportable Konfiguration auf einer Palette /126/ kann das fehlerhafte Gerät automatisch, beispielsweise von einem fahrerlosen Transportsystem, ausgetauscht und in die Reparaturwerkstatt transportiert werden (Bild 7-7, Seite 160).

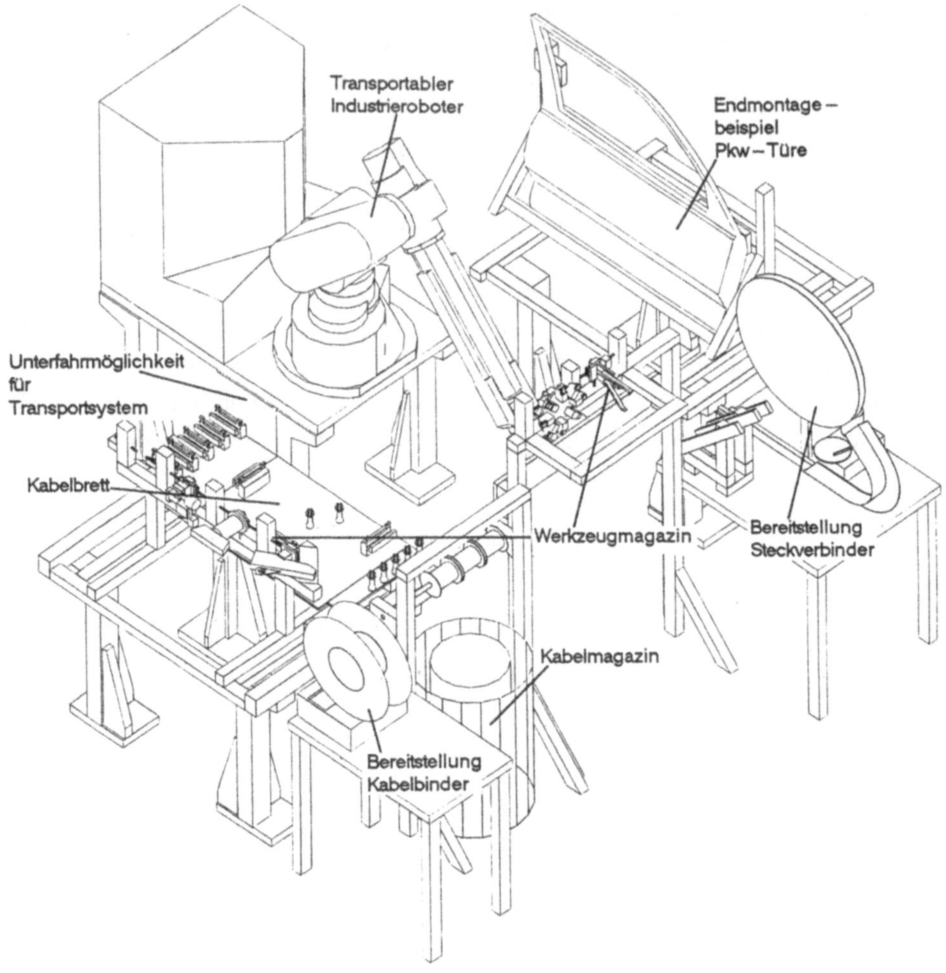

Bild 7-7: Kabelbaumfertigung mit automatisch austauschbarem Industrieroboter

Durch die fertigungsbedingten Unterschiede der Armlängen und Winkelanordnungen, selbst bei gleichen Baumustern und die bisher noch unzulängliche Vermessung der tatsächlichen Geometriedaten, ist eine Anpassung der Steuerungssoftware unvermeidbar. Während der Programmablauf unverändert bleiben kann, müssen die Raumpunkte an die neue Situation angepaßt werden.

In Bild 7-8 sind die auftretenden Abweichungen vom idealen Aufbau einer Bewegungsachse dargestellt. Sie sind auf die beiden grundsätzlichen Fehler, Achsversatz und mangelnde Parallelität, zurückzuführen. Die reale Bewegungsachse kann also innerhalb einer zur theoretischen Achse senkrechten Rechteckfläche mit den Kantenlängen Δa_i bzw. Δs_i liegen. Darüberhinaus ist eine Verdrehung innerhalb des Fehlerkegels (s. Bild) möglich.

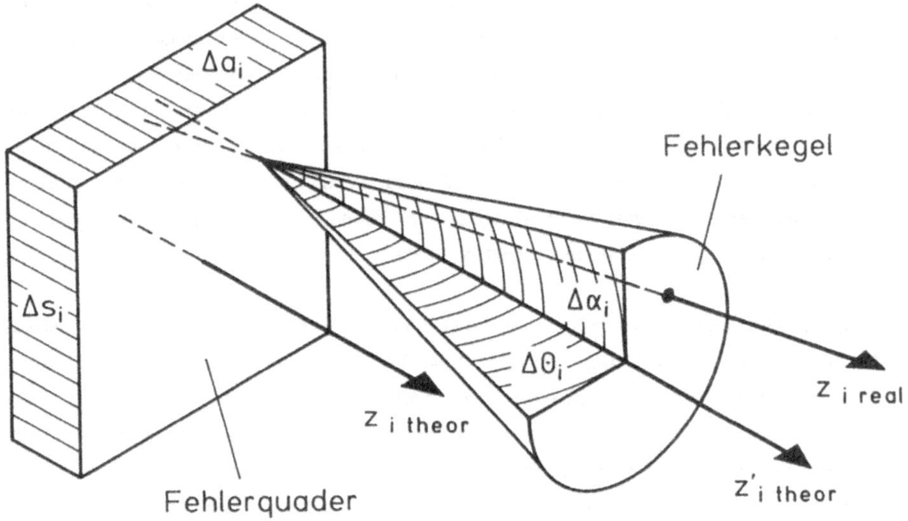

Bild 7- 8: Mögliche Lagefehler einer Roboterdrehachse

Zur Ermittlung der Weltkoordinaten aus den Achswinkeln sind die Größen $\Delta\,\Theta_i$, $\Delta\,\alpha_i$, $\Delta\,s_i$ und $\Delta\,a_i$, wobei i bei sechsachsigen Geräten gleich sechs ist, als Abweichung von den idealen Daten in die Transformationsmatrix /127/ einzuarbeiten.

Ein Ansatz zur Lösung dieses Problems ist, daß alle relevanten Fehler bei beiden Geräten in einer schon vor dem Störfall durchgeführten Messung ermittelt werden und damit eine automatische Umrechnung der identischen Raumpunkte von der Darstellung des "alten" Robotersystems in das neue durch geeignete Software erfolgen kann. Durch dieses Hilfsmittel wird, vorausgesetzt die gerätespezifischen Achsabweichungen wurden vorher bestimmt, der automatische Austausch zweier Industrieroboter mit Übertrag eines beliebigen Bewegungsprogrammes möglich.

8. Wirtschaftliche Bewertung des Modelles

8.1 Beurteilung der Wirtschaftlichkeit flexibel automatisierter Montageanlagen

Die unternehmerische Einordnung komplexer Produktionssysteme stellt hohe Anforderungen an die Bewertungsverfahren. Dazu wird auf die im allgemeinen eingeschränkte Gültigkeit der klassischen Methode statischer Kostenrechnung hingewiesen. Die Flexibilität moderner Produktionsstrukturen stellt ein primär nicht monetär bewertbares Kriterium dar und erhöht damit das Dilemma bei der Entscheidungsfindung. Hierzu gibt die Literatur vielfach Lösungshinweise. In der Regel wird dabei die Einbeziehung dynamischer Kenngrößen und die Bewertung nicht monetärer Größen, also die temporale und quantitative Erweiterung der Systemgrenzen vorgeschlagen.

Reitzle /128/ betont, daß der Systemgedanke hier Anwendung finden muß und weist auf den indirekten Nutzen durch erhöhte Qualtität, Wiederverwendbarkeit, Flexibilität, Technologiefortschritt, Humanisierung und verbessertes Image hin. Vähning /8/, der zugesteht, daß Flexibilität mit Mehrkosten verbunden ist, fordert die Einbeziehung der verbesserten Anpassungsmöglichkeit durch ganzheitliche Betrachtung der Gesamtkosten. Grob /129/ und Maier /29/ schlagen eine "duale Betrachtungsweise" /129/, also die gemeinsame Betrachtung von Rentabilität und Nutzwert vor. Ersterer geht dabei von dem Ansatz aus, durch Umwandlung von Nutzen über Sekundäreffekte in den Kostenmaßstab, eine gemeinsame Bewertung der Effizienz durchzuführen. Maier schlägt dagegen die Darstellung der Zusammenhänge in einem Kosten-Nutzen-Diagramm vor.

Zeitraumbezogenheit, also die Berücksichtigung der Veränderungen in der Fertigungsaufgabe, wird von Pöppel /130/ gefordert. Berechnungen sind danach nur Werkzeuge, also Entscheidungshilfen, keine Entscheidungsregeln. Flexibilität wird hier und bei Wildemann /131/ als Risikoabsicherung angesehen. Deren langfristige Wirkung ist danach durch sorgfältige, zukunftsbezogene Planung zu berücksichtigen. Dazu wird die Methode der Risikoanalyse von Moser /132/ vorgeschlagen. Lösungsansatz ist demnach eine Investitionssimulation auf der Basis möglichst intensiver Einbeziehung betrieblicher Daten und unter weitestgehendem Verzicht auf subjektive Schätzungen. Dagegen schlägt Walther /39/ eine Methode vor, Investitions-, Personal- und Betriebskosten bereits frühzeitig durch Rechnereinsatz zu ermitteln. Wesentliche Merkmale werden durch Erfahrungswerte in Form von Einflußziffern berücksichtigt.

Auch zur Bewertung von CAD-Systemen wurden Modelle entwickelt /5, 98/. Neben dem Rationalisierungseffekt wurden Qualität, Verkürzung der Durchlaufzeiten, Innovationsvorsprung und Image einbezogen. Die Fertigung und Montage wurden jedoch bisher nicht integriert, sie wurden nur als beeinflußte Größe angesehen. Die Rückkoppelung der Fertigungssituation auf die Konstruktion (Gestaltungsregeln) und auf die Arbeitsvorbereitung (Format und Umfang der Fertigungsunterlagen) sollte jedoch in zukünftigen Bewertungsmodellen Berücksichtigung finden.

Dieser Sachverhalt macht eine weitere, funktionale Ausdehnung der Systemgrenzen erforderlich. Es muß unter anderem eine Methode gefunden werden, die es ermöglicht, über die Grenzen der Kostenstellen hinausgehende Wirtschaftlichkeitsbetrachtungen durchzuführen. Der hier im folgenden dargestellte Ansatz ist die Anwendung eines Kostenrechnungsmoduls zum Vergleich von Konstruktions-, Planungs- und Fertigungskosten bei alternativen Produktionsstrukturen.

8.2 Kostenrechnungsmodul zur Berechnung der Herstellkosten

Der ausgeführte Systemgedanke wurde bei der Erstellung des Kostenrechnungsmoduls aufgegriffen. In die Systemgrenzen für die Vergleichsrechnung wurden Konstruktions-, Arbeitsplanungs-, Fertigungsvorbereitungs- und Fertigungs- sowie Montagekosten einbezogen. Da dieses Hilfsmittel nur einen Hinweis auf die kostenmäßigen Relationen zwischen unterschiedlich automatisierten und integrierten Produktionsmethoden geben soll, wurde auf dynamische Verfahren und auf die Bewertung nicht monetär quantifizierbarer Größen verzichtet. Hierzu wird auf die Literatur verwiesen.

Grundgedanke dieses Kostenmodelles ist es, über die Fertigungshauptkostenstelle hinaus auch die Konstruktions- und Planungskosten produktbezogen zu berücksichtigen. Da diese Berechnung eine Vergleichsrechnung darstellt, sind bei der Berechnung der Konstruktionskosten kreative Tätigkeiten ohne Bedeutung für die Bemessung der Konstruktionszeit. Die kreative Phase bleibt in ihrer zeitlichen Ausdehnung in erster Näherung unberührt von den dem Konstrukteur zur Verfügung stehenden Hilfsmitteln. Da Routinetätigkeiten in Konstruktion und Planung einen hohen Zeitanteil einnehmen, ist es zulässig, die Bewertung anhand des Aufwandes für die Erstellung der Fertigungsunterlagen durchzuführen.

Es kommt eine übergreifende Kostenträger-Stückrechnung zur Anwendung. D. h., daß über Fertigungs- und Materialkosten hinaus auch Konstruktionskosten verursachungsgemäß zugeordnet werden. Neben den Fertigungsarbeitsplätzen werden Konstruktionsarbeitsplätze definiert, für die eine Platzkostenrechnung durchgeführt wird. Diese findet hier Anwendung, weil sie die weitestgehende Gliederung der Kostenstellen und damit ausreichende Transparenz ermöglicht. Kosten, die durch die unterschiedliche Art der Datenbeschaffung und Datendokumentation bei den zu vergleichenden Systemkonfigurationen entstehen, werden bei den Teilverrichtungen berücksichtigt, für welche die Daten erforderlich sind.

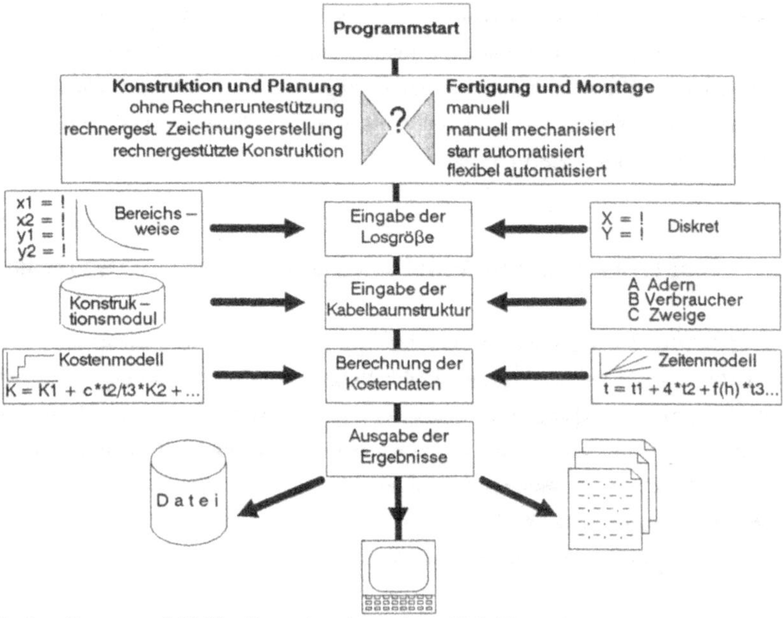

Bild 8-1: *Kostenmodell für die rechnerintegrierte Kabelbaumfertigung*

Durch Simulation verschiedener imaginärer Aufträge werden die Auswirkungen der unterschiedlichen Automatisierungsstufen auf die Stückkosten ermittelt. Um die Alternativen in der Konstruktion und Planung zum einen und in der Fertigung und Montage zum anderen vergleichen zu können, werden die möglichen Verknüpfungen zu Beginn des Simulationslaufes je nach Vorgabe konfiguriert. Die davon abhängigen Funktionen und Parameter für die Zeiten- und Kostenermittlung werden identifiziert und in die Berechnung einbezogen.

8.2.1 Grundlagen und Annahmen

In dem Modell werden drei unterschiedliche Konstruktions- und vier alternative Fertigungsarbeitsplätze zugrundegelegt. Die kostenmäßige Beschreibung dieser Plätze ist in Listen abgelegt und kann damit leicht an veränderte Situationen angepaßt werden. In der Konstruktion wird zwischen einem konventionellen Zeichenarbeitsplatz, einem CAD-Arbeitsplatz, welcher jedoch nur zur Zeichnungserstellung verwendet wird und einem Arbeitsplatz zur rechnergestützten Konstruktion unterschieden. Dieser weicht jedoch hardwareseitig nur unwesentlich von dem zweiten ab.

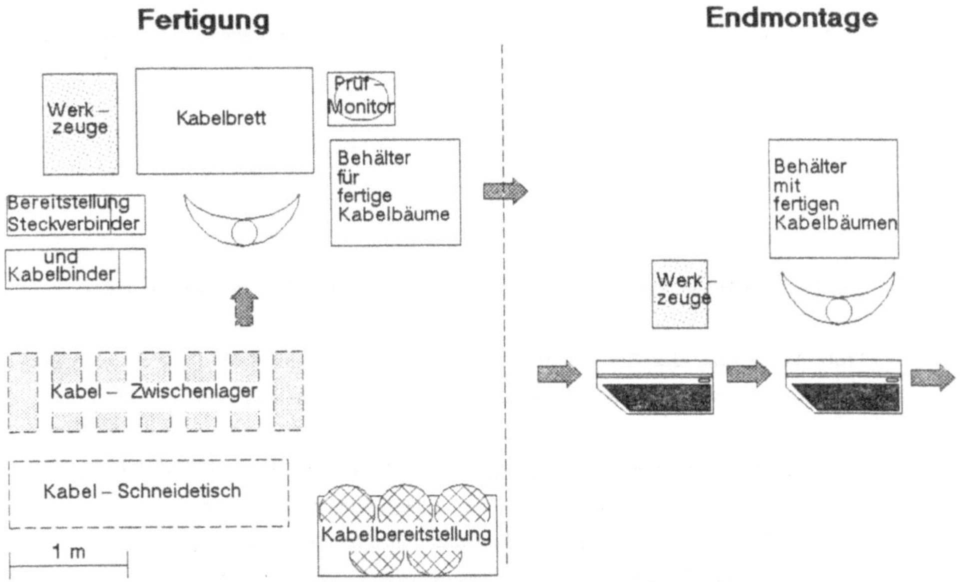

Bild 8- 2: Layout eines Arbeitsplatzes zur manuellen Kabelbaumfertigung

Die Fertigungsmodelle sind in den Bildern 8-2 bis 8-5 dargestellt. Während in der manuellen Fertigung von reiner Handfertigung mit einfachen Werkzeugen ausgegangen wird, ist in der mechanisierten Fertigung der Einsatz von fremdgetriebenen Werkzeugen und ein Fördersystem für Kabelbretter zwischen Fertigung und Montage vorgesehen. Die Sondermaschinen in Bild 8-4 stellen den hypothetischen Fall dar, daß mit hohem Kapitaleinsatz ein nicht frei programmierbarer Automat zur Fertigung von Kabelbäumen mit hoher Mengenleistung bei großem Rüstaufwand realisierbar ist.

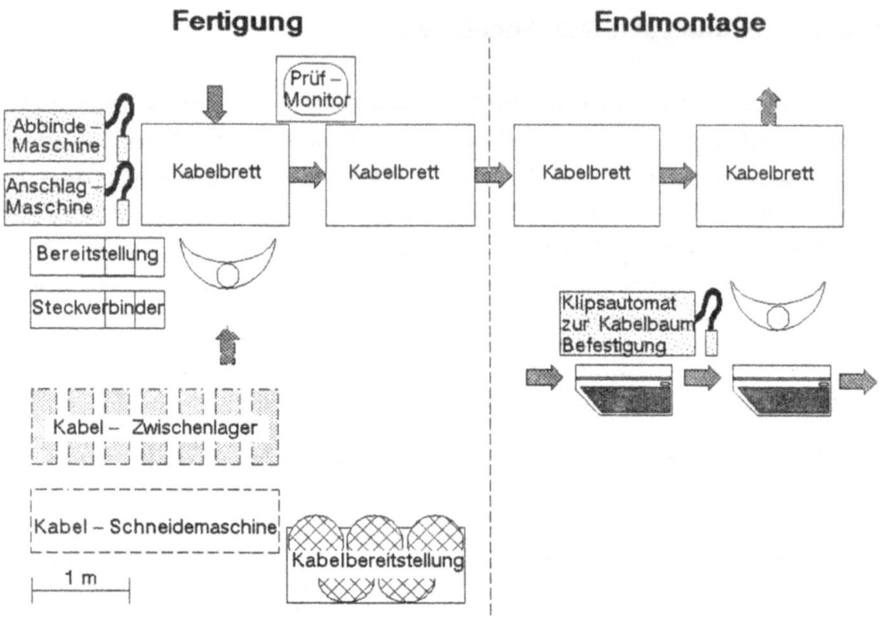

***Bild 8- 3:** Layout eines Arbeitsplatzes zur mechanisierten Kabelbaumfertigung*

Trotz Verkettung des Fertigungs- und Montagearbeitsplatzes wird davon ausgegangen, daß keine Taktausgleichszeiten entstehen. Weitere Annahmen sind:

- Es herrscht immer Vollbeschäftigung; obwohl die verschiedenen Anlagenmodelle über unterschiedliche Kapazität verfügen, sind sie immer voll ausgelastet.
- Die Anlagen besitzen Zellencharakter und sind unabhängig von anderen vor- oder nachgelagerten bzw. parallelgeschalteten Einrichtungen.
- Die Größe des Kabelbrettes und damit auch die Größe des Kabelbaumes ist begrenzt Die Kabelbäume sollen aus maximal 200 Adern mit 5 Querschnitten bestehen.
- Es werden alle Adern in Schneidklemmtechnik angeschlagen.
- Gestaltungsmaßnahmen am Produkt, welche für eine Automatisierung der Montage durchgeführt wurden, gelten auch für die manuelle Montage.
- Es wird mit Kunststoff- Kabelbindern abgebunden, nicht umwickelt.
- Nacharbeit bei während des Prüfvorganges erkannten Fehlern ist nicht vorgesehen.
- Die Kabelbretter sind mit einer integrierten Prüfvorrichtung ausgerüstet.
- Kostenvorteile durch Bestandsreduzierungen, geringere Zusatzzeiten und verkürzte Durchlaufzeiten werden nicht berücksichtigt.

- Die betrachteten Aufträge sind keine Wiederholaufträge.
- Es wird im Zweischichtbetrieb gearbeitet.
- Materialengpässe werden nicht berücksichtigt.

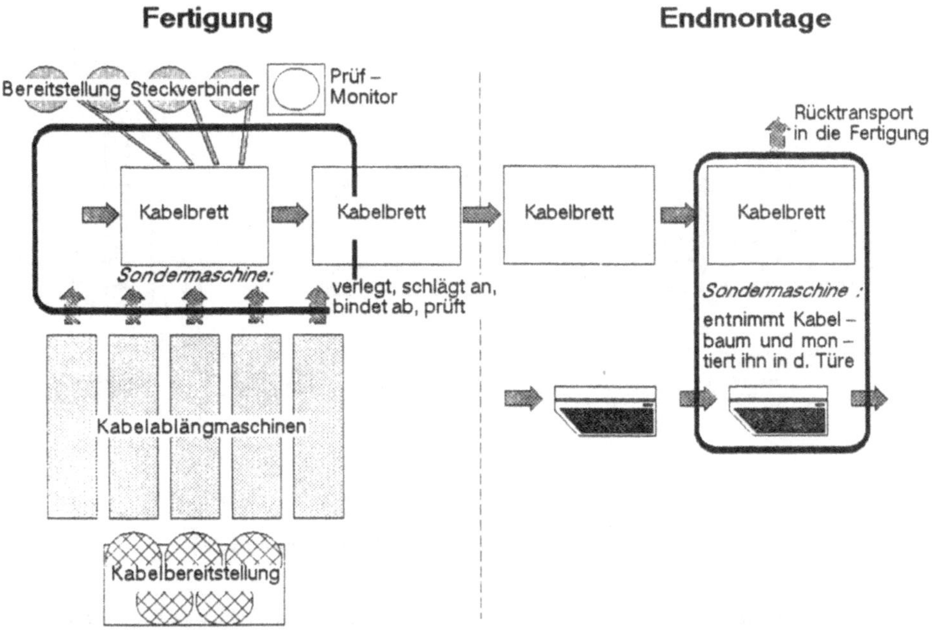

Bild 8- 4: *Layout eines Arbeitsplatzes zur starr automatisierten Kabelbaumfertigung*

Zur Bemessung der Konstruktions- und Arbeitsvorbereitungskosten werden Kostensätze für den Büro-/ Rechnerarbeitsplatz mit der kalkulierten Anfertigungszeit für die Unterlagen multipliziert. Das Zielsystem für die Fertigung muß hierbei bereits bekannt sein, da das Programm schon bei der Unterlagenerstellung zwischen den entsprechenden Datenträgern und -formaten unterscheidet und dies zeitmäßig berücksichtigt. Für die Konstruktionsarbeitsplätze gelten folgende Randbedingungen:

- Es handelt sich nicht um eine Variantenkonstruktion im engeren Sinne, sondern zumindest um eine "große Abwandlungskonstruktion".
- Das rechnergestützte System wird von einem geübten Operator bedient, Einarbeitungszeiten werden nicht erfaßt.
- Dem Operator steht der Rechnerarbeitsplatz für den entsprechenden Auftrag vollständig zur Verfügung.

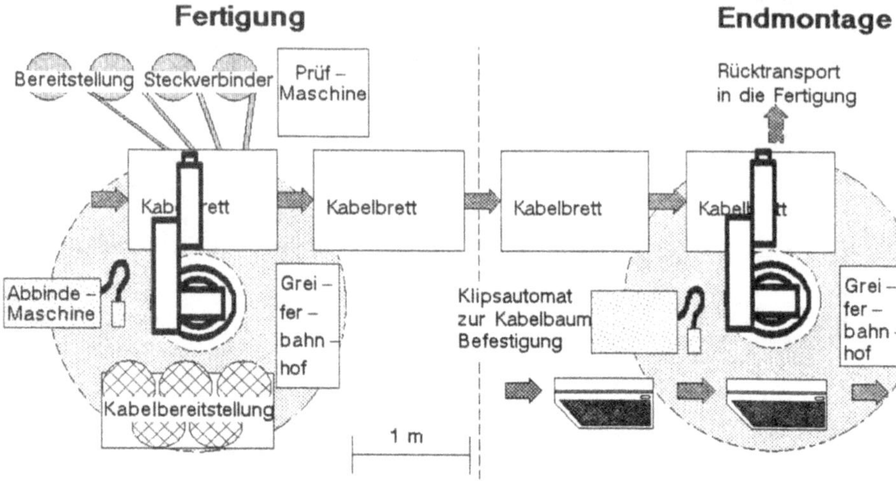

<u>Bild 8– 5:</u> *Layout für eine flexibel automatisierte Kabelbaumfertigung*

Die Materialkosten werden bei der Vergleichsrechnung nicht einbezogen, da sie für alle Produktionsformen den gleichen Betrag annehmen. Sie werden nur im Kalkulationsfall berücksichtigt.

8.2.2 Berechnungsansatz

Wie in der Fertigung wurden auch in der Konstruktion alle notwendigen Arbeitsgänge zur Erstellung der Fertigungsunterlagen aufgelistet und bewertet. Diese Datenbasis dient als Grundlage für die Stückkostenvergleichsrechnung. Hier sind auch Zeitabschnitte fixiert, welche die unterschiedliche Art der Koppelung von Planung und Fertigung berücksichtigen. Eine wiederholte Datengenerierung wird damit in die Bewertung einbezogen.

Die aus diesen Teilverrichtungszeiten fallspezifisch zusammengesetzten Prozeßzeiten gehen dann unter Berücksichtigung von Konstruktion, Rüstzeit und Losgröße in die Berechnung ein. Die Vorgabe des spezifischen Anwendungsfalles kann entweder interaktiv eingegeben werden oder direkt aus dem Konstruktionssystem übernommen werden (Bild 8–6). Eine erneute Datengenerierung für die Kostenrechnung erübrigt sich.

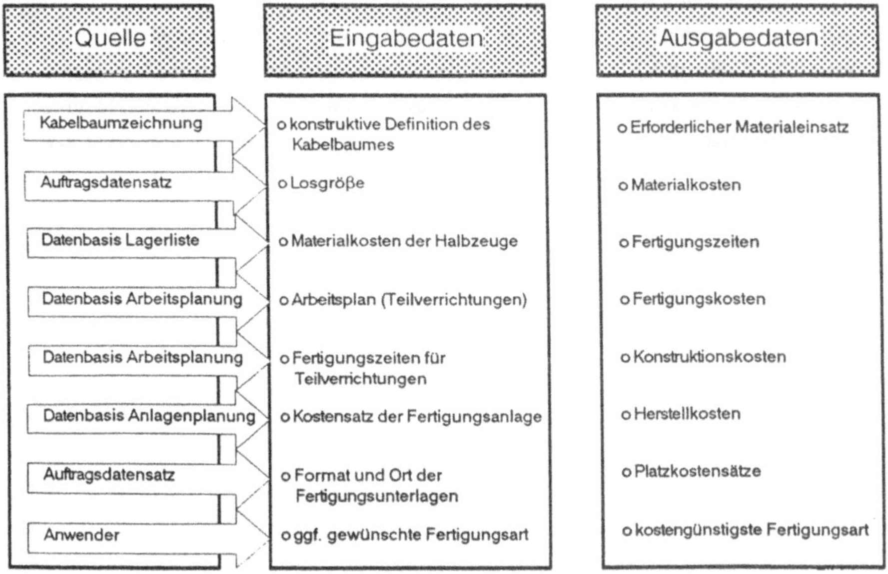

Bild 8–6: Datenfluß über die Systemgrenzen des Kostenrechnungsmoduls

8.2.3 Programmaufbau

Das Programm ist, wie alle anderen Module (s. o.), in PASCAL geschrieben und sowohl auf einem Personalcomputer (PC–kompatibel) wie auch auf einem Minirechner lauffähig. Die Struktur des Kabelbaumes wird durch die Zahl der Adern, die Anzahl unterschiedlicher Querschnitte, die Zahl der mit dem Kabelbaum zu verbindenden Geräte und die Zahl der Bindestellen für die Fertigungskostenrechnung ausreichend beschrieben. Für die Ermittlung der Herstellkosten ist die genaue Stückliste nötig.

8.2.4 Diskussion der Ergebnisse

Unter Anwendung dieses Hilfsmittels wurden einige Simulationsrechnungen durchgeführt. Die Ergebnisse sind in den Bilder 8–7 bis 8–9 dargestellt. Wesentliche Variationsparameter waren Losgröße, Kabelbaumkomplexität und Konstruktions- bzw. Fertigungsverfahren. Es werden in den folgenden Bildern die Konfigurationen:

1. manuelle Konstruktion	—	manuelle Fertigung/Montage
2. manuelle Konstruktion	—	mechanisierte Fertigung/Montage
3. manuelle Konstruktion	—	starr automatisierte Fertigung/Montage
4. manuelle Konstruktion	—	flexibel automatisierte Fertigung/Montage
5. rechnergestützte Konstruktion	—	flexibel automatisierte Fertigung/Montage

verglichen.

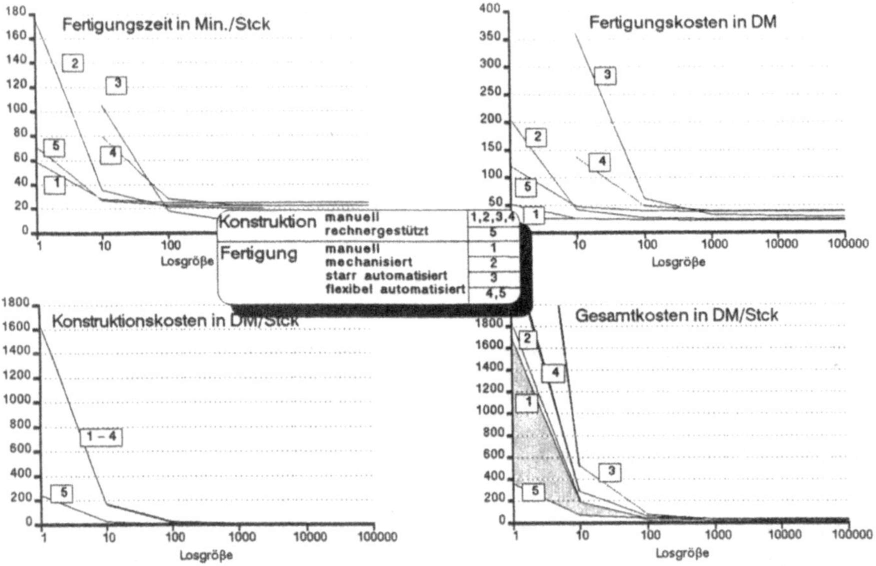

***Bild 8- 7:** Veränderung von Fertigungszeit und Fertigungskosten bei unterschiedlicher Losgröße und Fertigungsart am Beispiel eines Kabelbaumes mit 50 Adern*

Aus Bild 8-7 ist zu erkennen, daß die manuelle Fertigungszeit (1) und die Fertigungszeit mit Industrierobotern (4) bei größeren Losen etwa gleich sind. Die Unterschiede sind marginal und verschwinden bei Berücksichtigung der Unschärfe des Modelles. Die Auswirkung der Produktgestaltung auch auf die manuelle Montage spiegelt sich hier wieder. Ein deutlicher Zeitvorteil ist bei der starr automatisierten Anlage (3) zu erkennen. Der durch kurze Zykluszeiten bedingte Effekt ist trivial und erst bei hohen Stückzahlen wirksam. In Zusammenhang mit den Platzkosten ist dieser Vorteil nicht mehr vorhanden.

Auch bei der Fertigung mit Industrierobotern, welche online programmiert werden (4), liegt die Grenzstückzahl zur manuellen Fertigung sehr hoch, zeitlich betrachtet erst bei 30 bis 50 Schichten, kostenmäßig bei unendlich. Kostenvorteile sind erst bei rechnerintegrierter Fertigung (5) erkennbar. Hier ist bei kleinen Losen ein deutlicher Vorteil vorhanden. Die Vermeidung mehrfacher Datengenerierung, besonders bei der Programmierung des Handhabungsautomaten, begründet im wesentlichen den Zeitvorteil dieser Alternative.

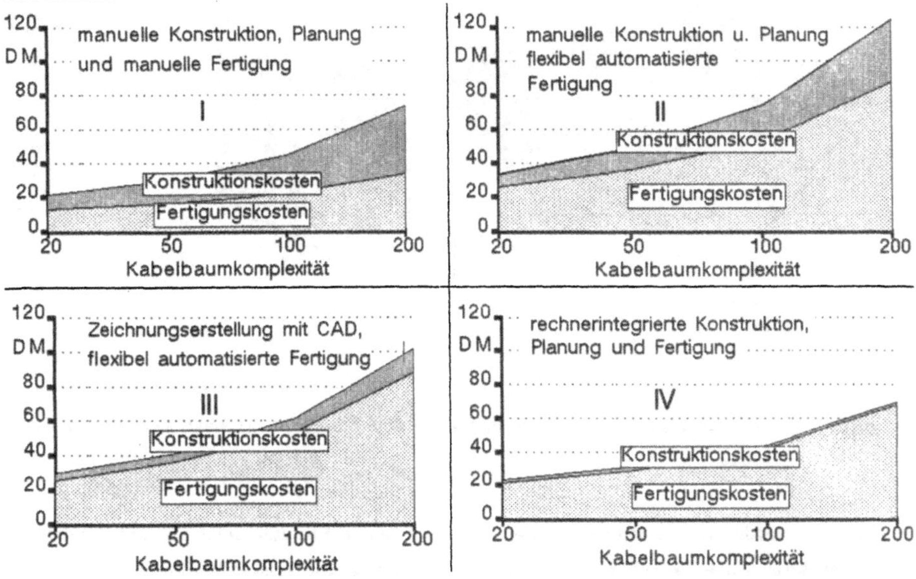

Bild 8- 8: ***Konstruktions- und Fertigungskosten bei alternativer Kabelbaumherstellung, bei einer Losgröße von 100 Stück, unterschiedlicher Kabelbaumkomplexität (Zahl der Adern) und konstant 20 Steckverbindern***

Die Fertigung von Kabelbäumen mit Industrierobotern führt durch höhere Platzkostensätze bei annähernd gleichen Prozeßzeiten zu höheren Stückkosten als die manuelle Fertigung, setzt man eine konventionelle Arbeitsplanung und Programmierung voraus (vgl. Bild 8-8, Quadrant I und II). Die Benutzung von CAD-Systemen als Zeichenhilfe übt auf diese Tatsache keinen wirkungsvollen Einfluß aus (Bild 8-8, III). Die Integration in den Rechnerverbund führt allerdings bei kleinen Losen zu Kostenvorteilen der flexibel automatisierten Anlage. Die Grenzstückzahl liegt je nach Komplexität des Kabelbaumes zwischen 50 und 100 Stück und steigt mit zunehmender Stückzahl. In Bild 8-8 drückt sich die Komplexität des Kabelbaumes in der Zahl der Adern zwischen 20 und 200 aus. Die gesamte Fertigungszeit für diese Losgröße beträgt bei der aus den Annahmen resultierenden Stückzeit 3 bis 5 Schichten.

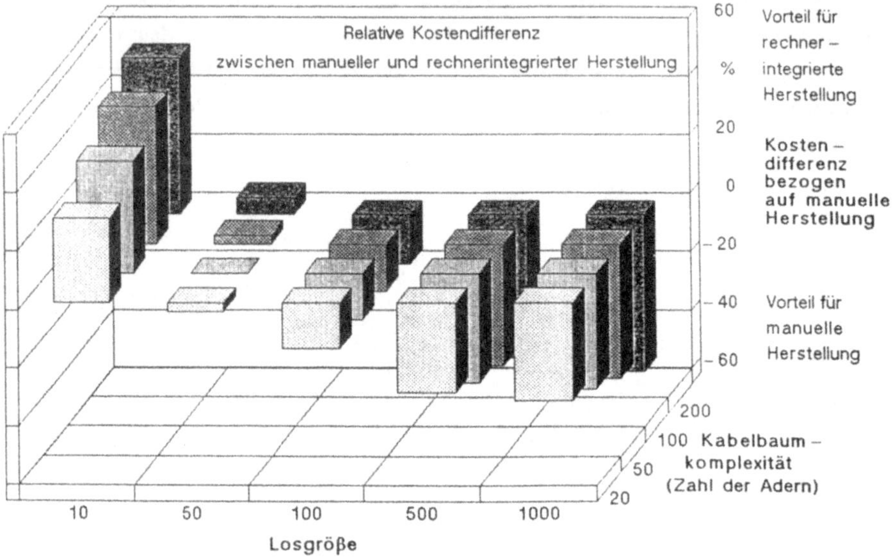

Bild 8-9: *Kostenvergleich zwischen manueller und rechnerintegrierter Kabelbaumherstellung*

Bild 8-9 verdeutlicht noch einmal den wirtschaftlichen Einsatzbereich für die flexibel automatisierte Kabelbaumfertigung. An der x-Achse ist die Losgröße, an der y-Achse die Kabelbaumkomplexität (Adernzahl) aufgetragen. An der z-Achse ist die Kostendifferenz zwischen manueller und rechnerintegrierter, automatischer Fertigung, bezogen auf die Kosten für rechnerintegrierte Fertigung, aufgetragen. Die Grenze zwischen Kostenvor- und Kostennachteil liegt, abhängig von der Kabelbaumkomplexität, schon bei unter 100 Stück. Diese Erscheinung verdeutlicht, daß sich für die flexibel automatisierte Anlage trotz höheren Platzkostensatzes ein Kostenvorteil bei geringen Stückzahlen ergibt, resultierend aus den Vorteilen der Rechnerintegration in der Planungs- und Rüstphase. Es ist aber auch zu erkennen, daß der Kostenrahmen für diese Anlagenform durch die manuelle, nicht durch die starr automatisierte Anlage vorgegeben wird. Das hohe Investitionsvolumen der flexiblen Anlage kann nur durch höhere Mengenleistung kompensiert werden, weshalb in Kapitel 7 entsprechende Maßnahmen vorgeschlagen wurden, und bedarf weiterer, über die Kostenbetrachtung hinausgehender Argumente, beispielsweise verbesserte Qualität.

9. Zusammenfassung

Die Automatisierung der Fertigung und Montage elektrischer Leitungssätze gilt als ein noch weitgehend ungelöstes Problem. Lohnkostenanteile von über 50% sind charakteristisch für die Fertigung von Kabelbäumen. Sie stellen eine Ausführungsform dar, die vor allem bei großvolumigen Serienprodukten zum Einsatz kommt. Die Komplexität und Variantenvielfalt von Kabelbäumen stellt neben der wirtschaftlichen auch die technische Realisierbarkeit von Automatisierungsansätzen in Frage.

Einen Ausweg aus diesem Dilemma bietet die Einführung alternativer Verdrahtungstechniken im Produktbereich im Zusammenhang mit flexibel automatisierten Produktionsformen. Alternative Gestaltungsformen des Kabelbaumes scheiterten bisher an der Kostensituation oder an der Ungewißheit über ihre technische Verfügbarkeit. Der hohe Kapitaleinsatz der genannten Fertigungsmittel bedarf der maximalen Nutzung ihrer Merkmale Automatik und Flexibilität. Eine Lösung stellt die rechnerintegrierte Produktion in der Form dar, daß neben dem Fertigungsumfang auch vor- und nachbereitende Tätigkeiten auf Werkstatt- wie auf Büroebene in den Automatisierungsprozeß einbezogen werden.

Unter der Annahme, daß zukünftige Kabelbäume vor allem bei Einbeziehung serieller Signalübertragungsmethoden verstärkt von einer Baugruppenstruktur geprägt sein werden, wurden Alternativen für die Verdrahtung dieser Subsysteme dargestellt. Besondere Beachtung fand dabei die Schneidklemmtechnik als automatisierungsfreundliche Anschlagtechnik. Die elektrotechnische Sicherheit dieser Verbindung bei Einhaltung der dargestellten Randbedingungen konnte nachgewiesen werden.

Die Analyse des Istzustandes in der Kabelbaumherstellung verdeutlicht, daß produktbedingt komplizierte Fertigungsmethoden, unvorhersehbares Verhalten bei der Einwirkung von Massenkräften und hohe Variantenvielfalt wesentliche Automatisierungshemmnisse darstellen. Die Konstruktion und Planung ist gekennzeichnet durch enge Terminsituation, hohen Änderungsdienst und einen bedeutenden Anteil an Routinetätigkeit.

Es wurde daher ein Modell zur flexibel automatisierten Kabelbaumherstellung entwickelt. Globale Zielsetzung war die Darstellung einer Möglichkeit zur durchgängigen Rechnerunterstützung von der Konstruktion bis zur Montage. Die Weiterverwendung von in vorgelagerten Prozessen bereits generierten Daten und die Vermeidung von Datenredundanz waren wichtige Teilziele. Dazu wurde die Entwicklung einer gemeinsamen, konsequent in jeder Bearbeitungsphase zu nutzenden Datenbasis verfolgt, in der aufeinander aufbauend produkt- und fertigungbeschreibende Daten hinterlegt sind.

Die zweite grundsätzliche Zielsetzung war, Routinetätigkeiten aus dem Tätigkeitsbereich des Konstrukteurs und des Planers zu eliminieren und rechnergestützte Hilfsmittel zur automatischen Erledigung dieser Aufgaben zu entwickeln. Zu diesem Zweck wurden Methoden entwickelt, um die aufwendige graphische Eingabe von Schaltzeichen bei der Stromlaufplankonstruktion durch einfache textuelle und symbolische Eingaben zu ersetzen. Weiterhin wurden Möglichkeiten dargestellt, um mit Hilfe von - in einer Datenbasis implementierten - Zeichen- und Dimensionierungsregeln den Konstruktions- und Dokumentationsprozeß in der Kabelbaumkonstruktion zu automatisieren.

Ein besonderer Schwerpunkt wurde bei der Erstellung der Fertigungsunterlagen gesetzt. Hier wurden Methoden entwickelt, um aus der funktionalen und geometrischen Beschreibung des Produktes rechnergestützt die Fertigungsunterlagen abzuleiten. Die Kabelbaumzeichnung stellt dazu die Basis zur Generierung des Rüstplanes für die Fertigungszelle und des Steuerprogrammes für den Industrieroboter dar. Es wurden Verfahren erarbeitet, um über die erforderliche Bewegungsbahn des Roboters hinaus auch das Ablaufprogramm automatisch zu erstellen. Mit Hilfe dargestellter Simulationswerkzeuge kann sowohl die optimale Gestaltung des Fertigungsmittels Kabelbrett, als auch eine zeitlich minimierte Verlegereihenfolge der Kabelbaumadern erzielt werden.

Zur Umsetzung dieser Daten in der Fertigung wurden Teilprobleme an einem eigens dafür errichteten Pilotaufbau untersucht. Daraus konnten Hinweise für die Planung und Auslegung einer Anlage zur flexibel automatisierten Kabelbaumfertigung abgeleitet werden. Besondere Beachtung fanden die Handhabung formlabiler Bauteile und das Fügen von Mehrfachverbindungen, gegebenenfalls mit großer Positionierunsicherheit an bewegter Wirkstelle. Die Methode, das formlabile Bauteil während des gesamten Handhabungsprozesses durch Vorrichtungen und Greifer zu unterstützen, ist zielführend und wurde in der Pilotanlage konsequent realisiert. Durch geeigneten konstruktiven Aufbau der Wirkflächen läßt sich beim Herstellen von Mehrfachverbindungen eine Reihenschaltung der Einzelkontakte und damit ein sicherer Fügeprozeß erzielen.

Über die Kabelbaumfertigung hinaus wurden Strategien und Methoden für die Magazinierung, Zuführung, Handhabung und Montage der formlabilen Kabelbäume entwickelt und dargestellt. Neu ist der Ansatz, den Kabelbaum automatisch mit Hilfe eines Roboters in das Primärprodukt zu montieren. Die dazu erforderlichen konstruktiven Randbedingungen wurden dargestellt. Weiterer Betrachtungsschwerpunkt war das sichere Fügen der gleichzeitig mechanischen und elektrischen Kontakte am Kabelbaum. Die Ergebnisse der Pilotversuche mündeten in einem Anlagenmodell, bei dem die Gesichtspunkte hohe Mengenleistung, gute Verfügbarkeit und hohe strukturelle Flexibilität ihren Niederschlag fanden.

In einer abschließenden Wirtschaftlichkeitsbetrachtung wurde das Potential der rechnerintegrierten Kabelbaumfertigung untersucht. Der Ansatz, die Routineanteile der Konstruktions- und Planungstätigkeit ebenfalls in kleinste Teilverrichtungen zu zerlegen, lieferte ein Instrument zur Bewertung unterschiedlicher Automatisierungsstufen im Büro- und Fertigungsbereich. Es zeigte sich, daß die Verknüpfung der rechnergestützten Konstruktion mit der flexibel automatisierten Fertigung einen Synergieeffekt auslöst, welcher dem Gesamtmodell den Status einer wirtschaftlichen Alternative zur konventionellen Herstellung verleiht.

10. Literatur

/1/ *Milberg, J.:* Entwicklungsstufen flexibel automatisierter Produktionssysteme. Tagungsband "Kolloquium Automatische Produktionssysteme", München, 1985, S. 1/26.

/2/ *Spur, G.:* Effizienzsteigerung durch CAD/CAM-Systeme in Arbeitsplanung und Arbeitssteuerung. Tagungsband "Kolloquium Automatische Produktionssysteme", München, 1985, S. 101/37.

/3/ *Eversheim, W.:* Simulation als Hilfsmittel zur Strategie-, Produkt- und Produktionsplanung. Tagungsband "Produktionstechnisches Kolloquium", Berlin, 1986, S. 124/31.

/4/ *Koch, H.C.:* Zukunftsweisende Produktionsstrukturen im Automobilbau. Zeitschrift für wirtschaftliche Fertigung, Zwf 76, (1981) 6, S.253/57.

/5/ *Zimmermann, R.:* Ein dynamisches Modell zur strategischen Einführungsplanung von CAD-Technik. Dissertation TU Berlin 1985.

/6/ *Dilling, J.:* Methodisches Rationalisieren von Fertigungsprozessen am Beispiel montagegerechter Produktgestaltung. Dissertation TU Darmstadt 1978.

/7/ *Mommertz, K.H.:* Bohren, Drehen und Fräsen, Geschichte der Werkzeugmaschinen. Hamburg: Rowohlt, 1981.

/8/ *Vähning, H.:* Flexibilität von personalintensiven Montagesystemen bei Serienfertigung. Dissertation Uni Stuttgart 1985.

/9/ *Lewandowski, S.:* Programmsystem zur Automatisierung des technischen Zeichnens. Dissertation TU Berlin 1979.

/10/ *Milberg, J.:* Optimierung der Montagetechnik durch rechnerunterstützte Planungssysteme. Tagungsband "Produktionstechnisches Kolloquium", Berlin, 1986, S. 144/51.

/11/ *Reinhart, G.:* Die Automatisierung des Montageprozesses mit Robotern. Tagungsband "Der Roboter in der Montagelinie", München, 1986.

/12/ *Koch, H.C.:* Integrierte Informationstechnik - Chance für den Unternehmenserfolg. Tagungsband "Produktionstechnisches Kolloquium", Berlin, 1986, S. 20/9.

/13/ *Abele, E.:* Peripheriegestaltung am Beispiel einer Aggregatemontage. Tagungsband 5. Deutscher Montagekongreß, München, 1983, S. 201/17.

/14/ *Milberg, J., Barthelmeß, P.:* Verbindungstechniken in der automatisierten Montage. Tagungsband "Praxis der Montageautomatisierung", Nürnberg, 1984, S. 95/118.

/15/ *Nevius, J.L., Whitney, D.E.:* Assembly Research. The Industrial Robot 7, (1980) 1, S. 27/43.

/16/ *Heizmann, J.:* Unveröffentlichtes Manuskript eines Vortrages zur Produktionstechnik im Hause AUDI. Ingolstadt, 1987.

/17/ *DIN 40719:* Teil 1 bis 5, Regeln für Stromlaufpläne in der Elektrotechnik. Berlin, Köln: Beuth, 1973.

/18/ *REFA:* Methodenlehre der Planung und Steuerung, Teil 2, Planung. München: Hanser, 1974.

/19/ *Witte, K.W.:* Organisatorische Voraussetzungen zur Erzielung montagegerecht gestalteter Produkte. Seminar "Montagegerechte Produktgestaltung für manuelle und automatisierte Montagesysteme", Düsseldorf: VDI-Bildungswerk BW 6855, 1986.

/20/ *Schmidt, E.:* Integration ersetzt die Computerinseln. VDI-Nachrichten 42, (1986) S. 35.

/21/ *Becker, W.:* Montagegerechte Konstruktion - Voraussetzung für eine effektive Rationalisierung des Montageprozesses. Schweißtechnik 25, (1975) 12, S. 549/51.

/22/ *Spur, G., Krause, F.-L.:* CAD-Technik: Lehr- und Arbeitsbuch für Rechnerunterstützung in Konstruktion und Arbeitsplanung. München, Wien: Hanser, 1984.

/23/ *Dilling, J.:* Die Bedeutung der Produktgestaltung für eine rationelle und automatisierte Montage. Tagungsband: "Planung und Einsatz von Automatisierungseinrichtungen – technische, organisatorische und arbeitswissenschaftliche Gesichtspunkte", Düsseldorf: VDI-Gesellschaft Produktionstechnik, 1985.

/24/ *DIN 8593:* Fertigungsverfahren Fügen, Einordnung, Unterteilung, Begriffe. Berlin, Köln: Beuth, 1967.

/25/ *N.N.:* Technische Unterlagen zu Automaten für die Kabelkonfektion. Firmenschrift der Firma Artos Engineering Co., New Berlin, Wisconsin 53151, USA, 1986.

/26/ *DIN 41611:* Teil 1, Lötfreie elektrische Verbindungen; Begriffe, klimatische Prüfklassen, allgemeine Meß- und Prüfverfahren. Berlin, Köln: Beuth, 1978.

/27/ *DIN 8580:* Begriffe der Fertigungsverfahren; Einteilungen. Berlin, Köln: Beuth, 1978.

/28/ *Schlaich, G., Walther, J.:* Automatisierte Montage von Kabelsträngen. Industrieanzeiger 87/88, (1985) 107, S. 32/4.

/29/ *Maier, Ch.:* Ein Beitrag zur flexiblen Automatisierung der Montage unter besonderer Berücksichtigung des Schraubens mit Industrierobotern. Dissertation TU München 1985.

/30/ *DIN 41611:* Teil 6 (Entwurf) Lötfreie elektrische Verbindungen, Schneidklemmverbindungen. Begriffe, Kennwerte, Anforderungen, Prüfverfahren. Berlin, Köln: Beuth, 1982.

/31/ *Ulbricht, H.:* Erfahrungen mit der Schneidklemmtechnik aus der Sicht eines Meßgeräteherstellers. Vortrag, Technischen Akademie Esslingen, 1984.

/32/ *Schlenk, K.W.:* Berylliumhaltige Federlegierungen für die Elektrotechnik. Siemens Bauteile Report 17, (1979) 6, S. 248/52.

/33/ *Grella, G.:* Drahtkontaktierungsmethoden und Steckverbinder aus der Sicht der Verdrahtungstechnologie. Vortrag an der Technischen Akademie Esslingen,1984.

/34/ *N.N.:* Elektrik und Elektronik im Kraftfahrzeug. Krafthand 3, (1986), S. 108/12.

/35/ *Ungeheuer, U., Bette, B., Hausmann, A.:* Industrieroboter im Montageeinsatz – Systematische Planung und Auswahl. Industrieanzeiger 92, (1983) 105. Jahrgang.

/36/ *Peffekoven, K.H.:* Planung und Steuerung des Montageablaufs in Unternehmen der Einzel- und Serienfertigung. Dissertation RWTH Aachen, 1982.

/37/ *Herrmann, G.:* Analyse von Handhabungsvorgängen im Hinblick auf deren Anforderungen an programmierbare Handhabungsgeräte. Dissertation Uni Stuttgart, 1979.

/38/ *Weiss, K.:* Entwicklung flexibler Ordnungssysteme für die Automatisierung der Werkstückhandhabung in der Klein- und Mittelserienfertigung. Dissertation Uni Stuttgart 1982.

/39/ *Walther, J.:* Montage großvolumiger Produkte mit Industrierobotern. Dissertation Uni Stuttgart 1985.

/40/ *Warnecke, H.-J., Frankenhauser, B.:* Montage biegeschlaffer Teile mit Industrierobotern. wt-Z. für industrielle Fertigung 76, (1986) 1, S. 8/11.

/41/ *Milberg, J., Diess, H.:* The Automated Assembly of Dimensionally Instable Parts Annals of the CIRP Vol.35/1/1986.

/42/ *Milberg, J., Diess, H.:* Rechnerunterstützte Planung von automatischen Montageanlagen.
Tagungsband 6. Deutscher Montagekongress, München 1985, S. 31/53.

/43/ *Abele, E. e.a.:* Studie zur Untersuchung der Einsatzmöglichkeit von flexibel automatisierten Montagesystemen in der industriellen Produktion (Montagestudie). Düsseldorf: VDI-Verlag, 1984.

/44/ *Höh, D.:* Exemplarische Beispiele von Industrierobotereinsätzen in der Elektro-Industrie. Tagungsband "Die Industrieroboter", Linz 1982.

/45/ *Kuchenbaur, U.:* Einsatz von Industrierobotern bei der Montageautomatisierung. Tagungsband "Praxis der Montageautomatisierung", Nürnberg, 1984, S. 141/50.

/46/ *N.N.:* Statistisches Jahrbuch der Bundesrepublik Deutschland. Wiesbaden: Statistisches Bundesamt 1955, 1965, 1975, 1986.

/47/ *VDMA:* Statistisches Handbuch für den Maschinenbau. Ausgabe 1986, Frankfurt-Niederrad.

/48/ *Makino, H.:* State-of-the-art of Automatic Assembly in Japan. Proceedings of the 5th ICAA, Paris, May 1984.

/49/ *Gericke, E.:* Robotereinsatz in Pkw-Vormontagen. Tagungsband "7. Deutscher Montagekongress", München 1987, S. 283/304.

/50/ *Bartl, M.:* Entwicklungstrends in der Produktion. VDI-Bericht 501 "Integration im Automobilbau", Düsseldorf: VDI-Verlag, 1983, S. 37/44.

/51/ *Linzenkirchner,K.:* Flexibilität trotz Automatisierung der Montage. VDI-Bericht 501, "Integration im Automobilbau", Düsseldorf: VDI-Verlag, 1983, S. 77/80.

/52/ *Fischer, A., Weißner, R.:* Folgen der automatisierten Montage für die Konstruktion. VDI-Bericht 501, "Integration im Automobilbau", Düsseldorf: VDI-Verlag, 1983, S. 81/6.

/53/ *Lünzmann, F.:* Robotereinsätze in der Automobilindustrie. Tagungsband "Der Roboter in der Montagelinie", München, 1986.

/54/ *Müller, S.:* Industrieroboter und ihre Einsatzmöglichkeiten. Tagungsband "MHI-Kongreß", Band T3, Berlin, Heidelberg, New York, Tokyo: Springer, 1985, S. 163/70.

/55/ *Scholten, R.:* Der Drahtzieher heißt Puma. Roboter 3, (1984), S. 14/6.

/56/ *Fryatt, A.:* Roboter übernehmen Kabelbaum- Herstellung. Draht 33 (1982) 1, S 21/2.

/57/ *Wolf, E.:* Portalroboter zum Montieren von Kabelbäumen. wt-Z. ind. Fertigung 74, (1984) 9, S. 516/7.

/58/ *Warnecke, H.J.,Walther, J., Schlaich, G.:* Wiring Harness Assembly with Industrial Robots - system concepts, newly-developed equipment, test results. Proceedings of the 15th ISIR, Tokyo, 1985.

/59/ *N.N.:* Pilotanlage zur Kabelbaummontage mit Industrieroboter. wt-Z. ind. Fertigung 76, (1986) 9, S. 583/4.

/60/ *Moskow, J., Mecklenburg, M.:* IPL-Konzept zur Realisierung der Humanisierung in der Produktion. ZwF 78, (1983) 11, S. 514/7.

/61/ *Scholten, R.:* Roboter als Strippenzieher - Vollautomatische Erstellung von Kabelstämmen. Flexible Automation 4, (1986) S. 42/4.

/62/ *Schäfer, W.:* Beispiele für integrationsfähige Problemlösungen: Montageautomat für RM-Spulen und Konfektionierautomat für Leitungen. Tagungsband 5. Deutscher Montagekongress, München 1985, S. 247/51.

/63/ *N.N.:* Automatic Wire-Harness Assembly Features Laser and Robot. American Machinist & Automated Manufactoring, (1986), 5 S.37/8.

/64/ *Andresen, U.:* Ein Beitrag zum methodischen Konstruieren bei der montagegerechten Gestaltung von Teilen der Großserienfertigung. Dissertation TU Braunschweig 1975.

/65/ *Gairola, A.:* Montagegerechtes Konstruieren. Ein Beitrag zur Konstruktionssystematik.
Dissertation TH Darmstadt 1981.

/66/ *Barthelmeß, P.:* Montagegerechte Verbindungstechnik. VDI-Bericht 592, "Montagegerechtes Konstruieren", Düsseldorf: VDI-Verlag, 1986.

/67/ *N.N.:* TSSG 102 Farbstrahldrucker. Journal des Hamburger Instituts für Technologieförderung 2 (1987), S.1/2.

/68/ *Reinhart, G.:* Vorschläge für eine montagegerechte Pkw-Konstruktion - Produktgestaltung im Pkw-Cockpit. Stuttgart: Unveröffentlichter Abschlußbericht der Hochschulgruppe Fertigungstechnik, 1986.

/69/ *N.N.:* Einsatz von Industrierobotern zur Montage von PKW-Heckleuchten. Fabrikanlagen und Materialfluß 1, (1986), S.16/21.
/70/ *Schmaus, T.:* Vorschläge für eine montagegerechte Pkw-Konstruktion-Fahrzeugelektrik. Stuttgart: Unveröffentlichter Abschlußbericht der Hochschulgruppe Fertigungstechnik, 1986.
/71/ *Metzger, J.:* Die Elektronik fährt mit. Der Automobilsektor, ein großer Absatzmarkt für die Elektroindustrie. Markt & Technik 28, (1985), S. 22/8.
/72/ *N.N.:* Digital Multiplexing Saves Wire and Weight on 747 Superjets. Product Engeneering 6, (1970), S.79/80.
/73/ *Steinbuch, K., Rupprecht, M.:* Nachrichtentechnik. Berlin, Heidelberg, New York, Tokyo: Springer 1967, S. 274ff.
/74/ *Stamm, K.:* Stand und Tendenzen in der Kfz-Elektronik. Impulse, Fahrzeugelektronik von Volkswagen 4, (1984), S. 16/22.
/75/ *Goldberger, A., Kaplinsky, C., Moelands, A:* Small Area Networks for Sereal Data Transfer. Electronic Components and Applications 1 (1982), S.1/8
/76/ *Bell, R.E.:* Multiplexing - Past, Present ans Future. Tagungsbericht der Automotive Engeneering Congress and Exposition Detroit, Nr.760178, Society of Automotive Engeneers (SAE), 1978, S.1/5.
/77/ *English, M., Brulingame, R.:* Special Reports on Multiplexers. Electronic Products 5, (1979), S. 28/38.
/78/ *Dillenburg, R., Heintz, F., Zabler, E.:* Multiplexsystem als Kabelbaumersatz im Kraftfahrtzeug. Bosch - Technische Berichte 5, (1975) 2, S. 91/6.
/79/ *Milberg, J., Lutz, P.:* Die rechnerintegrierte Auftragsabwicklung. Bericht aus dem Institut für Werkzeugmaschinen und Betriebswissenschaften zur Systec 86, TU München 1986.
/80/ *Milberg, J., Bürstner, H.:* Stand und Entwicklung von CIM-Konzepten. VDI-Bericht 611, S.31/52.
/81/ *VDI 2210:* Analyse des Konstruktionsprozesses im Hinblick auf der EDV-Einsatz. (Entwurf) Düsseldorf: VDI-Verlag, 1975.
/82/ *VDI 2860:* Handhabungsfunktionen, Handhabungseinrichtungen, Begriffe, Definitionen, Symbole. Düsseldorf: VDI-Verlag, 1982.
/83/ *VDI 2221:* Methodik zum Entwickeln und Konstruieren technischer Systeme und Produkte. Düsseldorf: VDI-Verlag, 1986.
/84/ *Milberg, J.:* Automatisierungstendenzen in der Fertigung mittlerer Serien. ZwF (1981) 6, S.262/7.
/85/ *Grabowski, H.:* Die Zukunft von CAD/CAM-Systemen. VDI-Bericht 611, 1986, S. 91/126.
/86/ *Roth, K.:* Modellbildung für das methodische Konstruieren ohne und mit Rechnerunterstützung. VDI-Z 128, (1986) 1/2,S. 21/25.
/87/ *Reinhart, G.:* Rechnergestützte Kabelbaumfertigung. Tagungsband "7. Deutscher Montagekongress", München 1987, S. 273/92.
/88/ *DIN 41711:* Teil 3, Lötfreie elektrische Verbindungen, Crimpverbindungen Kap. 10, Empfohlene Maße. Berlin, Köln: Beuth, 1980.
/89/ *Schork, L., Vinaricky, E.:* Elektrische Kontakte im Automobil. Automobil-Industrie 1, (1985), S. 81/85.
/90/ *DIN 72551:* Elektrische Leitungen, Abmessungen und Prüfung. Berlin, Köln: Beuth, 1951.
/91/ *DIN 57881:* VDE-Bestimmungen für Schaltdrähte und Schaltlitzen mit erweitertem Temperaturbereich. Berlin, Köln: Beuth, 1966.
/92/ *Kadelbach, V.:* Kraftfahrtechnisches Taschenbuch. Robert Bosch GmbH, 19.Auflage Düsseldorf: VDI-Verlag, 1984, S.562/63;
/93/ *IEC 48WG4:* Soulderness Insulation Diplacement Connections, (SEC)99, 4, (1978).
/94/ *DIN-IEC 48B:* Rahmennorm für Steckverbinder. (CO)134, Berlin, Köln: Beuth, 1982.

/95/ *Roth, K.:* Konstruieren mit Konstruktionskatalogen. Berlin, Heidelberg, New York: Springer 1982.
/96/ *Boothroyd, G., Dewhurst, P.:* Design for Assembly. University of mechanical Engineering 1983.
/97/ *Müller, C.:* CAD/CAM databook, Jahrbuch 86 für Computer Technologie. Coburg: Sprechsaal, 1986.
/98/ *Rapp, H.:* Bewertung von CAD-Systemen. Dissertation Uni Stuttgart 1986
/99/ *Ehrlenspiel, K.:* Kostengünstig Konstruieren. Berlin, Heidelberg, New York, Tokyo: Springer, 1985.
/100/ *N.N.:* Medusa. Firmenschrift Applied Graphics Systems Deutschland GmbH, München 1986.
/101/ *Milberg, J.:* Montage - Rationalisierungspotential der Zukunft. Tagungsband "7. Deutscher Montagekongreß", München 1987, S. 1/20.
/102/ *Milberg, J., Wrba, P.:* Roboter-Einsatzplanung und Offline-Programmierung mit USIS. ZwF 81, (1981) 9, S.484/88.
/103/ *N.N:* DEC-Spectrum, Firmenschrift Digital Equipment GmbH, München 1986.
/104/ *Kauffels, F.J.:* Personalcomputer und lokale Netzwerke - Architektur von Rechnernetzen. München: Markt und Technik, 1986.
/105/ *Grabowski, H., Glatz, R.:* Schnittstellen zum Austausch Produktdefinierender Daten. VDI-Z 128, (1986) 10, S.333/43.
/106/ *Bey, I., Leuridan, J:* Europäisches Vorhaben zur Definition von CAD-Schnittstellen. ZwF 81, (1986) 1, S. 38/42.
/107/ *Weck, M.:* Lösungen für den Informationsfluß in CIM-Systemen und deren Grenzen. Tagungsband "Produktionstechnisches Kolloquium", Berlin, 1986, S. 48/55.
/108/ *Weis, E.:* TOP im Schatten von MAP. Computer & Technik 7, (1986).
/109/ *Rembold, U.:* Die Anwendung von Expertensystemen im Maschinenbau. Fabrik der Zukunft (1986), S. 30/9.
/110/ *Becker, H.:* Zukunftstechniken. Teil 2, Künstliche Intelligenz und wissensbasierte Systeme. VDI-Z 128, (1986) 12, S. 165/70.
/111/ *Harmon, P., King, D.:* Expertensysteme in der Praxis. München: Oldenbourg, 1986.
/112/ *Arndt, W.:* Eine Lernmethode für automatisierte Arbeitsplanungssysteme. Dissertation TU Berlin 1980.
/113/ *Hirschbach, O.:* Rechnerunterstützte Montageplanerstellung. Dissertation Uni Stuttgart 1978.
/114/ *Pinter, R.Y.:* River Routing. Methodology and Analysis. Proc. of the 3rd Caltech Conference on VLSI, 1983, 141/63.
/115/ *VDI 3633:* Simulation. Düsseldorf: VDI-Verlag, 1977.
/116/ *Neumann, K.:* Operations Research Verfahren. Band I, lineare Optimierung. München: Hanser, 1975.
/117/ *Warnecke, H.J., Schraft, R.D:* Industrieroboter. Mainz: Krausskopf, 1979.
/118/ *Groha, A., Klippel, C.:* Die Information kommt mit dem Werkstück - integrierter Material- und Informationsfluß in der flexibel automatisierten Fertigung. CIM-Praxis (1986) 1, S.97/102.
/119/ *Milberg, J., Reinhart, G.:* Numerische Steuerung an Mehrspindel-Drehautomaten erhöht Flexibilität. MM 85, (1983) 89, S.1939/42.
/120/ *Taubitz, G.:* Wandel in der Aufgabenstellung. Elektrische Kontakte in der Nachrichten- bzw. Schwachstromtechnik. KEM, (1986) 5, S 112/114.
/121/ *Wiendahl, H.-P.:* Produkt- und Produktionsflexibilität. wt-Z. ind. Fertig. 71, (1981) 5, S. 293/96.
/122/ *Streifinger, E.:* Beitrag zur Sicherung der Zuverlässigkeit und Verfügbarkeit moderner Fertigungsmittel unter besonderer Berücksichtigung von Kollisionen im Arbeitsraum. Dissertation TU München 1983.
/123/ *Milberg, J., Reithofer, N.:* Einflüsse auf die Nutzungsdauer von Maschinen. Indu-

strieanzeiger 108, (1986) 46, S. 56/63.
/124/ *Warnecke, H.-J., v. Stetten, R.:* Puffer gegen Störungen in automatischen Fertigungslinien. wt-Z. ind. Fertig. 65, (1975) S.677/82.
/125/ *Beitz, W.:* Demontagefreundliche Schnappverbindungen. VDI-Berichte 493, 1983.
/126/ *Klippel, C.:* Mehrmaschinenbedienung in der automatischen Produktion mit fahrbaren Robotern. ASB 27, (1986), S.26/34.
/127/ *Vollmer, J.:* Industrieroboterentwicklung. Heidelberg: Hüthig, 1984, S. 108ff.
/128/ *Reitzle, W.:* Industrieroboter. München: CW-Publikationen, 1984
/129/ *Grob, R.:* Erweiterte Wirtschaftlichkeits- und Nutzenrechnung. Köln: Verlag TÜV-Rheinland, 1984.
/130/ *Pöppel, J.:* Die Wirtschaftlichkeit automatischer Produktionssysteme - eine Rechenaufgabe oder eine Glaubensfrage? Tagungsband "Kolloquium Automatische Produktionssysteme", München, 1985, 85/100.
/131/ *Wildemann, H.:* Investitionsanalyse und Wirtschaftlichkeitsrechnung für eine flexible Produktionstechnik. Tagungsband "Kolloquium Automatische Produktionssysteme", München, 1985, S. 55/84.
/132/ *Moser, J.:* Systematische Investitionsplanung. Dissertation Uni Stuttgart 1985.
/133/ *Tönshoff, H.K.:* Forderung der Fertigung an die rechnerintegrierte Konstruktionstechnik. Tagungsband PTK, Berlin 1986.

iwb Forschungsberichte

Berichte aus dem Institut für Werkzeugmaschinen und Betriebswissenschaften der Technischen Universität München

Herausgeber: Prof. Dr.-Ing. J. Milberg

---

1 **Streifinger, E.**
Beitrag zur Sicherung der Zuverlässigkeit und Verfügbarkeit moderner Fertigungsmittel
1986. 72 Abb. 167 Seiten, ISBN 3-540-16391-3 — 68,- DM

2 **Fuchsberger, A.**
Untersuchung der spanenden Bearbeitung von Knochen
1986. 90 Abb. 175 Seiten, ISBN 3-540-16392-1 — 68,- DM

3 **Maier, C.**
Montageautomatisierung am Beispiel des Schraubens mit Industrierobotern
1986. 77 Abb. 144 Seiten, ISBN 3-540-16393-X — 68,- DM

4 **Summer, H.**
Modell zur Berechnung verzweigter Antriebsstrukturen
1986. 74 Abb. 197 Seiten, ISBN 3-540-16394-8 — 68,- DM

5 **Simon, W.**
Elektrische Vorschubantriebe an NC-Systemen
1986. 141 Abb. 198 Seiten, ISBN 3-540-16693-9 — 68,- DM

6 **Büchs, S.**
Analytische Untersuchungen zur Technologie der Kugelbearbeitung
1986. 74 Abb. 173 Seiten, ISBN 3-540-16694-7 — 68,- DM

7 **Hunzinger, I.**
Schneiderodierte Oberflächen
1986. 79 Abb. 162 Seiten, ISBN 3-540-16695-5 — 68,- DM

8 **Pilland, U.**
Echtzeit-Kollisionsschutz an NC-Drehmaschinen
1986. 54 Abb. 127 Seiten, ISBN 3-540-17274-2 — 68,- DM

9 **Barthelmeß, P.**
Montagegerechtes Konstruieren durch die Integration von Produkt- und Montageprozeßgestaltung
1987. 70 Abb. 144 Seiten, ISBN 3-540-18120-2 — 68,- DM

10 **Reithofer, N.**
Nutzungssicherung von flexibel automatisierten Produktionsanlagen
1987. 84 Abb. 176 Seiten, ISBN 3-540-18440-6 — 68,- DM

11 **Diess, H.**
Rechnerunterstützte Entwicklung flexibel automatisierter Montageprozesse
1988. 56 Abb. 144 Seiten, ISBN 3-540-18799-5 — 73,- DM

Die Bände sind im Erscheinungsjahr und in den folgenden drei Kalenderjahren zu beziehen durch den örtlichen Buchhandel
oder durch Lange & Springer, Otto-Suhr-Allee 26-28, D-Berlin 10

GPSR Compliance

The European Union's (EU) General Product Safety Regulation (GPSR) is a set of rules that requires consumer products to be safe and our obligations to ensure this.

If you have any concerns about our products, you can contact us on ProductSafety@springernature.com

In case Publisher is established outside the EU, the EU authorized representative is:

Springer Nature Customer Service Center GmbH
Europaplatz 3
69115 Heidelberg, Germany

Batch number: 10682421

Printed by Printforce, the Netherlands